U0351604

新版电工实用技术

新版电工技能

——从基础到实操

君兰工作室 编
黄海平 审校

科学出版社
北京

内 容 简 介

电工技能对于电工技术人员来说是就业的根本，是进步的基础，只有扎实掌握最实用的操作方法，才能更好地完成工作。本书作者总结多年工作经验，将电工技术人员必须掌握的电工技能精炼出来，进行点对点的直观讲解。试图于细微深处，以朴实、易懂的方式介绍电工技能，让读者一看就懂、即学即用。

本书主要内容包括常用电工工具的使用与养护，电工操作技能，电压、电流和电阻的测量，电路保护装置，开关保护装置，电动机，变压器，照明和室内线路及电工安全。

本书适合作为各级院校电工、电子及相关专业师生的参考用书，同时可供广大电工技术人员、初级电工参考阅读。

图书在版编目(CIP)数据

新版电工技能：从基础到实操/君兰工作室编；黄海平审校.
—北京：科学出版社，2014.5
(新版电工实用技术)
ISBN 978-7-03-039573-3

Ⅰ.新… Ⅱ.①君…②黄… Ⅲ.电工技术 Ⅳ.TM

中国版本图书馆 CIP 数据核字(2014)第 008173 号

责任编辑：孙力维 杨 凯/责任制作：魏 谨
责任印制：赵德静/封面设计：东方云飞
北京东方科龙图文有限公司 制作
http://www.okbook.com.cn

科学出版社 出版
北京东黄城根北街 16 号
邮政编码：100717
http://www.sciencep.com
新科印刷有限公司 印刷
科学出版社发行 各地新华书店经销

*

2014 年 5 月第 一 版　　开本：A5(890×1240)
2014 年 5 月第一次印刷　　印张：8 3/4
印数：1—4 000　　字数：260 000

定 价：36.00 元

前　言

2008 年我们出版了“电工电子实用技术”丛书，其中《电工技能——从基础到实操》一书一经推出便得到了广大读者的欢迎，其实用的内容、图解的风格、简洁的语言都使得这本书深受广大电工技术人员的喜爱，获得了很好的销量。

随着社会的快速发展，电工技术也有了很大进步，为了更好地适应现代电工的技术要求，满足新晋电工技术人员学习电工知识、掌握电工技能的愿望，总结几年来读者的反馈信息，我们推出了“新版电工实用技术”丛书。其中，《新版电工技能——从基础到实操》一书坚持第一版图书内容实用、高度图解的风格，根据当前就业形势的需求，去掉了第一版图书中较为落后、陈旧的内容，更新了部分数据，增添了适合现代电工工作实际的内容。

本书共 9 章，主要内容包括常用电工工具的使用与养护，电工操作技能，电压、电流和电阻的测量，电路保护装置，开关保护装置，电动机，变压器，照明和室内线路及电工安全。

山东威海广播电视台的黄海平老师为本书做了大量的审校工作，在此表示衷心的感谢！参加本书编写的人员还有张景皓、张玉娟、张钧皓、鲁娜、张学洞、黄鑫、张永奇、张铮、凌玉泉、高惠瑾、朱雷雷、李霞、凌黎、谭亚林、刘守真、张康建、刘彦爱、贾贵超等，在此一并表示感谢。

由于编者水平有限，书中难免存在错误和不足，敬请广大读者批评指正。

编　者

目　录

第1章　常用电工工具的使用与养护

第 2 章 电工操作技能

第 3 章 电压、电流和电阻的测量

第 4 章 电路保护装置

第5章 开关保护装置

第6章 电动机

第7章 变压器

第 9 章 电工安全

第1章

常用电工工具的使用与养护

1.1 低压验电器

1.1.1 种　类

1. 氖管发光式验电器

氖管发光式验电器有自动铅笔型和螺栓旋具型两种。图 1.1 所示为 OA 型氖管式低压验电器,其自动铅笔型的绝缘管中装有氖管和电阻,串联在笔尖的金属体与接地金属体之间,它是一种小型、轻便、安全且易于测电的仪器,得到广泛应用。

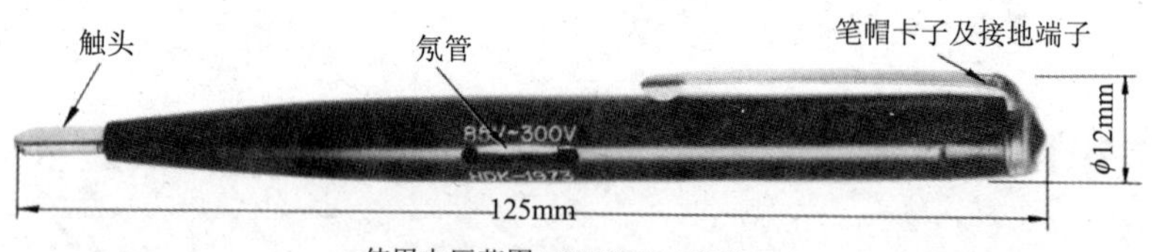

图 1.1　OA 型氖管式低压验电器

2. 声光式验电器

声光式验电器由探针、半导体电路和纽扣电池组成,因为笔尖采用了导电橡胶,在使用中无需担心短路。图 1.2 所示是一种 HT-610 型声光式低压验电器,由蜂鸣器发声和高亮度发光二极管发光来表示带电。可以从电线的绝缘层外面测出最高 AC 600V 电压。

1.1.2 使用方法

验电器是用来检测普通低压电路中的带电状态(有无电流)的仪器。

1. 氖管发光式验电器

测电时,手握笔帽卡子(接地金属),同时使笔尖金属部分触及被测电路,如果带电,氖管就发光,如图 1.3 所示。

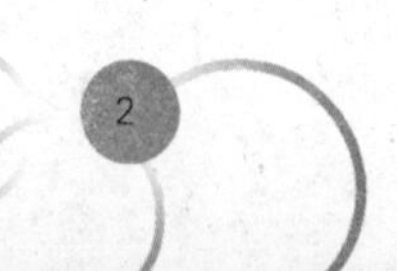

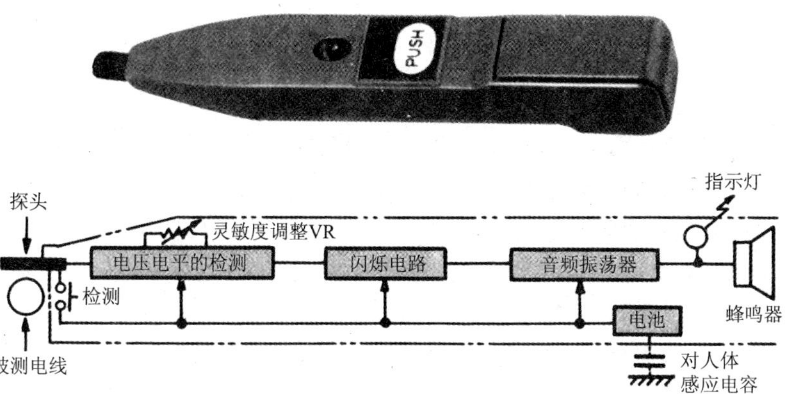

图 1.2 HT-610 型声光式低压验电器

图 1.3 氖管发光式验电器验电

2. 声光式验电器

手握笔帽卡子(接地部分),同时使笔尖探针触及被测电路,如果带电,蜂鸣器响,且红色 LED 发光,也可用于最高 AC 600V 的测量。即便是被覆线的外面测量,如果带电也会有断续的蜂鸣音,LED 也会断续发光。

1.1.3　注意事项

1. 用前检查

进行测电之前要检查验电器是否能正常工作。这种检查可通过使用验电器检测器,或者在已知的带电线路上进行确认。

验电器检测器用于低压验电器、高压验电器和高低压兼用验电器的检验,如图 1.4 所示。使用方法是先检查检测器的电源是否打开,按下输出开关,此时,若(电池式)输出指示灯变亮,则把验电器的探头触及电压输出端子,以判断验电器是否正常工作。

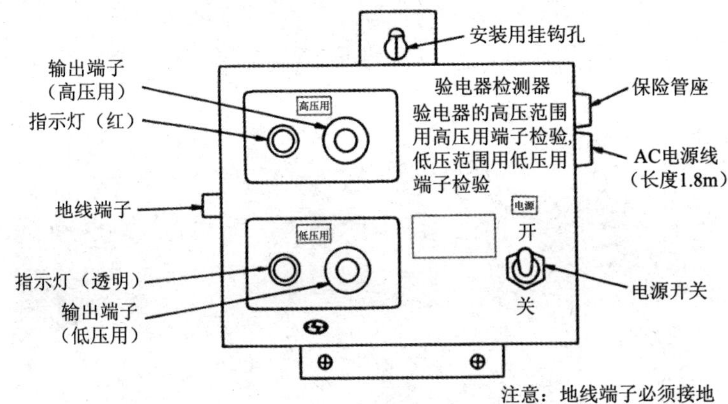

图 1.4　HLL-1 型验电器检测器

2. 不要测高电压

确认验电器的使用电压范围。切勿用低压验电器测高压,一旦测高压会造成触电事故,绝不可误操作(仔细阅读使用说明书)。

3. 电池的更换

内置电池验电器要及时更换新电池。更换电池时,要特别注意电池的正负极性,不要装错。

1.2 高压验电器

高压验电器是用来验证高压线路上是否带电的电工工具。

1.2.1 种类及用途

高压验电器包括氖管式(图 1.5)、声光式(图 1.6)及风车式几种。

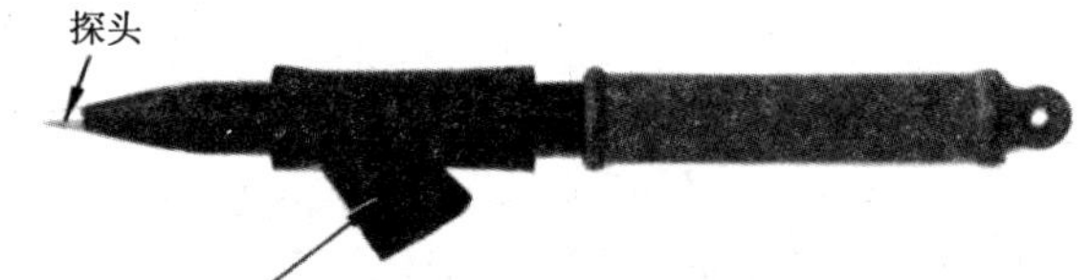

图 1.5 氖管式高压验电器

额定工作起始电压	低压	裸露带电部分 80V(接触带电部分)
	绝缘线	(ϕ 5mmOE 线)3000V
额定不工作距离	断续	(对地电压 4kV)50cm
	连续	(对地电压 4kV)3cm
使用温度范围		－10～＋50℃
使用电池		7 号电池(1.5V)2 节

图 1.6 HSC-7 型声光式低压验电器

声光式可进行低压线路到高压线路的普通验电、从被覆线外面的验电、断线处的检查、屏蔽线的屏蔽效果检查，以及电气工程施工过程中的安全报警。

1.2.2 使用方法和注意事项

使用方法是按下按钮检查验电器工作情况是否正常(整个电路自检方式)，然后将验电器的金属探头接近带电体进行验电检测(非接触验电检测）。

在准备进行停电作业的情况下，一旦错误判断是否真正停电则会发生触电事故灾难。因此，务必在着手作业之前先进行验电。

1. 用前检查

验电之前必须按下按钮进行检查。按下按钮和松开按钮时都会发光和发声，且在 1～3s 之间自动停止发光和发声，检查时要弄清楚这一点。

2. 作业中的注意事项

① 为了预防发生触电事故灾难，要保持规定的安全距离，戴上高压绝缘橡胶手套作业（图 1.7）。

图 1.7　6kV 高压验电作业

② 这种验电器不能检测交流电压，因此在进相电容器等装置的交流电源停电情况下，其带电电压是直流，这一点要注意。

③ 虽说能够检测 30kV 以上的电压，但检测距离变长，并无实用性。

绝缘保护器具的穿戴情况如图 1.8 所示。

注意在带电高压线及其近距离作业情况下，必须任命作业指挥人员，使其直接指挥作业，要严格加强作业管理。

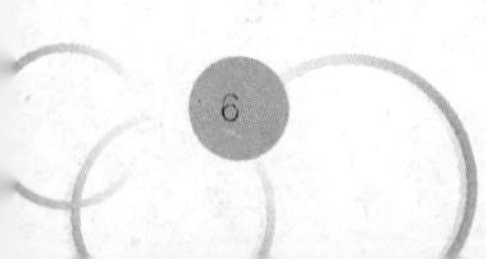

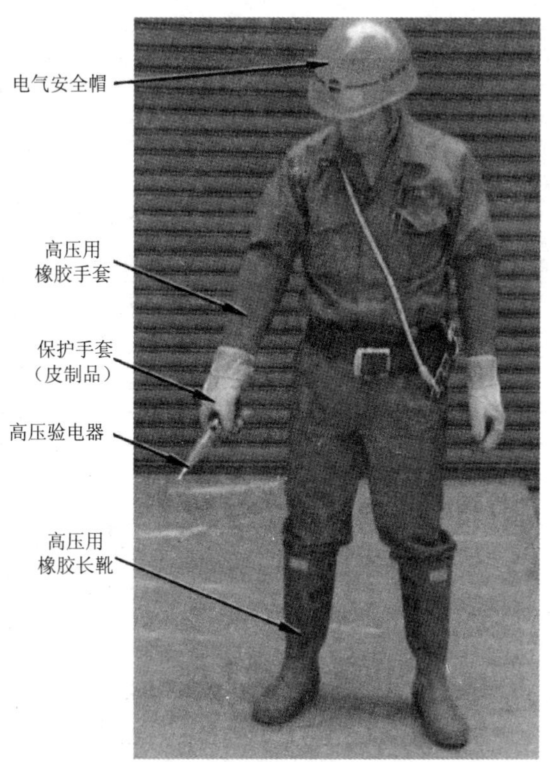

图 1.8 绝缘保护器具的穿戴

1.3 活扳手

活扳手与呆扳手一样，用于配电盘及设备的组装、安装以及导体的连接、紧固等作业。表 1.1 列出了活扳手的种类及等级。

图 1.9 示出了活扳手的形状，表 1.2 列出其尺寸，另外，活扳手下颚的最大开口尺寸列于表 1.3。

活扳手的使用方法如下：

① 转动蜗杆，调节开口开启程度，将活扳手的两个平面与螺栓、螺母的两个平面正好吻合起来，将螺栓、螺母放到夹口的最里面紧紧咬住，用于紧固和拆卸的作业，如图 1.10 所示。

表 1.1　活扳手的种类和等级

种类		等级	表示种类和等级的符号
按材料及加工方法区分	按扳口倾斜角度区分		
全锻造品	15°型	强力级	H
		普通级	N
	23°型	强力级	H
		普通级	N
下颚锻造品	23°型	—	P

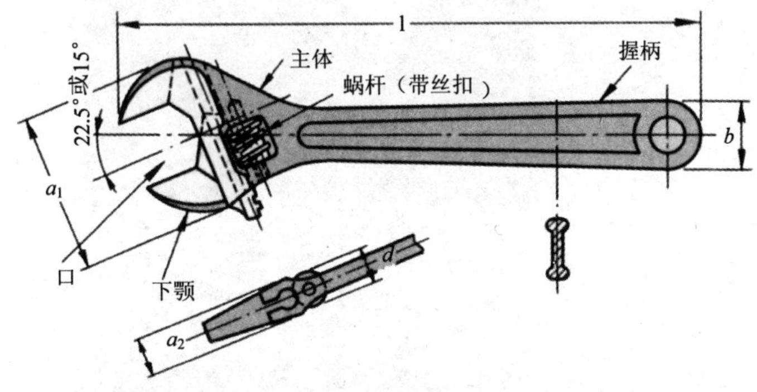

图 1.9　活扳手

表 1.2　活扳手的尺寸　　单位:mm

标称尺寸	l(约)	a_1(最大)	a_2(最小)	b(最大)	b(最小)
100	110	35	10	16	8
150	160	48	11	21	10
200	210	60	14	26	12
250	260	73	16	31	14
300	310	86	19	36	16
375	385	105	25	44	19

表 1.3　活扳手的最大开口　　单位:mm

标称尺寸	100	150	200	250	300	375
最大开口	12^{+3}_{0}	20^{+3}_{0}	24^{+3}_{0}	29^{+3}_{0}	34^{+3}_{0}	44^{+3}_{0}

② 活扳手的夹口开启程度与螺栓、螺母不吻合，或者仅用夹口尖夹住螺栓、螺母时留有间隙，这样做往往会滑脱造成危险。请不要用活扳手代替钉锤，也不要在活扳手的握柄上加上套筒以加长握柄使用。

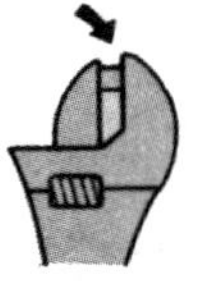

(a) 正确的用法　　(b) 错误的用法

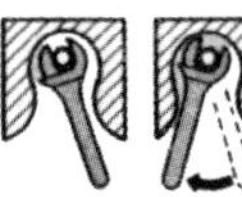

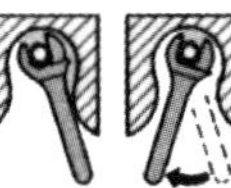

(c) 在狭窄处使用的例子

图 1.10　活扳手的使用方法

1.4 手电钻

本节以日立 DS13DVA 型充电式螺栓旋具/手电钻(图 1.11)为例，介绍手电钻的使用方法及注意事项。

1. 用　途

① 小螺丝、木螺丝、自攻螺丝等的紧固和拆卸。

② 各种金属(铁板、铝板等板材)的钻孔(用铁钻头)。

③ 各种木材的钻孔(用木工钻头)。

④ 螺栓、螺母的紧固和拆卸。

2. 充电方法

蓄电池充电后，如果搁置不用会自行放电，因此要提前充电。

① 蓄电池的安装。将蓄电池推向手柄下部，对准手柄的开关钮方向

准确插入。取下时，一边按下蓄电池与主体紧连蓄电池前半部分的止动钮，一边拔出蓄电池(图 1.12)。

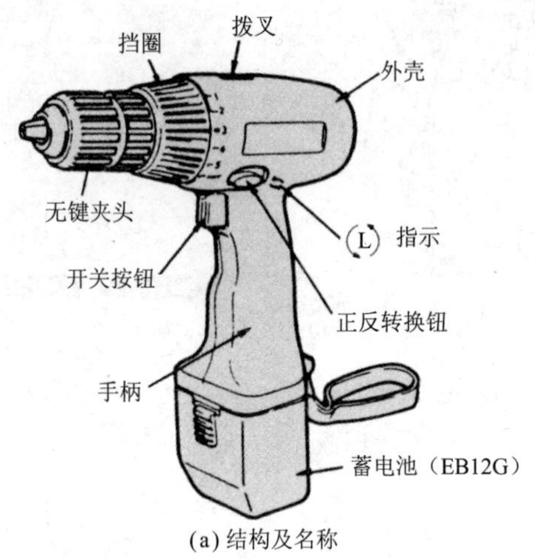

(a) 结构及名称

(1) 主体规格(DS13DVA 型)

电动机：直流电动机

空载转速：350～1000r/min(20℃气温条件下充满电时)

效能：钻孔　金属(钻头直径)　钢板 13mm　铝板 13mm

木材(钻头直径)24mm

紧固螺栓：小螺丝 6mm　木螺丝标称直径 6.8mm×长 50mm

无键夹头口径：最大口径 13mm

蓄电池：圆筒密封型镍铬蓄电池

(EB12G)电压 12V

充放电次数 约 1000 次

质量：1.7kg

(2) 充电器规格(UC12YB)

输入电源：单相交流 50/60Hz

电压 100V

充电时间：约 12min(20℃气温时)

充电器：充电电压 7.2～12V

充电电流 9A

电源线 双芯尼龙绝缘电线

质量：1.0kg

(b) 规　格

图 1.11　DS13DVA 型充电式螺栓旋具/手电钻

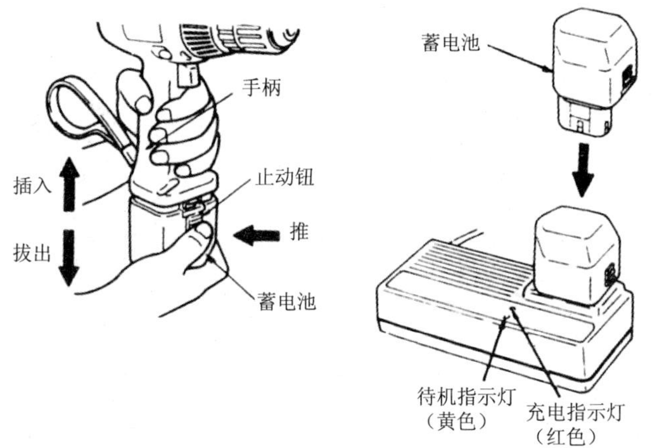

图 1.12 蓄电池的拆卸和充电方法

② 充电要在规定的温度范围内进行。快速充电时要采用特殊的充电控制器，因此，要在 0～40℃气温范围进行充电。

③ 确认电源电压（AC100V）后，再将充电器的插头插入电源插座。插入后，充电指示灯（红色）持续闪亮。

④ 以图 2.12 所示蓄电池的方向，刚好牢固地插入充电器的底部。插入即开始充电，充电灯（红色）连续闪亮。反向插入则会造成充电器故障。当充电指示灯（红色）灭了时，要关掉电源，取下蓄电池。约充 12min 即可，充电指示灯闪亮（周期为 1s）表示充电结束。

⑤ 充电完毕后，将充电器的插头从电源插座拔出，然后取下蓄电池，将蓄电池正确无误地装到工具主体上。

3. 使用方法

① 作业环境的整理、准备和确认。确认作业场地是否达到了注意事项中所要求的状态。

② 端头工具的安装（图 1.13）。将空心轴扳向 FREE（解除）一侧，握住环，向左旋转空心轴，即可打开无键夹头。将螺丝刀头等附件插入无键夹头，握紧环，向右旋转空心轴就安好了。安好后将空心轴扳向 LOCK（固定）一侧。

③ 旋转方向的确认（图 1.14）。从 R 侧按下开关部分的正反转钮时，从后面向右转动；从 L 侧按下时，向左转动。转速随开关钮按下的程度而变化，在开始上螺栓和钻孔中心定位时，稍微按下开关钮，慢慢地开始转

动，松开按钮时加上制动，立即停止转动。

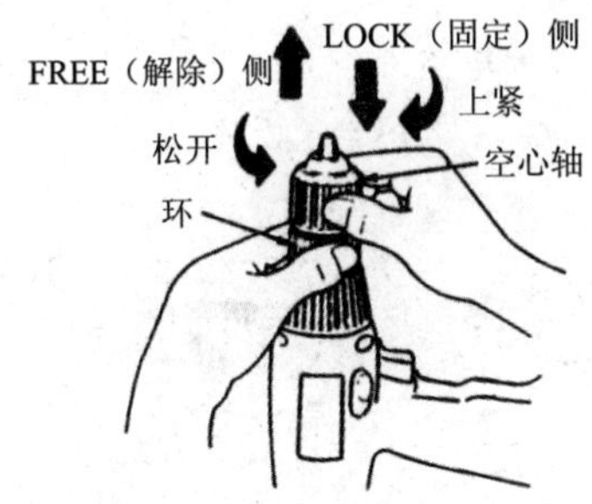

图 1.13　端头工具的安装方法

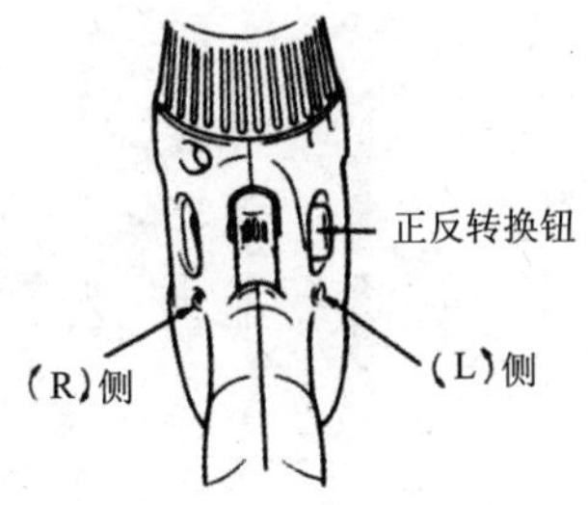

图 1.14　旋转方向的确认

④ 功能挡圈位置的确认。调整功能挡圈的位置可改变该工具的紧固力。

• 用作螺栓旋具时，使功能挡圈上的白线与机壳上显示数字“1～5”的位置上重合(图 1.15)。

• 用作电钻时，使功能挡圈上的白线与电钻标志重合(图 1.15)。

⑤ 紧固力的调整。紧固力要根据螺栓直径选择强度，1 为紧固力最弱，2、3、4、5 依次加强(表 1.4)。

表 1.4　**紧固力的选定**

功能挡位	紧固力	作业目标
1	约 10kg · cm	紧固小螺丝 对软木材紧固螺丝
2	约 20kg · cm	
3	约 30kg · cm	
4	约 40kg · cm	对硬木材紧固螺丝
5	约 50kg · cm	
电钻	高速：约 70kg · cm	紧固粗螺丝 用作电钻时
	低速：约 210kg · cm	

⑥ 转速的转换。转换转速时扳动调节钮，扳向“LOW”侧为低速，扳向“HIGH”侧为高速。扳动调节钮改变转速时，必须在断开电源开关后再进行(图 1.16)。

⑦ 金属件钻孔。在钢板等金属件上钻孔时，要事先在工件上用中心冲子打钻孔定位点，这样钻头就不易打滑，同时，在钻孔处滴一点机油或肥皂水再钻孔。过于使劲未必能很快钻好孔，相反会损伤钻头，降低工作效率。孔快要钻透时，使过大劲钻头会在夹头上打滑，降低其夹紧力。

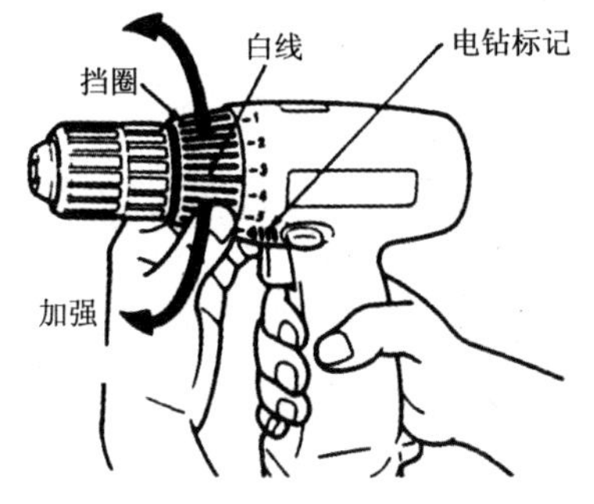

图 1.15　功能挡圈位置的确认

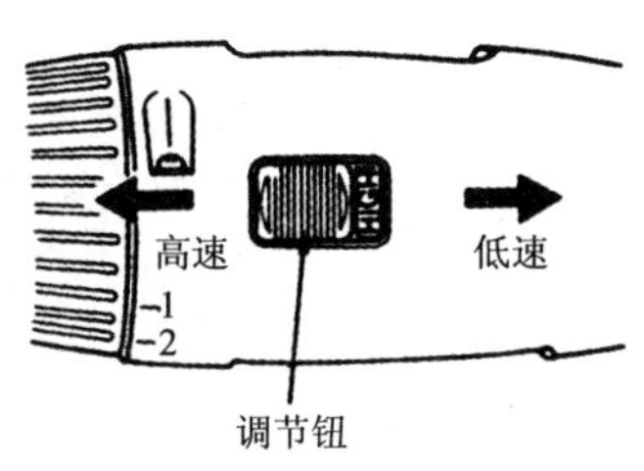

图 1.16　转速的转换

1.5 电　锤

1. 各部位名称及规格

图 1.17 示出了 DH15DV 型充电式电锤的主体和蓄电池的结构、名称及规格。

选购部件包括蓄电池和图 1.18 所示的用于安卡锚栓打孔作业(旋转＋冲击)及安卡锚栓打入作业的附件。

① 用于锚栓打孔作业(旋转＋冲击)。包括细径钻头、细径钻头用的接头、直柄钻头、钻头(锥柄)、锥柄用的接头、振动钻用的 13mm 锤钻夹头和夹头钥匙。

② 安卡锚栓冲头分为装在电锤上使用的和装在手锤上使用的两种。

③ 用于钻孔和紧固螺栓作业(旋转)的部件有特种螺丝、13mm 钻头夹头、夹头接头、夹头钥匙、十字螺栓旋具(螺丝刀)、螺栓旋具(一字螺栓用)。

2. 充电方法

关于蓄电池的安装和卸下及充电方法请参见前面 1.4 节介绍的 DS13DVA 型充电式手电钻/螺栓旋具。

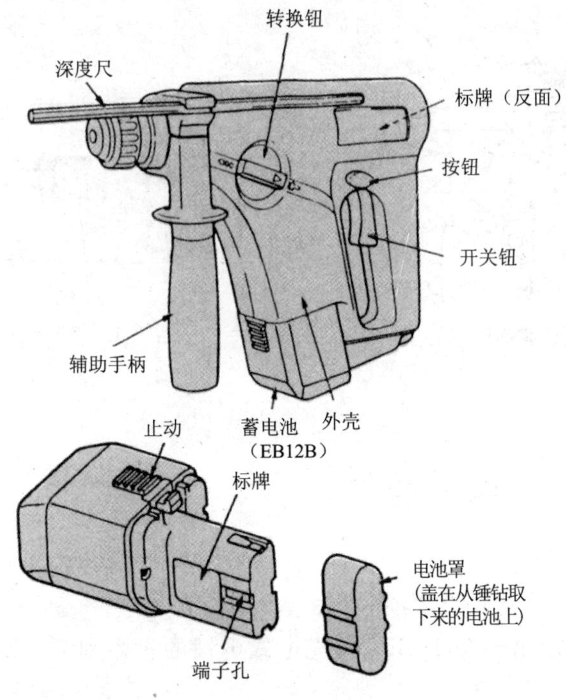

(a) 结构及名称

· 主体

电动机：直流电动机

空载转速：0～100r/min（气温 20℃充满电时）

空载冲击次数：0～4400 次/min（气温 20℃充满电时）

功能：钻孔　混凝土（钻头直径）15mm

　　　　　金属（钻头直径）13mm

　　　　　木材（钻头直径）21mm

　　紧固螺栓　木螺丝　标称尺寸 4.8mm（直径）×25mm（长）

适用钻头：SDS 加强型

蓄电池：圆筒密封型镍铬蓄电池

　　（EB12B）电压 12V

　　充放电次数　约 1000 次

质量：2.7kg

(b) 规　格

图 1.17　DH15DV 型充电式电锤

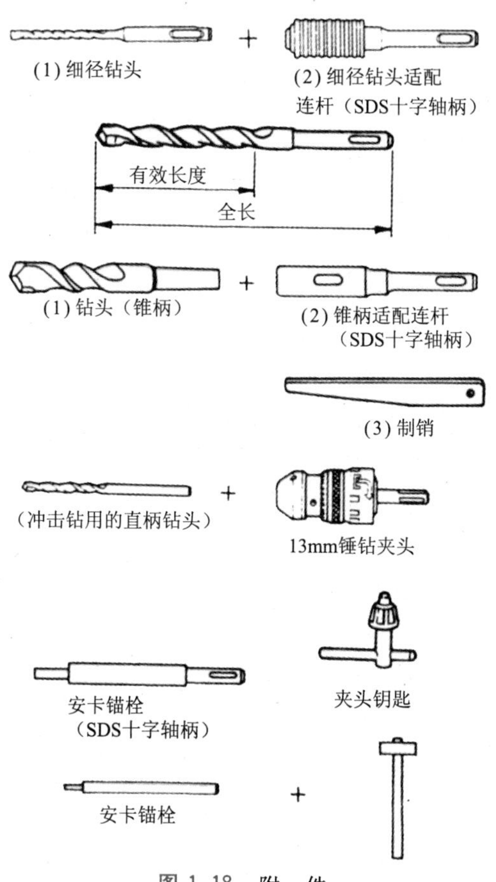

图 1.18 附 件

3. 使用前的确认

使用之前要对以下事项予以确认：

① 作业环境的确认。

② 蓄电池的安装确认。

③ 旋转方向的转换(图 1.19)。将按钮的 R 侧按入时右转(正转)，将 L 侧按入时左转(反转)。但是正在旋转时不得转换。

④“旋转＋冲击”和“旋转”的转换。将转换钮扳到“旋转＋冲击”符号一侧，或者扳到“旋转”符号一侧即可完成转换(图 1.20)。

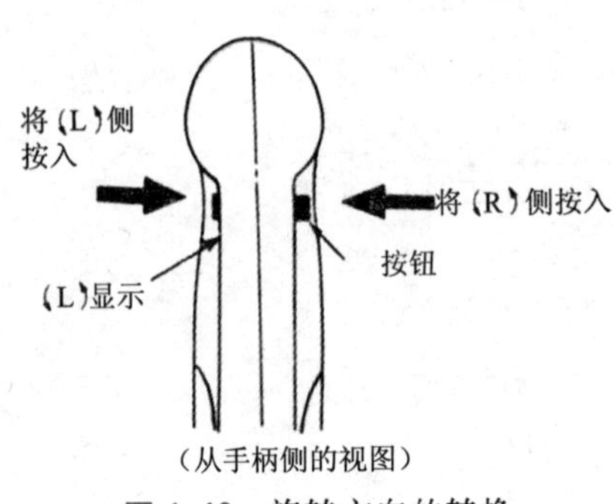

图 1.19　旋转方向的转换

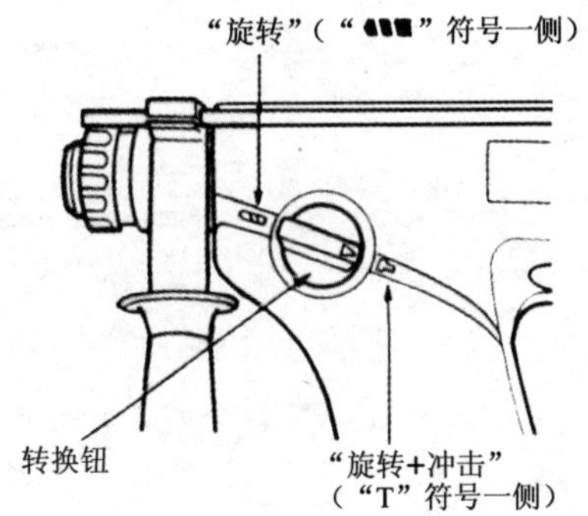

图 1.20　“旋转”与“旋转＋冲击”的转换

4. 使用方法

① 在混凝土等材质上钻孔的方法。

• 钻头的安装。将滑动夹紧装置拉到底，一边转动钻头一边插入到最里面。松开滑动夹紧装置即回位，钻头被锁定(图 1.21)。取下钻头时，将滑动夹紧装置拉到底，拔出钻头。

• 将转换钮扳到“旋转＋冲击”一侧。

• 将钻头尖顶住钻孔的位置后打开开关，轻轻地按住进行钻孔。

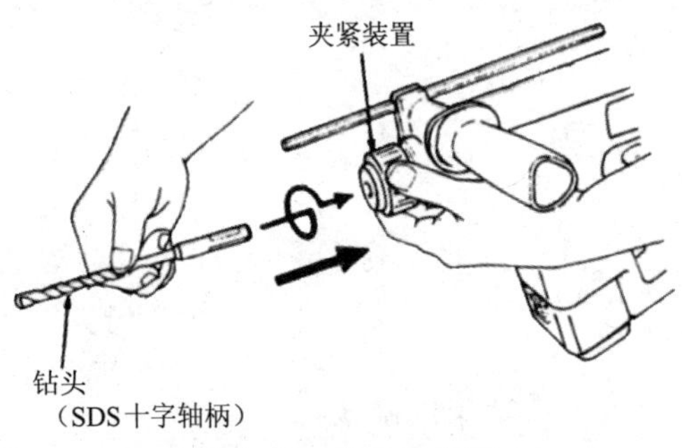

图 1.21　钻头的安装

② 给金属、木材钻孔和紧固螺栓的方法。

• 将转换钮扳向“旋转”符号一侧。

• 将夹头接头装到钻头夹头上，再将钻头夹头的爪(3 只)打开，上紧特殊螺栓，与安装钻头一样，将滑动夹紧装置装到主体上(图 1.22)。

③ 钻孔作业。将钻头装到钻头夹头上给铁板、木材等材料钻孔。将钻头装到钻头夹头上时，必须用夹头钥匙上紧，将卡头钥匙依次插入三个孔均匀上紧。

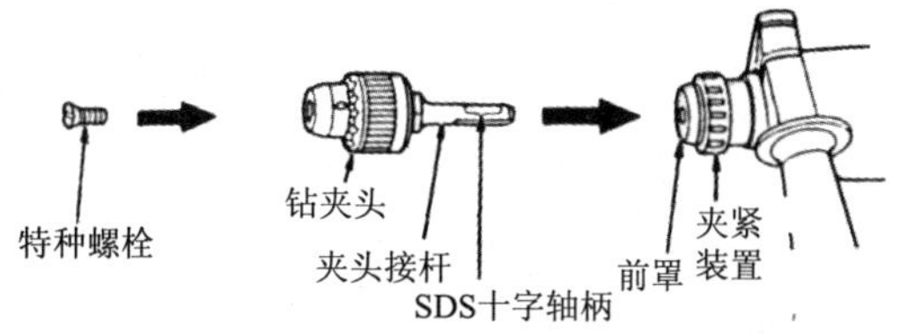

图 1.22　钻夹头、夹头接杆的安装

④ 螺栓的紧固和拆卸。将十字螺栓旋具或普通螺栓旋具(一字螺栓用)装到钻头卡头上,紧固或拆卸螺栓。

1.6 电缆切割刀具

本节以 P-100A 型刀具为例来说明电缆切割刀具。图 1.23 示出了 P-100A 型工具头分离式电缆切割刀具各部位名称及规格。

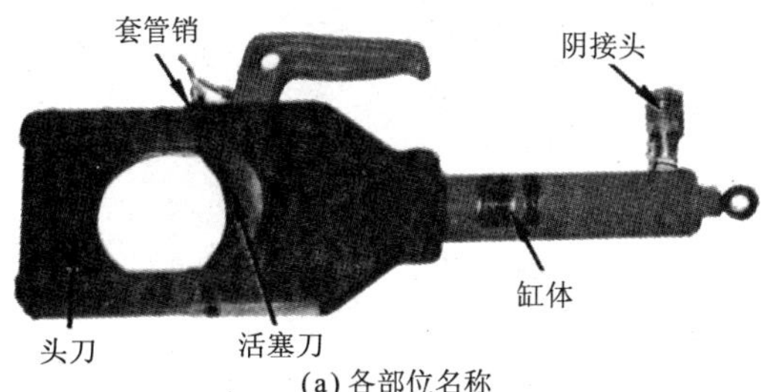

(a) 各部位名称

标称输出:8.5tf(泵压力为 700kgf/cm^{2}时)

活塞冲程:110mm

连接器:T 型阴连接头(标准)

储油缸容量:140mL

重量:约 13kg

适用液压泵:同一公司的单动式液压泵均可使用

(b) 规　格

图 1.23　P-100A 型工具头分离式电缆切割刀具

1. 使用方法

使用方法(作业顺序)与手动式基本相同,但要与液压泵配合使用。

① 油压软管的连接。将油压软管上的阳接头连接到工具头的阴接

头上。

② 将电缆(被切割件)放到切割刀刃上。按下套管销,打开工具头环口,将电缆放进去。关闭工具头环口,将套管销彻底插入。

③ 切割电缆(图1.24)。使电缆与刀刃成直角,操作油泵切断。

图1.24 切割电缆的作业

④ 降低压力。切割完毕后,操作油泵,使活塞降到下止点为止(释放压力)。

⑤ 取下油压软管。从工具头部取下油压软管,将罩戴到连接头上。

2. 注意事项

① 使用电动泵时,刀具的转速很快,瞬间即可切断,因此要特别注意。

② 将套筒销完全插入之后再进行切割。

③ 一定要接好连接头,装卸必须是在泵压力降低之后的状态下进行,而且不要使脏东西沾到上面。若沾上脏东西,要用抹布之类的东西擦干净。

3. 保养、检查

活塞环口磨损时按要领予以更换。使活塞上升,直到能看见活塞环

口的止动螺丝为止，用螺丝刀取下活塞环口止动螺丝，更换环口。

1.7 小型交流电弧焊接机

本节以 HD-150DBD 型设备为例进行说明。图 1.25 所示为电弧焊接机的结构及连接。

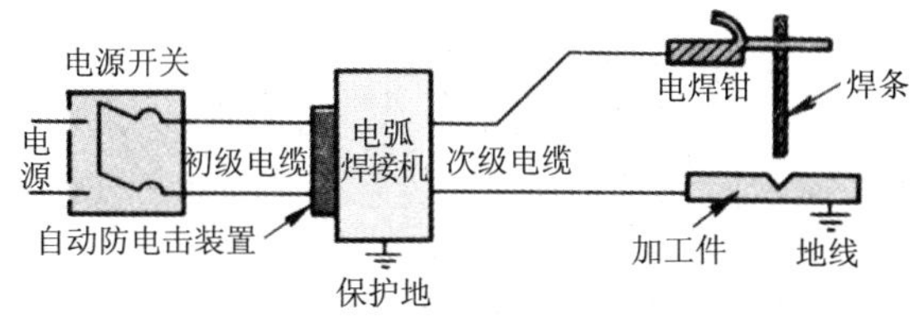

图 1.25　电弧焊接机的结构及连接

图 1.26 所示是一种动铁型(分离方式)内置自动防电击装置的小型交流电弧焊接机，用于轻型钢、薄铁板小件焊接及一般结构件的临时焊接等作业。其附件示于图 1.27。

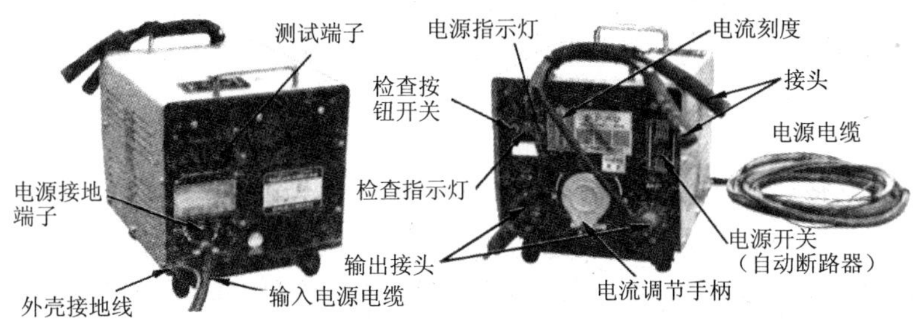

图 1.26　HD-150DBD 型内置自动防电击装置的小型交流电弧焊接机

1. 作业程序

① 电缆与塞孔连接时，如图 1.28 所示，按规定长度，将电缆的外皮剥去，通过绝缘橡胶松开塞孔上的ⓑ和ⓒ两个内六角螺栓，将电缆心线头折回来插入，再用 L 型内六角扳手上紧ⓑ和ⓒ两个内六角螺栓予以固定。将绝缘橡胶塞入，最后把内六角螺栓ⓐ上到橡胶的中间。

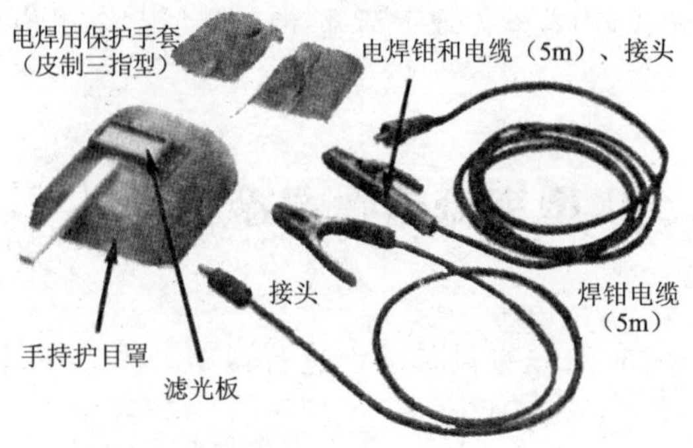

图 1.27 电焊钳、电极夹、面罩、保护手套

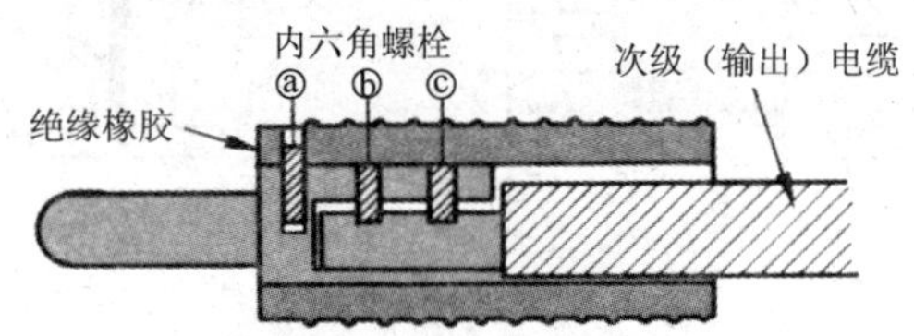

图 1.28 电缆与塞孔的连接

② 将电缆与接头及电焊钳连接起来。

③ 将电焊机搬运到作业场地确定的位置(临时分电盘附近)安置好。

④ 给初级(输入)电缆头装上压接端子,与电焊机主体上的端子接上,上紧螺栓。还要注意 100V 和 200V 的不同端子,不要接错端子。

⑤ 将电缆接到分电盘的开关或者端子上。

⑥ 将地线(三芯电缆时用其中一根)连接到主体的地线接线端子及分电盘的接地端子上(图 1.29)。

⑦ 要确认自动防电击装置处于正常工作状态。首先接上电源确认电源指示灯亮,接着按下检查按钮开关,确认工作灯亮。

⑧ 确认电源闸刀及主机电源自动断路器开关关闭。

⑨ 将装有插孔和电极夹的电缆拉开,将电极夹牢牢地夹住工件。另外,还可以连接到与工件电气性连接充分的钢结构上(是电缆截面积 10 倍以上),并将输出插头牢靠地插入塞口。

⑩ 将电焊钳的电缆拉到作业场地,将输出插头牢靠地插入塞口。

⑪ 线拉好后,打开电源闸刀和电焊机主体上的自动断路器开关开始作业。

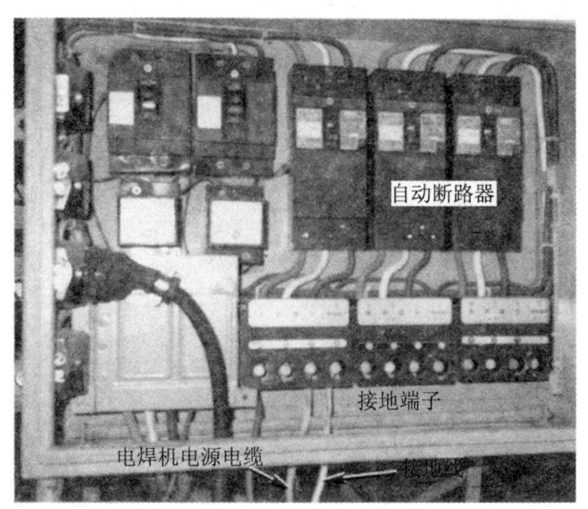

图 1.29 连接到分电盘

⑫ 用电流调整手柄调节电流。顺时针方向旋转增加电流，反时针方向旋转则减少电流。焊接电流因作业内容、焊接材料、加工板厚及焊条不同而各异。选用适合作业内容的焊条，并调节焊接电流。

⑬ 带自动防电击装置与不带自动防电击装置的电焊机，在电弧产生方式方面稍有不同(图 1.30)。带自动防电击装置时，像划火柴棒那样，用焊条头在工件表面轻轻地一划，使其通电，然后将焊条头与工件的间隔保持在 2～3mm 时，即产生电弧。一次动作没有产生电弧时，可重复这一动作。图 1.31 示出焊接作业的情况。

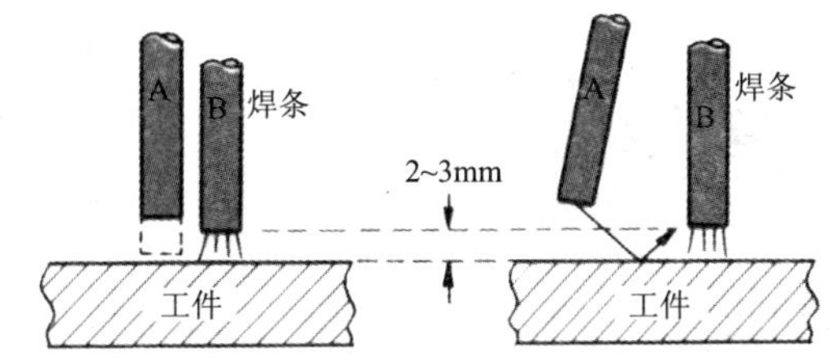

图 1.30 电弧的产生方式

⑭ 作业完毕，切断电焊机主体上的电源自动断路器及电源闸刀。把焊接设备和防护用具收拾起来。

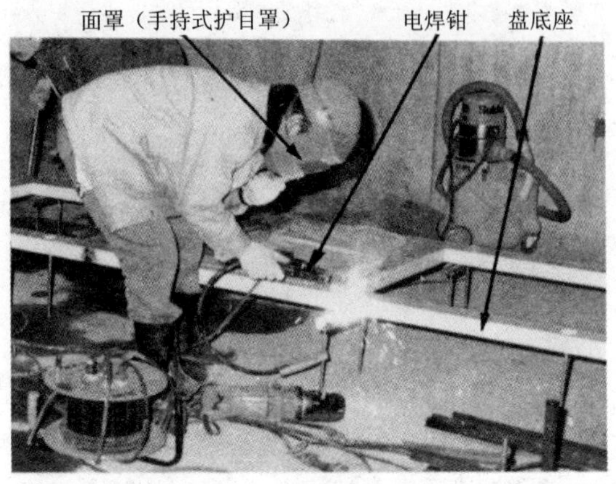

图1.31 焊接作业

2. 注意事项

① 使用前要进行检查,看焊接设备和防护用具有无损伤。

② 确认利用率,注意不要超过规定的利用率。

③ 要随时携带消防器材。

④ 要正确穿戴保护器具(面罩、保护手套、安全靴等)作业。

⑤ 电焊机尽量在不潮湿的场地安置使用和保管。在可能被雨淋或者有漏雨的地方安置和保管时要事先盖好罩布。

⑥ 每半年或一年对自动防电击装置的各项指标做一次定期检查。

1.8 电动绞盘

电动绞盘是以电缆拉线及收线为目的的工具。这里以ST-30-SE-1型电动绞盘为例进行说明,各部位名称和规格示于图1.32。

1. 特 点

① 这种绞盘即可用作电缆拉线用绞盘,亦可用作起重用简便绞盘。

② 因为这种绞盘属低噪声,所以适用于城市街道工程、夜间工程。

③ 采用三键式开关,分别为正转、反转和停止,操作简单。

④ 采用蜗轮减速机的自锁与电动机制动并用措施，确保使用安全。

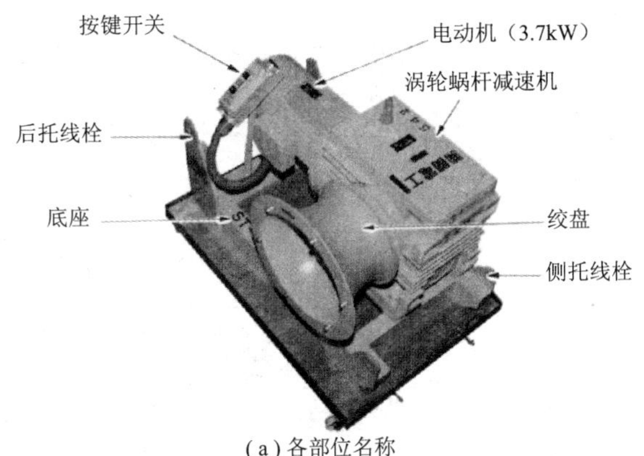

(a) 各部位名称

最大张力：3000kgf（可连续使用，1kgf＝9.80665N）

最高绞绳圈数速率：5.0m/min

绞绳卷绕方式：ϕ240mm（锥形铰绳轮式绞盘）

使用绞绳直径：ϕ14mm

减速方式：涡轮蜗杆减速机

总减速比：1∶210

电动机： 3.7kW200V4 极 电磁制动式

操作方式：直接启动按钮式

总质量：约 280kg

尺寸：总长 900mm×总宽 565mm×总高 650mm

(b) 规 格

图 1.32 ST-30-SE-1 型电动绞盘

2. 准备工作

① 绞盘的安置。要选择平整的场地安置绞盘，并固定后拖线及两侧拖线，将它们拉紧，不致加载时松弛，缆绳的入角应小于 2°（图 1.33）。

② 电源连接。使用四芯电缆，从分电盘接线，在身旁装一个闸刀，再接到端子上，必须装上地线。四芯电缆的其中一根绿色芯线作为接地线连接到接地端子上。

③ 旋转方向的确认。作业之前先空转设备，确认各个部位无异常现象，并确认开关的显示和旋转方向一致。改变旋转方向时，务必按下停止按钮，使交流接触器释放（OFF）后进行。

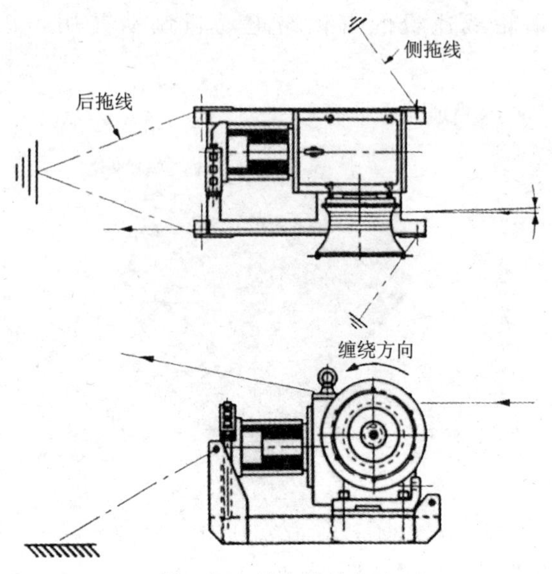

图1.33 绞盘安置方法

3. 操作要领

① 将绞绳在绞盘上缠绕5～6圈。

② 按下按键开关，退出绞绳并开始输送。此时，绞绳的处理和操作需两人以上进行。

③ 电缆拉线或起重作业结束后，按下停止按钮使设备停止，释放身边的交流接触器。

4. 注意事项

① 在加载情况下直接输送时不会瞬间停止，要引起注意(因载荷大小有所变化)。

② 使用之前要检查电源电缆，确认有无损伤。

③ 每年用500V绝缘电阻计对设备进行两次绝缘电阻检测。

④ 设备使用后要充分清除泥土灰尘，并确认电动机的空气冷却通路无障碍物。每2～4年进行一次制动检查。还要定期检查减速机的油平面及电动机轴承。

1.9 配线管穿线器

配线管穿线器(图 1.34)利用压缩空气将聚丙烯引线穿入管内设备。

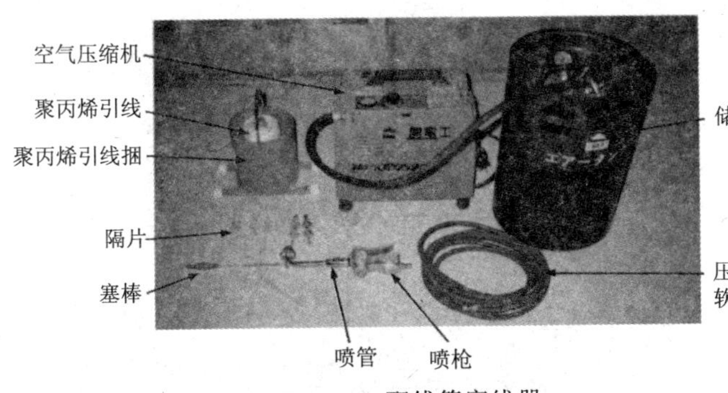

图 1.34 配线管穿线器

1. 直接使用的情况

将压缩空气软管接到压缩空气罐,然后将喷管接到压缩空气软管的另一头。压缩空气软管与套管喷枪的连接是单手柄操作方式。按住管套(压缩空气软管)头部的环,将塞头(喷枪的把握部分)一直按下去,松开环就接好了。

2. 同时使用压缩空气鼓的情况

压缩空气鼓的主体装有一根带 1m 备用软管的压缩空气软管,拧入备用软管的外螺纹。接下来,将喷枪和喷管接到主体软管上。

3. 使用空气压缩机的情况

空气压缩机是一种分离形式,包括压缩机主体和压缩空气储存罐两部分,可根据需要进行组装。取出空气压缩机箱子里的连接软管,将连接软管的盖形螺母内丝拧入空气压缩机外螺纹。再将另一头的单手柄操作构件按入空气储存罐的入口。

4. 穿线前的注意事项

如图 1.35 所示，喷管上什么都没有安装的状况下，从配线管口只打入压缩空气。从一头打入空气时，空气就会从另一头迅猛地冲出来。此时，用空气的压力将配线管内的水、脏东西都带了出来，如果向管内窥视则十分危险。同时，冲出来的水也会弄脏墙壁和顶棚。因此，事先要用棉纱蒙上。

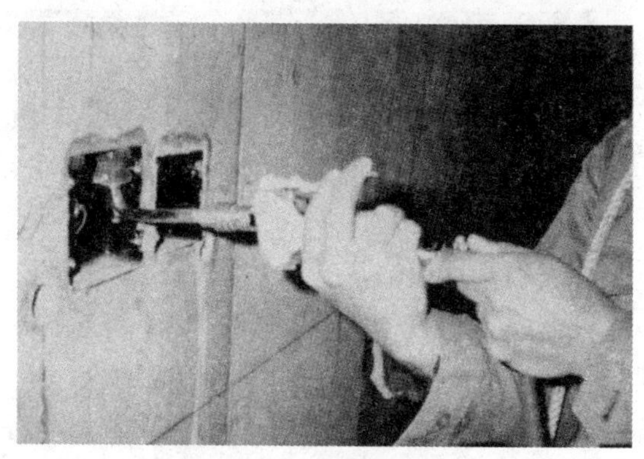

图 1.35　配线管穿线器

5. 穿线方法

将压缩空气软管与喷枪管接好后，再装上适合管径尺寸的隔片，将隔片按入管内。此时，因为衬套的缘故，有时不易按入。如果按进管内便会轻松的按动，但是按入隔片时，若使用螺栓旋具之类的工具，便会弄伤隔片，因此必须使用塞棒。将喷管头上的喷嘴橡胶直接压到配线管入口，确认储气罐的压力计。此时，若扣下闸柄，聚乙烯引线便可穿入管内(图 1.36)。

6. 线穿不进的情况

当隔片和聚丙烯引线在中途停了下来，穿不到线管的顶头时，在引线上做一个记号后抽出来，可以使反作用力往回拉。无论如何也动不了时，可从线管的另一头往内灌压缩空气，一头灌气，一头拉，要同步进行。

7. 修补和检查

① 用完后必须从储气罐进行排水，还要松开储气罐的放水旋塞排气。若疏于这项操作，储气罐内部就会生锈。

② 喷枪杆不够灵活时，可以滴上 2～3 滴机油。

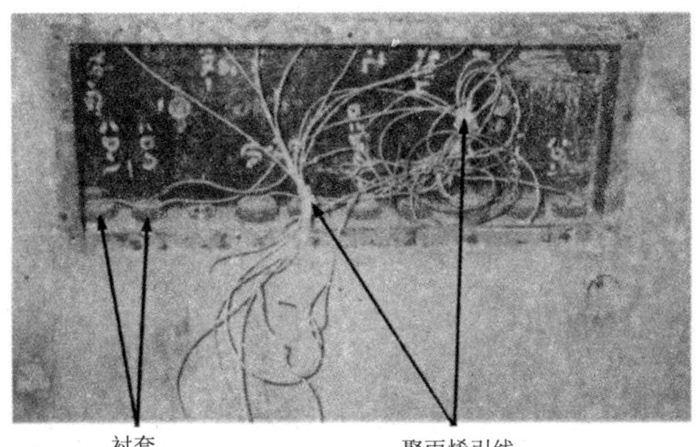

图 1.36 聚丙烯引线穿线情况

1.10 电缆抓杆(带照明灯)

电缆抓杆由 8 节玻璃纤维管组成,质量轻,便于携带使用和保管(图 1.37)。

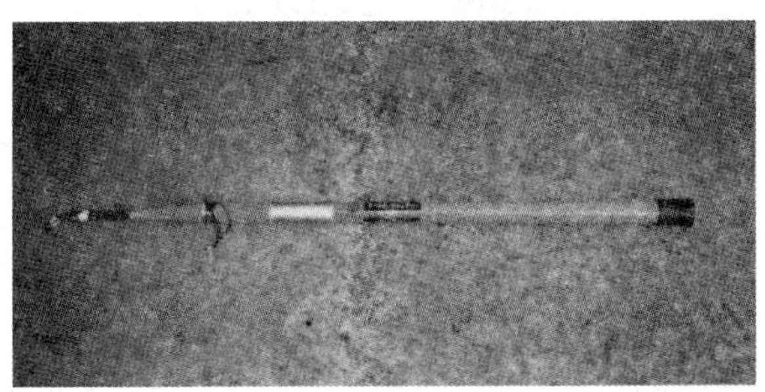

图 1.37 电缆抓杆

一般情况下,用于双层顶棚内等一些狭窄场地的电缆布放工程。尤其是在改造工程或扩建工程中可发挥强大优势。前端装有照明灯,因此即使在黑暗的天井内仍能顺利作业(图 1.38)。

电缆抓杆的使用方法如下:

① 由开口部分(嵌入照明器材)放置到目标方向。

② 打开前端部分的照明灯,右旋开关即亮。

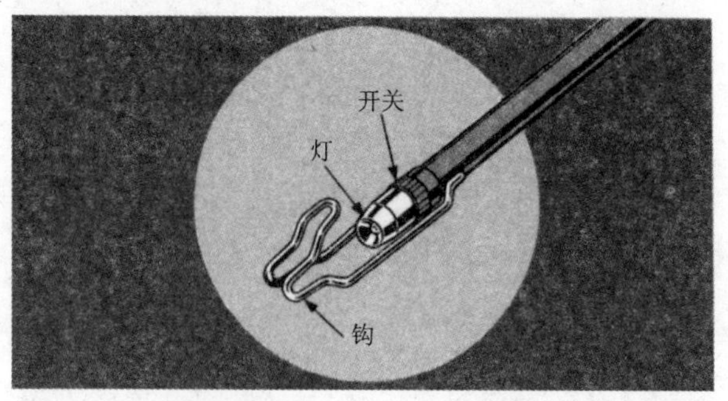

图 1.38　电缆抓杆头的照明灯

③ 伸向目标方向，拉回电缆或推出电缆（图 1.39）。

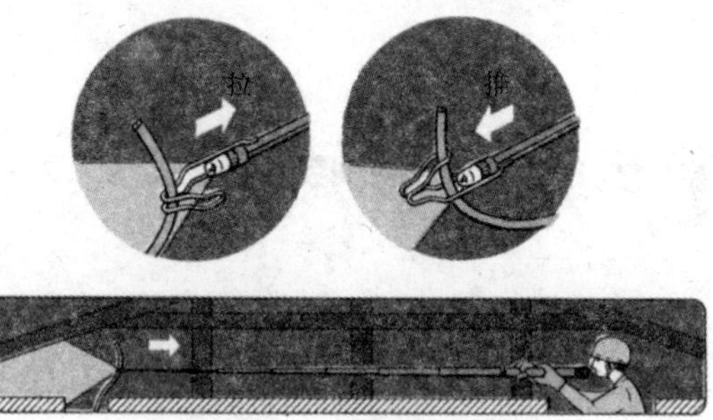

图 1.39　电缆抓杆的使用

1.11 手钳式压接钳

本节以 IS-1 型手钳式压接钳（图 1.40）为例进行说明。

1. 工具的规格

① 全长为 290mm，质量为 530g。

② 适用范围：大、中、小、更小。

2. 使用方法

① 握紧手柄时，手柄会自行全部打开。

② 将芯线的弯曲部分弄直，平行挨近，使芯线易于插入套管（E 形）。

③ 将适合电线尺寸的 E 形套管插入齿形的中心部位，凸缘必须靠电

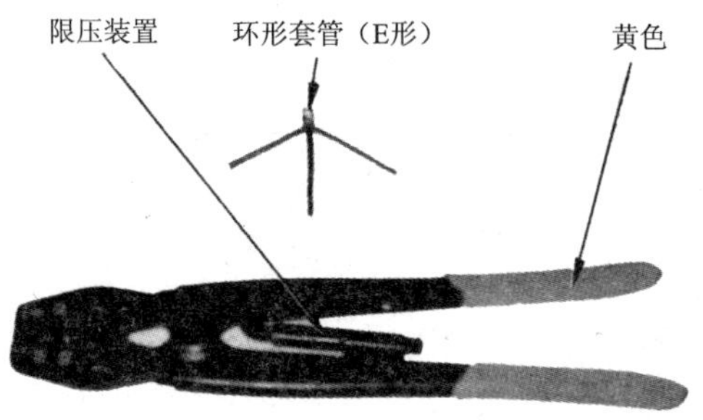

图 1.40　IS-1 型压接钳

线外皮一侧；保证套管的中心部位不会脱落，轻轻地握住手柄。

④ 将按所需要长度剥去外皮的芯线从套管凸缘一侧插进去。外皮部分不要插入套管里，离套管口 2～5mm。

⑤ 握紧手柄并加力，直至限压装置脱离，手柄自行全部张开。这种工具的结构是利用限压装置，直至完全压接好之前，手柄不会张开。强行使其张开是造成产生故障的原因。因此，要使劲握住直至其自然张开。

⑥ 取出压接好的套管，并检查压接部位是否处于套管的中心，芯线是否松动(图 1.41)。

⑦ 使压接好的套管头光滑。

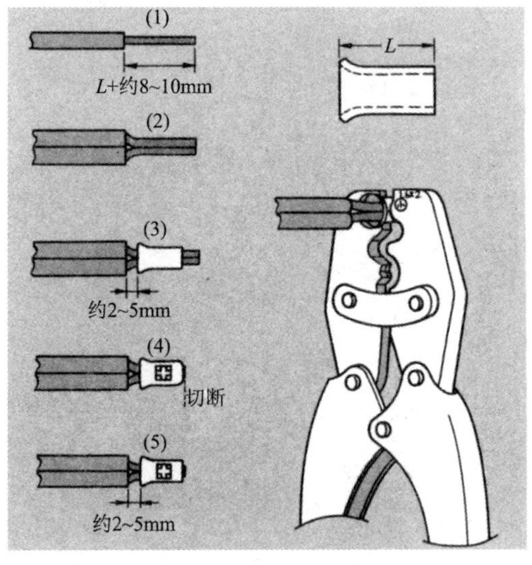

图 1.41　压　接

第2章

电工操作技能

2.1 导线绝缘层的剖削

1. 塑料硬线绝缘层的剖削

芯线截面为 $4mm^2$ 及以下的塑料硬线，其绝缘层用钢丝钳剖削，具体操作方法是根据所需线头长度，用钳头刀口轻切绝缘层(不可弄伤芯线)，然后用右手握住钳头用力向外勒去绝缘层，同时左手握紧导线反向用力配合动作，如图 2.1 所示。

芯线截面大于 $4mm^2$ 的塑料硬线，可用电工刀来剖削其绝缘层，方法如下：

① 根据所需的长度用电工刀以 45°角斜切入塑料绝缘层[图 2.2(a)]。

② 接着刀面与芯线保持 15°角左右，用力向线端推削，不可切到芯线，削去上面一层塑料绝缘层[图 2.2(b)]。

③ 将下面的塑料绝缘层向后扳翻，最后用电工刀齐根切去[图 2.2(c)]。

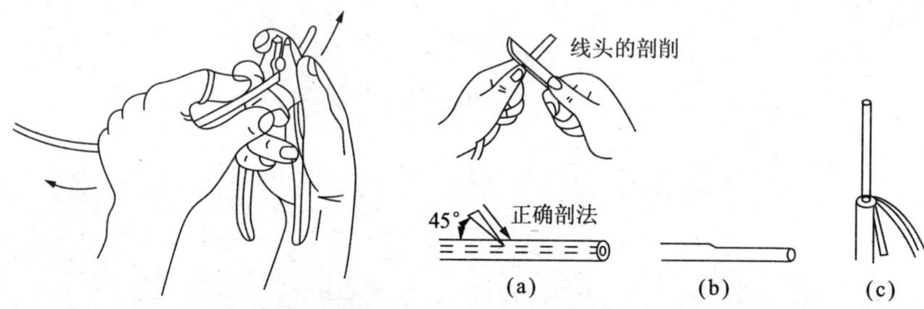

图 2.1 用钢丝钳剖削塑料硬线绝缘层　　图 2.2 用电工刀剖削塑料硬线绝缘层

2. 皮线绝缘层的剖削

① 在皮线线头的最外层用电工刀割破一圈，如图 2.3(a)所示。

② 削去一条保护层，如图 2.3(b)所示。

③ 将剩下的保护层剥割去，如图 2.3(c)所示。

④ 露出橡胶绝缘层，如图 2.3(d)所示。

⑤ 在距离保护层约 10mm 处，用电工刀以 45°角斜切入橡胶绝缘层，

并按塑料硬线的剖削方法剥去橡胶绝缘层,如图 2.3(e)所示。

3. 花线绝缘层的剖削

① 花线最外层棉纱织物保护层的剖削方法和里面橡胶绝缘层的剖削方法类似皮线线端的剖削。由于花线最外层的棉纱织物较软,可用电工刀将四周切割一圈后用力将棉纱织物拉去,如图 2.4(a)所示。

② 在距棉纱织物保护层末端 10mm 处,用钢丝钳刀口切割橡胶绝缘层,不能损伤芯线,然后右手握住钳头,左手把花线用力抽拉,通过钳口勒出橡胶绝缘层。花线的橡胶层剥去后就露出了里面的棉纱层。

③ 用手将包裹芯线的棉纱松散开,如图 2.4(b)所示。

④ 用电工刀割断棉纱,即露出芯线,如图 2.4(c)所示。

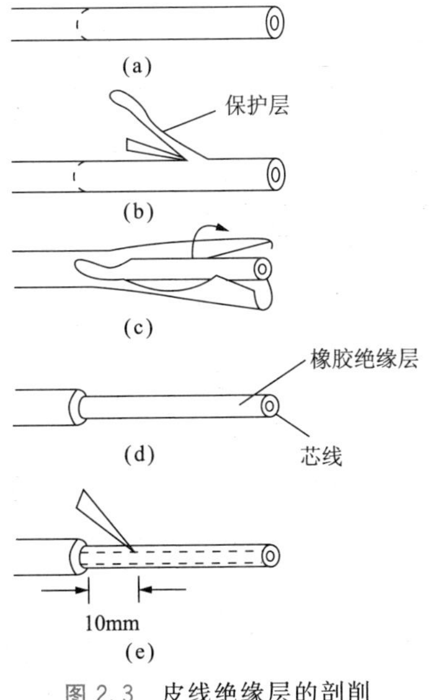

图 2.3 皮线绝缘层的剖削

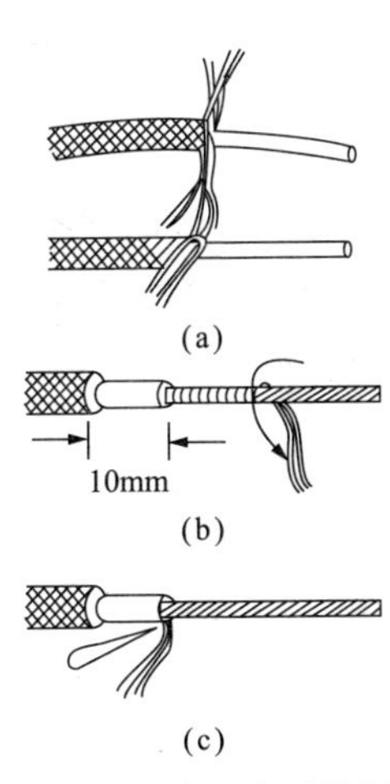

图 2.4 花线绝缘层的剖削

4. 塑料护套线绝缘层的剖削

① 按所需长度用电工刀刀尖对准芯线缝隙划开护套层,如图 2.5(a)所示。

② 向后扳翻护套层,用电工刀齐根切去,如图 2.5(b)所示。

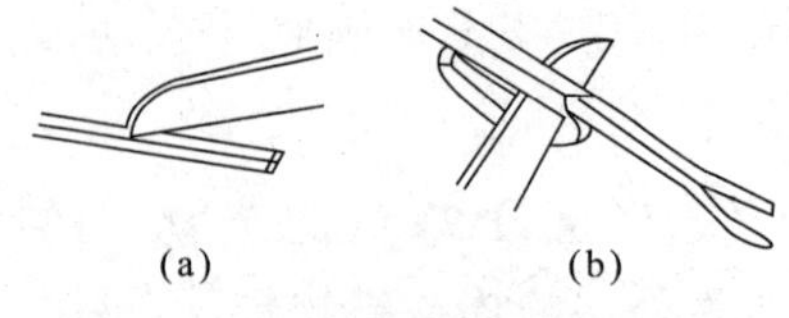

图 2.5　护套线绝缘层的剖削

③ 在距离护套层 5～10mm 处，用电工刀按照剖削塑料硬线绝缘层的方法，分别将每根芯线的绝缘层剥除。

2.2 导线与导线的连接

1. 单股铜芯导线的直线连接

连接时，先将两导线芯线线头按图 2.6(a)所示成×形相交，然后按图 2.6(b)所示互相绞合 2～3 圈后扳直两线头，接着按图 2.6(c)所示将每个线头在另一芯线上紧贴并绕 6 圈，最后用钢丝钳切去余下的芯线，并钳平芯线末端。

2. 单股铜芯导线的 T 字分支连接

将支路芯线的线头与干线芯线十字相交，在支路芯线根部留出 5mm，然后顺时针方向缠绕支路芯线，缠绕 6～8 圈后，用钢丝钳切去余下的芯线，并钳平芯线末端。如果连接导线截面较大，两芯线十字交叉后直接在干线上紧密缠绕 5～6 圈即可，如图 2.7(a)所示。较小截面的芯线可按图 2.7(b)所示方法，环绕成结状，然后再将支路芯线线头抽紧扳直，向左紧密地缠绕 6～8 圈，剪去多余芯线，钳平切口毛刺。

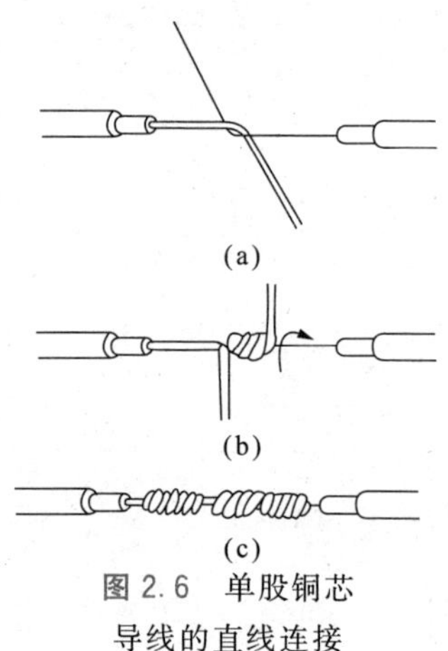

图 2.6　单股铜芯导线的直线连接

3. 7 股铜芯导线的直线连接

先将剖去绝缘层的芯线头散开并拉直，如图 2.8(a)所示；把靠近绝缘层 1/3 线段的芯线绞紧，并将余下的 2/3 芯线头分散成伞状，将每根芯线拉直，如图 2.8(b)所示；把两股伞骨形芯线一根隔一根地交叉直至伞形根部相接，如图2.8(c)所示；然后捏平交叉插入的芯线，如图2.8(d)所

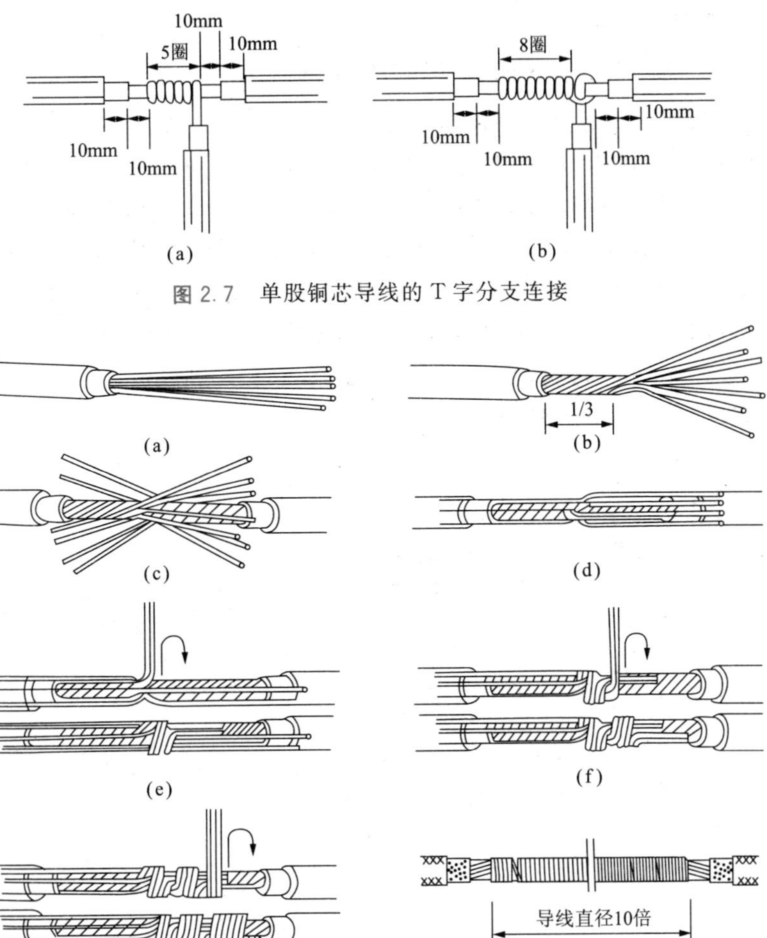

图 2.7　单股铜芯导线的 T 字分支连接

图 2.8　7 股铜芯导线的直线连接

示；把左边的 7 股芯线按 2、2、3 根分成三组，把第一组 2 根芯线扳起，垂直于芯线，并按顺时针方向缠绕 2 圈，缠绕 2 圈后将余下的芯线向右扳直紧贴芯线，如图 2.8(e)所示；把下边第二组的 2 根芯线向上扳直，也按顺时针方向紧紧压着前 2 根扳直的芯线缠绕，缠绕 2 圈后，也将余下的芯线向右扳直，紧贴芯线，如图 2.8(f)所示；再把下边第三组的 3 根芯线向上扳直，按顺时针方向紧紧压着前 4 根扳直的芯线向右缠绕，缠绕 3 圈后，切去多余的芯线，钳平线端，如图 2.8(g)所示；用同样方法再缠绕另一边芯线，如图 2.8(h)所示。

4. 7 股铜芯导线的 T 字分支连接

将分支芯线散开并拉直，如图 2.9(a)所示；把紧靠绝缘层 1/8 线段的芯线绞紧，把剩余 7/8 的芯线分成两组，一组 4 根，另一组 3 根，排齐，如图 2.9(b)所示；用螺丝刀把干线的芯线撬开分为两组，如图 2.9(c)所示；把支线中 4 根芯线的一组插入干线芯线中间，而把 3 根芯线的一组放在干线芯线的前面，如图 2.9(d)所示；把 3 根芯线的一组在干线右边按顺时针方向紧紧缠绕 3～4 圈，并钳平线端；把 4 根芯线的一组在干线芯线的左边按逆时针方向缠绕 4～5 圈，如图 2.9(e)所示；最后钳平线端，连接好的导线如图 2.9(f)所示。

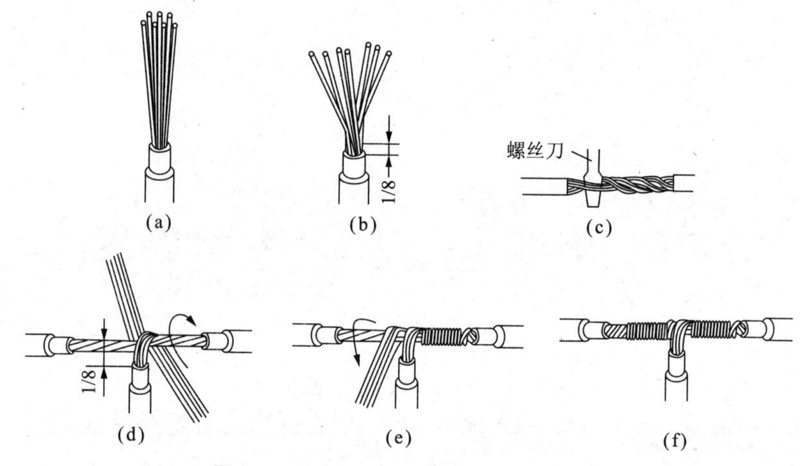

图 2.9　7 股铜芯导线的 T 字分支连接

2.3 识别、使用各种电气接头

2.3.1　接线柱

接线柱是最基本的接头，其性能最为可靠。任何其他类型的电路连接都不能够像老式螺栓螺母那样形成可拆卸的连接。

图 2.10 所示为一种基本的铜螺栓接线柱装置。铜螺栓通过两个平垫圈和一个螺母把绝缘板和导线接线片紧固在一起。螺栓顶部有一个手动螺母。连接导线时，只需要先把导线缠绕在螺杆上，然后拧紧手动螺母即可。为了实现更为稳固持久的连接，可以用六角螺母来代替手动螺母，然后用扳手拧紧即可。

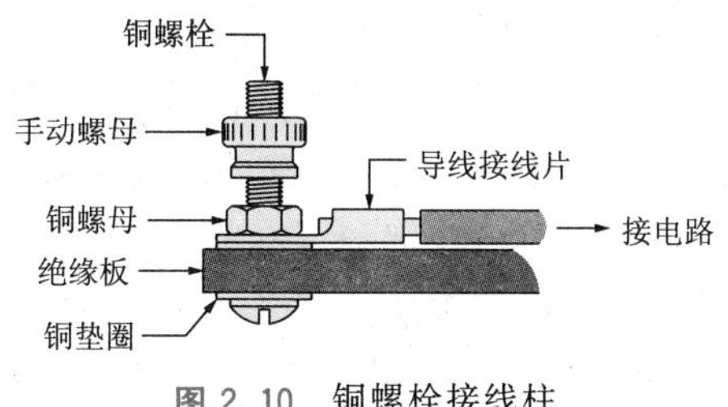

图 2.10 铜螺栓接线柱

板簧接线柱如图 2.11 所示，是一种非常古老的接线柱类型。这种接线柱的工作原理是，将开口板簧耳片压下直到导线弯钩穿过耳片。将导线置于弯钩下方，然后释放耳片。弹簧将把导线压靠在弯钩上，此时一个可靠的电路连接便形成了。

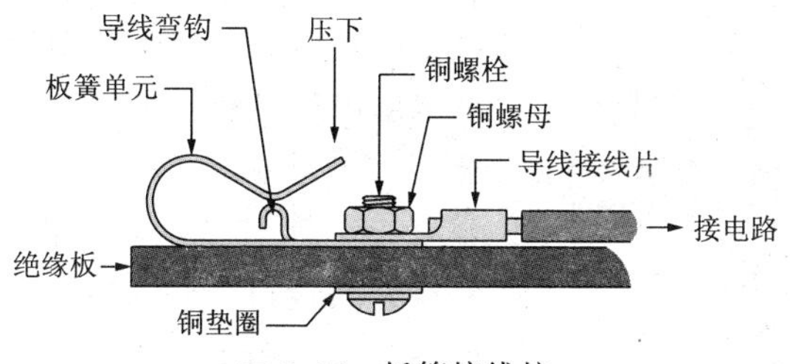

图 2.11 板簧接线柱

螺旋弹簧接线柱把板簧接线装置向前推进了一步。首先压下塑料按钮，按钮进而压缩螺旋弹簧直至通孔下方。将导线插入并穿过位于按钮环上的插槽中，再穿过接线孔。当按钮释放时，弹簧将迫使导线与孔的内表面接触。这样，一个性能良好的电路连接便制作完成。图 2.12 示出了一种螺旋弹簧接线柱。

螺栓锁紧接线柱的设计目的就是兼顾弹簧接线柱的方便性和螺栓/螺母连接的紧固性。图 2.13 所示为一种典型的螺栓锁紧接线柱。手动螺母被旋开后，会提起夹紧块，打开导线连接。使用时，先将导线插入连接孔，然后旋紧螺母即可。

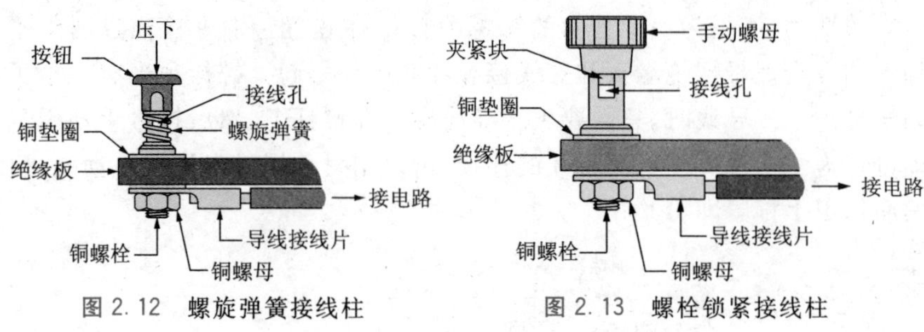

图 2.12　螺旋弹簧接线柱　　　　图 2.13　螺栓锁紧接线柱

图 2.14 所示的组合接线柱，综合了所有接线柱的优点。这种接线柱有一个既能绕线又能穿线的螺栓锁紧手动螺母。其中螺母是绝缘的，并且接线柱的顶部带有一个标准香蕉插座。一般情况下，这种装置都备有一组绝缘垫圈，所以可以把它们安装在金属板上。永久性连接可以用一个导线接线片或者焊接接线柱制成。这种装置价位非常低廉，是首选的接线柱连接方式。

图 2.14　带有香蕉插座的组合接线柱

2.3.2　香蕉接头

从本质上说，香蕉接头是单个插头和插座的组合，是一种易于接插的大电流、低电阻电气插件。图 2.15 所示为几种香蕉接头及插座装置。绝大多数香蕉接头都有一个针对测试导线而优化设计的无焊接导线接口。同时，绝大多数插座都集成有焊接接线柱。接地插座是全金属结构。双香蕉接头的插头中心间距为 1.905cm，并且插头上有极性标志。

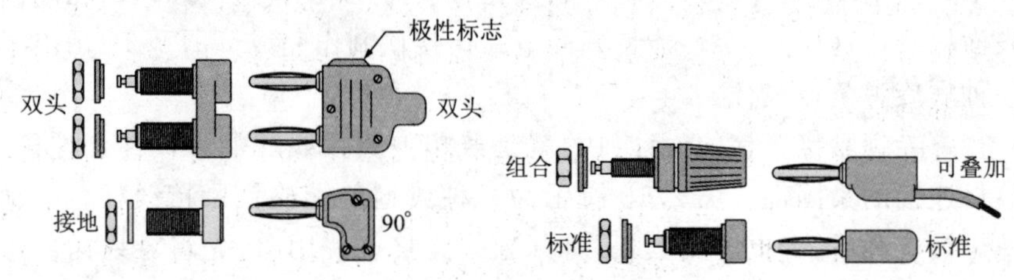

图 2.15　香蕉接头

2.3.3 BNC 接头

BNC 接头的前身为 CRF 型("C"型无线电频率)接头,它是 CRF 的微型版本。经过多年的发展,BNC 已经成为用于试验设备及仪器的主要接头。它提供非常好的无线频率特性,500-VDC 电压等级,尤其还具备很好地防止杂波信号干扰的保护功能,但是它的载流能力并不好。这种接头分为插座和插头,使用时,把插头推到插座内部再将轴衬外环旋转四分之一圈,即可实现接头的紧密配合。当接头达到锁紧点时,轴衬外环上能感觉到锁紧力。图 2.16 所示为几种 BNC 接头结构及其适配器。因为 BNC 接头极为常见,对于几乎所有的标准接头,都可以很容易买到相应的适配器。

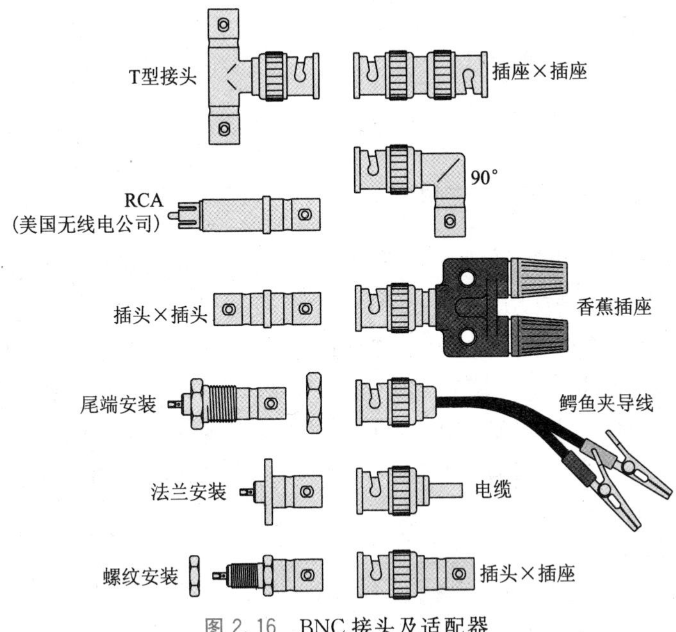

图 2.16 BNC 接头及适配器

MHV 及 SHV 接头为 BNC 接头的两种变体。这两种接头是高压型号的 BNC,分别代表小型高压及安全高压。

MHV 有两个很明显的缺点。第一个缺点是只要足够用力,MHV 就能够与标准 BNC 接头相匹配。但是,如果强迫这两种接头匹配,就会严重损伤两个器件,此时唯一的办法就是用新的接头替换已损坏的接头。

它的第二个缺点是，当在带电电路中应用这些接头时，操作人员会直接面对高压环境，此时触电就是一种潜在的致命危险源。尽管不同类型的试验设备及仪器中都用到了许多 MHV 接头，但是除非绝对必需，否则就不应该采用这种接头。

为了解决 MHV 接头存在的缺点，开发了 SHV 接头。这种接头不能与 BNC 或者 MHV 接头相匹配，并且在带电电路上使用时，能够为用户提供电压保护功能。通过插头中心伸出的螺旋弹簧能够很容易辨别出安全高压接头。SHV 插座与 BNC 及 MHV 接头相比，要长很多。对于所有的高压应用场合，应当首选 SHV。图 2.17 示出了 MHV 及 SHV 接头。

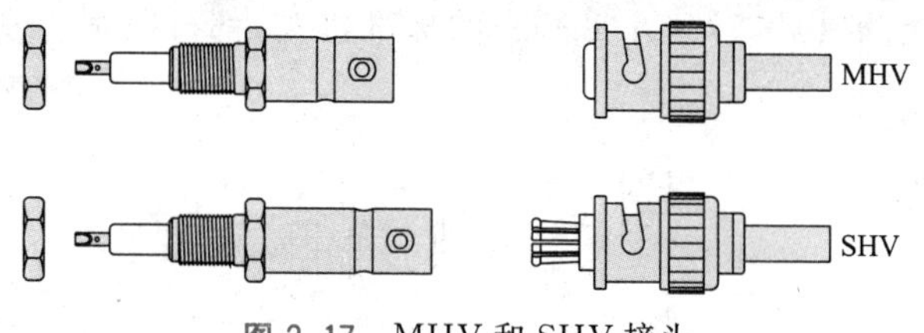

图 2.17　MHV 和 SHV 接头

2.3.4　无线电频率接头

当涉及无线电频率(RF)电源时，例如收音机和电视机这类无线电应用场合，必须使用专用接头。这种接头是为了解决与 RF 能量相关的特殊问题(如信号的泄漏及杂波干扰)而专门设计的。

最常见的 RF 接头是 F 型接头，这种接头专门用于有线电视接线。F 型接头有一个小型螺纹头，它是与 RG-59-U 电缆相匹配的专用设计。图 2.18 所示为几种常用的 F 型接头。其中，推入型接头常用于要求频繁进行装卸的工作场合。

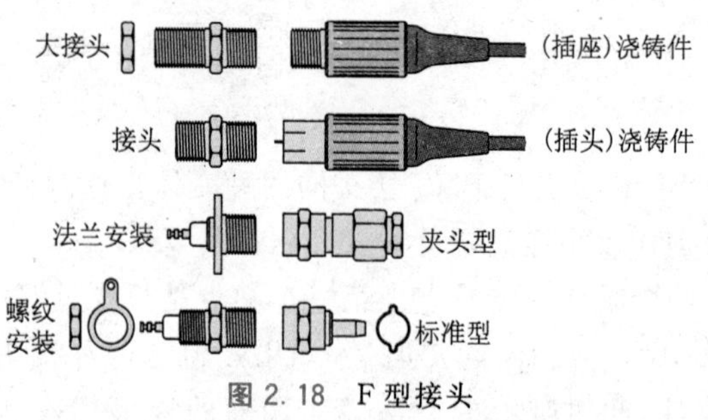

图 2.18　F 型接头

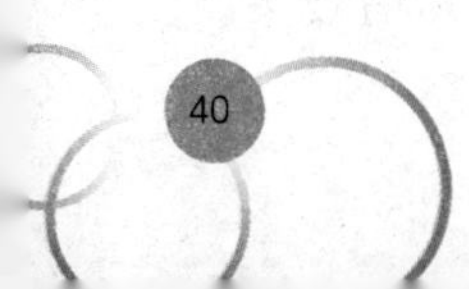

图 2.19 所示为几种小型及微型 RF 接头，在 RF 设备内部经常用到这种接头。

图 2.20 示出了一类具有中等尺寸大小的 RF 接头。这种尺寸范围内的接头常见于业余、商业及航海用无线电通信设备。用于公共波段（CB）收音机的接头采用超高频（UHF）设计规格。

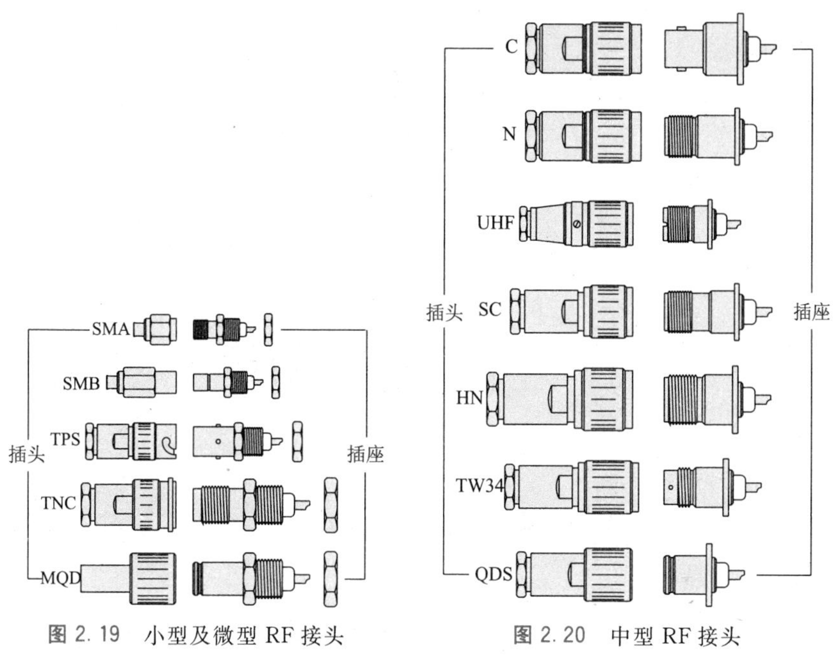

图 2.19 小型及微型 RF 接头

图 2.20 中型 RF 接头

大型无线电频率接头是为更高频率及大功率信号设计的。这种接头可在大功率无线电发射器及军用设备中见到。G874 接头是独一无二的，因为它是唯一采用通用极性设计的 RF 接头。图 2.21 所示为各种大型 RF 接头示意图。

2.3.5 音频接头

在音频家族里有 4 种常见的接头，分别是 RCA，1/4in（英寸）耳机、1/8in 耳机及 XLR 接头。在家用立体声音响系统中，有绝大多数人都使用过的 RCA 及耳机接头。XLR 接头主要用在专业录音及广播系统中。XLR 代表 X 型接头，它的接线端带有卡扣及橡胶套。图 2.22 所示为几种常见的 RCA 接头。这种接头的价格非常低廉，并且对在音频设备中常见的典型敏感信号具有很好的性能。

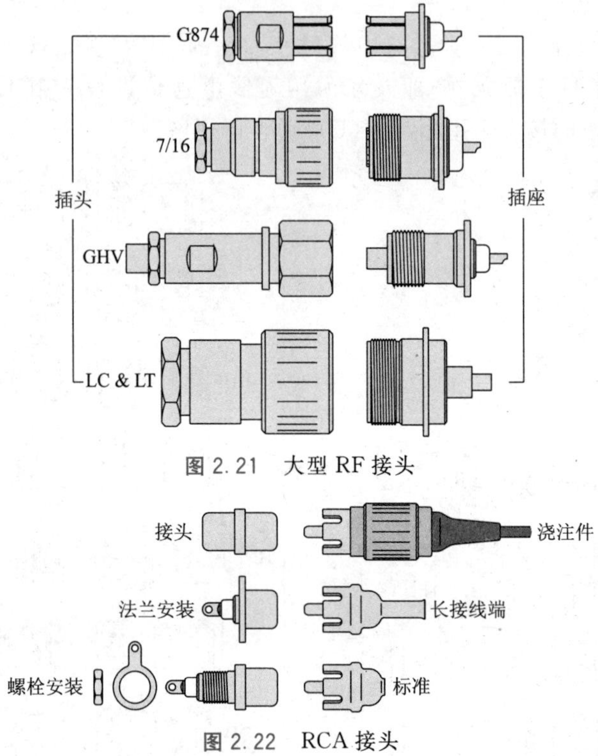

图 2.21 大型 RF 接头

图 2.22 RCA 接头

虽然 1/4in 耳机接头最初是为用于早期电话系统的开关面板而专门设计的,但事实证明这种接头具有很强的适应性,因此在多种音频设备中受到青睐。早期的 1/4in 耳机插座是一个两极单元,随着立体声音响设备的出现,增加了一个第三极,这种设计风格一直保持到现在。图 2.23 所示为用于单声道及立体声音响系统的 1/4in 耳机插头和插座。

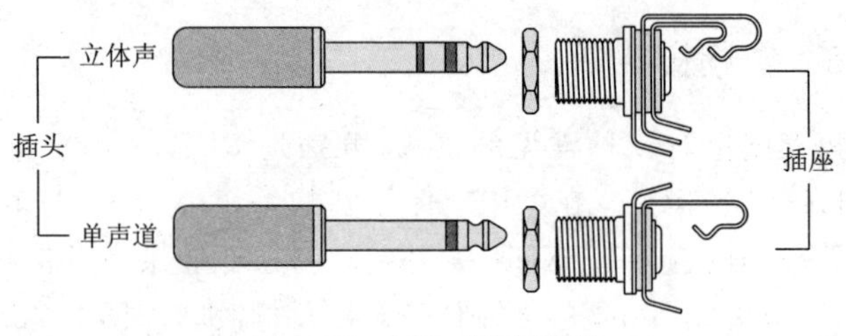

图 2.23 1/4in 耳机接头

随着音频设备的逐步微型化，1/4in 耳机插座因为尺寸太大而变得不受欢迎。为了满足小型设备的要求，1/4in 耳机缩小成原尺寸的一半，设计了 1/8in 耳机插座。这是用于绝大多数便携式录音机和 CD 机上面的音频插座。图 2.24 所示为单声道及立体声耳机插头和插座。

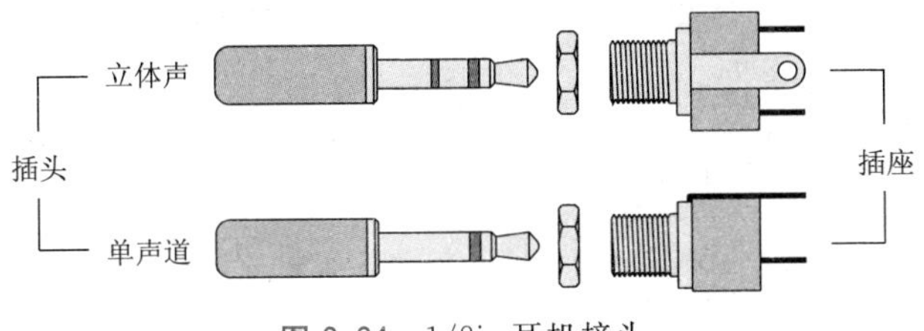

图 2.24 1/8in 耳机接头

图 2.25 所示的 XLR 接头是一种用途广泛的音频接头。它有三个管脚，并带有一个屏蔽外壳。插头集成了一个自动锁紧机械装置，必须手动释放才能断开连接。该接头的插头和插座既有面板安装型，也有电缆连接型。这些接头是公共广播设备的最佳选择。它们非常耐用，具有很长的使用寿命，适用于低电平信号（如麦克风）、中间信号（如前置放大器输出、音调控制等），也可以作为低功率放大器输出接头。

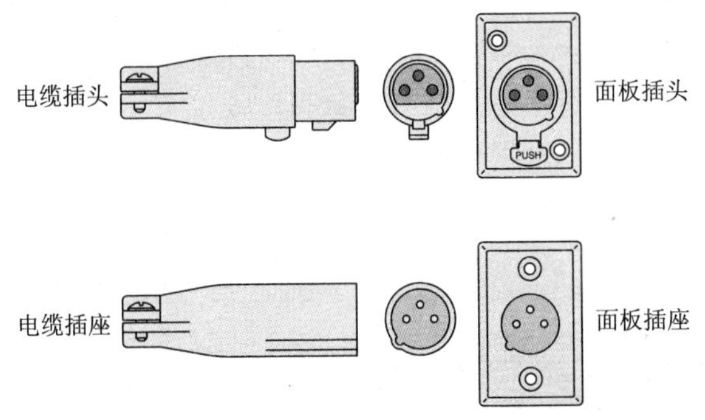

图 2.25 XLR 耳机接头

2.3.6 数据接头

在我们的数字化生活中，数据接头变得无所不在，其中最明显的是它们在计算机和电话系统中的使用。在所有依赖数据控制的设备中也能够见到它们。

DB（D 类型微型）系列接头是数字世界中最常见的接头之一。DB 之后有一个数字，它代表这个接头的针头数目。DB9 有 9 针，DB25 有 25 针。HD15 是一个特殊的类型，它通常用于连接计算机 VGA 显示器。DB 系列接头在接头的每一端都有一组锁紧螺钉。插头有一组螺钉，插座有一组配合的螺母。插头和插座有阳极和阴极两种类型。这些接头用在低电平信号处理、试验设备和工具中。图 2.26 所示为大多数 DB 接头的端面视图和针头分布。

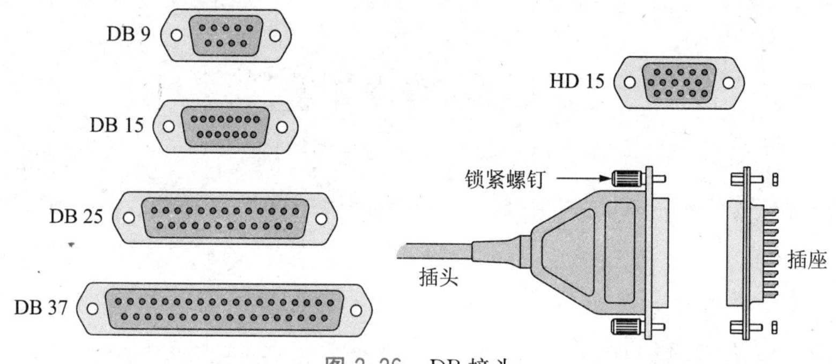

图 2.26　DB 接头

Centronics36 接头通常作为打印机并行接头使用。其阳极接头的两端有两个卡槽，与阴极接头上的一对锁紧卡头相对应。插头插好后，卡头就可以锁扣在卡槽内了。这些接头可应用于低电平信号处理、试验设备和工具中。图 2.27 所示为一个 Centronics36 接头。

通用串行总线接头(USB)在个人计算机中非常流行。图 2.28 所示为 A 类和 B 类 USB 接头，以及一个输出针脚表。

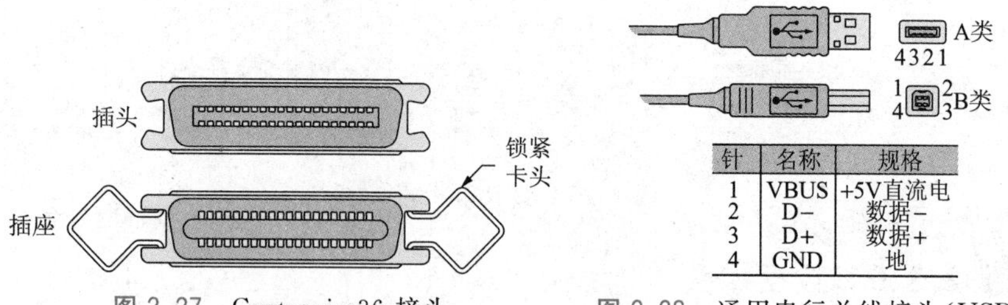

针	名称	规格
1	VBUS	+5V直流电
2	D−	数据−
3	D+	数据+
4	GND	地

图 2.27　Centronics36 接头

图 2.28　通用串行总线接头(USB)

DIN 接头是鼠标和键盘上最常见的插头。它们在所有控制设备中都可以使用，包括音频设备、试验设备和工具。生产者为了保证设计的独特性，经常用一个 DIN 接头代替标准插头。图 2.29 所示为标准和微型

DIN 接头的实例。

配准插座(RJ)接头通常用于电话上。RJ-10-2 用于把话筒连接到电话机,RJ-11/14 和 RJ-12 用于把电话机连接在墙上的电话线插座中。RJ-48 通常用于以太网连接。这些接头的电流承载能力很低,仅用于低电平信号。图 2.30 所示为标准 RJ 接头及其针脚配置。

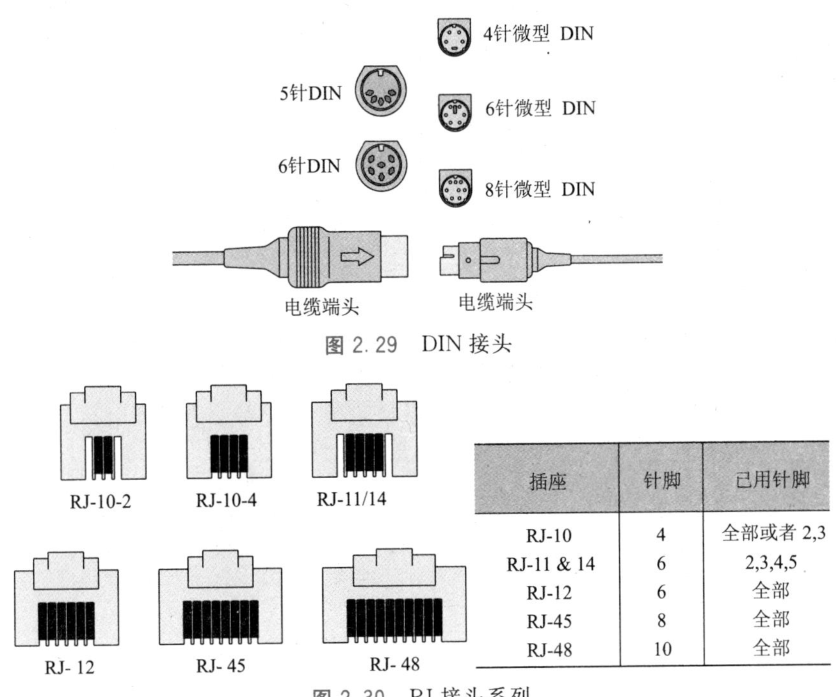

图 2.29　DIN 接头

插座	针脚	已用针脚
RJ-10	4	全部或者 2,3
RJ-11 & 14	6	2,3,4,5
RJ-12	6	全部
RJ-45	8	全部
RJ-48	10	全部

图 2.30　RJ 接头系列

2.3.7　印制电路板接头

边缘接头是用于数字和控制电路接口的好方法。如图 2.31 所示,可以把 PC 板设计成一边有一排引脚的形式。切入板中的定位槽用来保证接头对正插入。

很多边缘接头设计成扁平电缆插头的形式。制作这种接头时,首先将扁平电缆插入接头,然后将卡头压入到位。随着卡头的压入,它会迫使扁平电缆卡进针头边缘,针头随后切入电缆绝缘层,与电缆导体接通。图 2.32 所示为一个典型的扁平电缆卡接接头。

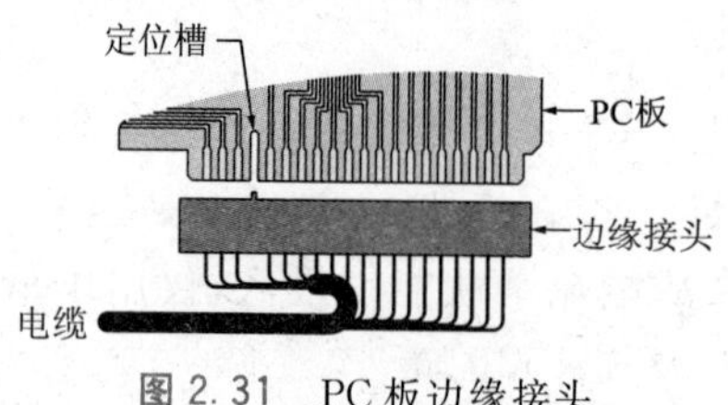

图 2.31　PC 板边缘接头

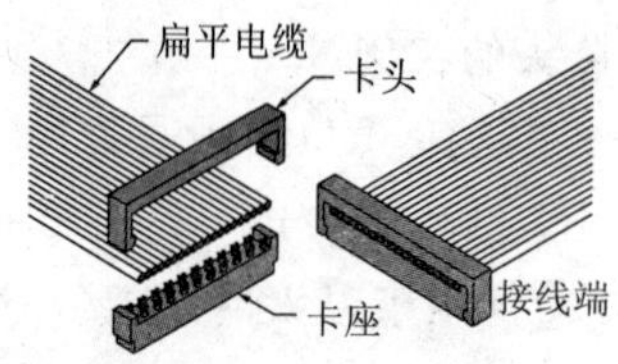

图 2.32　扁平电缆卡接接头

2.3.8　通用接头

在每一个机电设备上几乎都可以看到多针接头。巧妙使用多针接头可以使最终的装配和维修工作变得非常简单。接头也为系统检测、调试和部件装配中的故障诊断提供便利。一个很好的应用实例是现代汽车中的电子系统。事实上，这些系统中的每个元件都是通过一个多针接头连接的。这种“黑箱”设计使得生产和维修都非常方便。

圆套锁紧接头通常是此类接头中质量最好的。这种接头的针脚配置多种多样，并带有一个螺纹圆套或者卡口圆套。它们有塑料型、金属型甚至是防水型。图 2.33 所示为几个多针圆套锁紧接头。值得注意的是，市场上销售的圆套锁紧接头也有非锁紧型的。

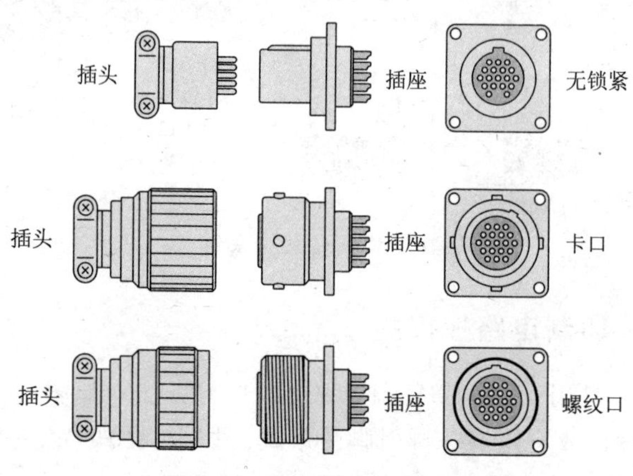

图 2.33　多针圆套锁紧接头

最常见的多针接头大概是模块系列接头。这些白色塑料接头通常用于计算机和家用电器中。它们的针头形状和额定电流有很多种。这些接头是为了在机器或设备内部使用而设计的。接头上带有针头分隔。导线压紧或焊接在插针上，插针再插入到接头中。拔出插针需要特殊的工具。

图 2.34 所示为一个 8 针头模块接头。

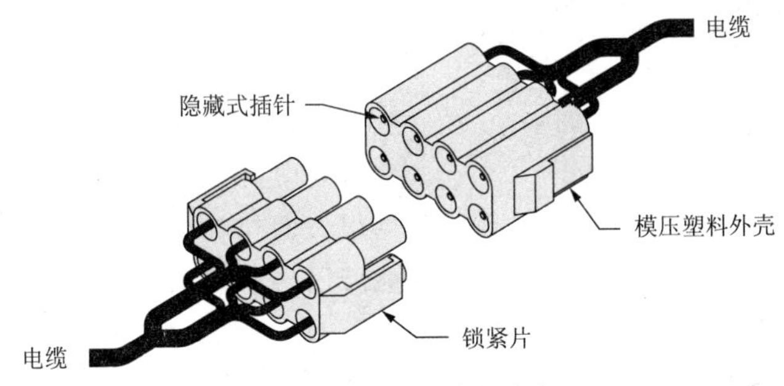

图 2.34　8 针头模块接头

2.3.9　AC 接头

我们大多数人对标准的 120V AC 接头很熟悉，它有双孔和三孔型两种，三孔型带有接地线。大多数现代的 120V AC 设备都配备三孔型插头，除非电器是双绝缘的。图 2.35 所示为几个标准 120V AC 接头。面板型主要在设备上使用。

图 2.36 所示为标准 240V AC 接头。人们不熟悉这些接头，因为 240V AC通常不用于小型设备。这些插座通常用于为窗式空调提供动力。

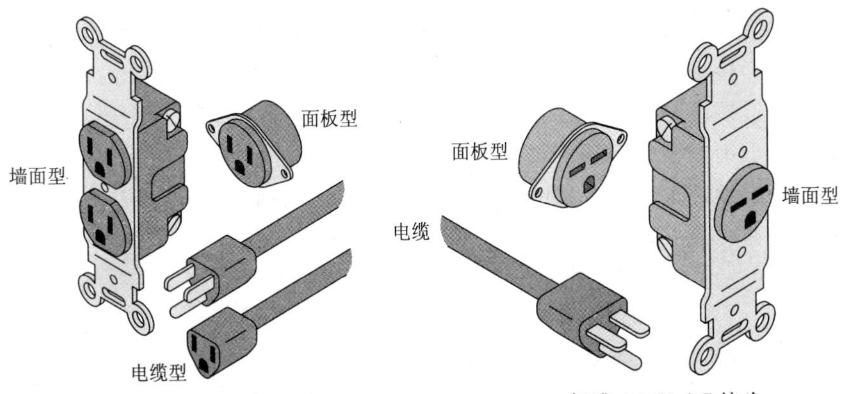

图 2.35　标准 120V AC 接头　　图 2.36　标准 240V AC 接头

大多数 240V 电源用于大功率电器，例如烤炉、干燥器、家用焊接机器等等。这些设备需要使用具有更高的电流承载能力的插座，如图 2.37 所示。这个范围尺寸的插座能够承受 25～100A 的电流。

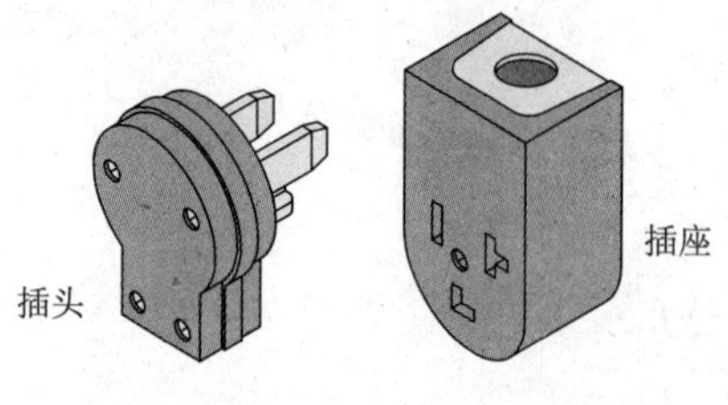

图 2.37 大电流 240V AC 接头

旋转锁紧 AC 接头如图 2.38 所示，常用于可能突然断路的场合。连接时，将两个接头相互插紧，再旋转到锁紧位置。这类接头通常用于生产车间中，在车间里电动工具往往使用很长的拉伸电缆。接头的锁紧功能可以防止工人在拉拽电缆时把接头拔开。锁紧接头的另一个特点是它不是标准件，这意味着带有旋转锁紧接头的电动工具仅可用在有配套插座的车间中。

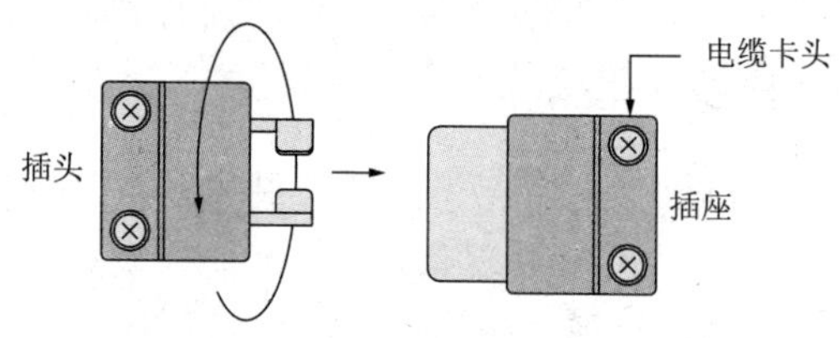

图 2.38 旋转锁紧 AC 接头

2.3.10 自动接头

在自动化领域内有三种常见的接头，它们是桶形、片形或铲形、钩形或旋转锁紧接头，这三种接头都可以在复杂的自动化环境中良好运行。

桶形接头就是一个简单的圆柱形插头和一个与之相配合的桶形插座。桶形插座是开口的并且开口内有弹性回复力。插头有一个锥形的鼻子和一个锁紧槽。当插头被推入桶形插座后，桶形插座的开口内壁弹开，内壁的制动环卡进锁紧槽。图 2.39 所示为一个卷曲桶形接头。

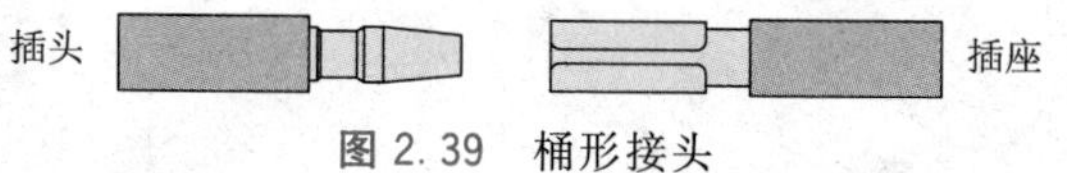

图 2.39 桶形接头

片形或铲形接头包括一个扁平阳极插头和一个冲压成形的阴极插座。插座有卷曲的边，当插头插入时插座将夹住插头的外边。这种接头有非绝缘型的，如图 2.40 所示，也有完全绝缘型的。

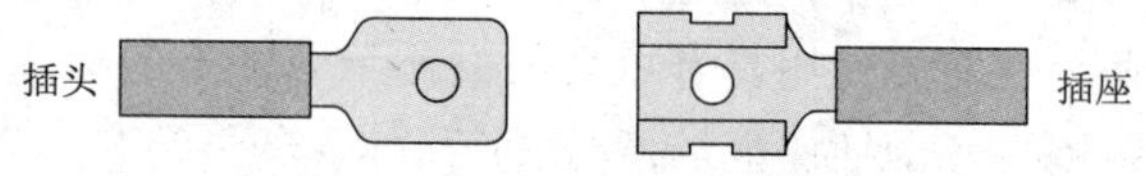

图 2.40 片形或铲形接头

钩形或旋转锁紧接头能够形成非常牢固的连接。它们通常用于永久性或半永久性连接。这种接头是不绝缘的，因此需要包上电工胶带，或者在连接后用热缩管套上。图 2.41 所示为一个典型的旋转锁紧接头。

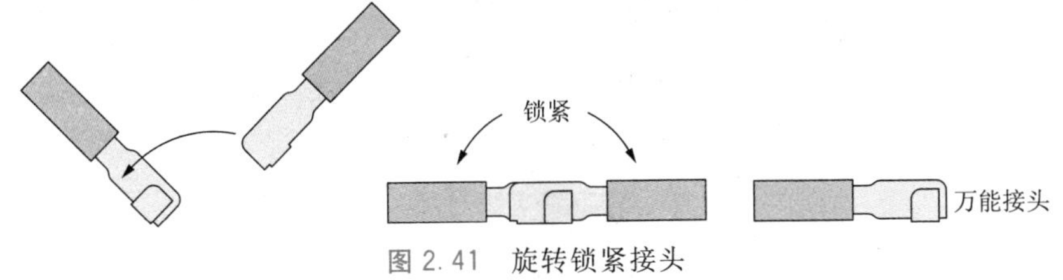

图 2.41　旋转锁紧接头

2.3.11　接线端子排

接线端子排是机电系统内分部件和控制用永久接线的首选接线配件。接线端子排具有多种设计类型、结构和接线端数目。

图 2.42 所示为一个典型的接线端子排。它的基体是黑色酚醛塑料，接线端为 8 个平板铜螺钉。部件导线连接在一边，而接口导线连接在另一边。这样的接线端子排提供了一种方便的手段，可以满足各种电气控制和接口的终端接线需要。

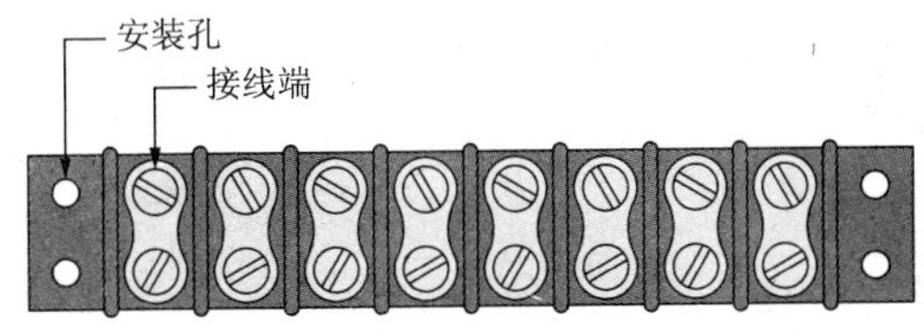

图 2.42　接线端子排

标准的接线端子排上的导体是裸露的，这在某些情况下可能出现电击的危险。为了防止出现这种危险，可以在端子排的上面安装一个塑料板，如图 2.43 所示。此时，固定端子排的是两个加长柱头螺栓，柱头螺栓上装有定位套，然后用两个手动螺母固定保护板。保护板还可以按照图 2.43 所示印上标志，用以标记设备功能。

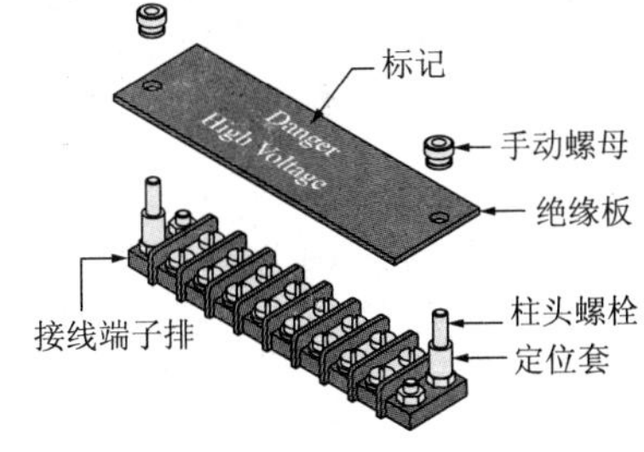

图 2.43　接线端子排绝缘面板

将一排螺钉接线片固定在一个绝缘板上，就可以把接线端子排作为多针接头使用，如图2.44所示。将接线端子排上的螺钉松开，将插头配件插进端子排，拧紧接线端子排上的螺钉，一个高质量的连接就完成了。

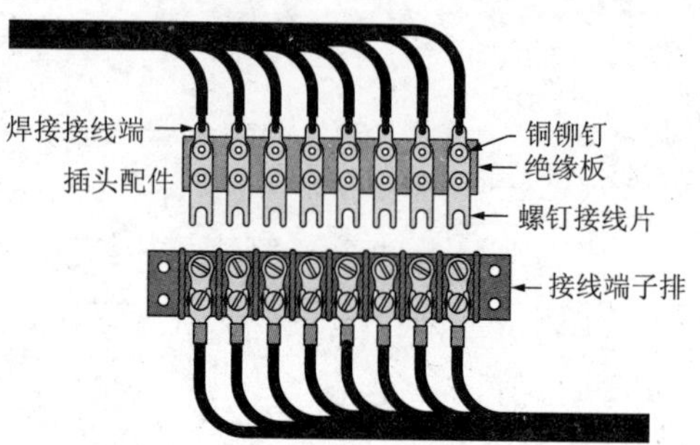

图2.44 作为多针接头的接线端子排

从很多渠道都可以购买到完全绝缘的接线端子排。这些接线端子排通常被浇铸在一个绝缘块中，绝缘块上带有导线插座和卡紧螺钉。剥掉导线绝缘层，将其伸入插孔，拧紧螺钉后，一个高质量的连接就完成了。图2.45所示为一个典型的绝缘接线端子排。为了实现快速接线，可以使用插入式接线端子排。使用这种端子排时，只需把导线绝缘层剥掉，然后插入插孔即可。松开导线时，用一个小螺丝刀插入插座释放孔，导线就可以成功拆下了。图2.46所示为一个典型的插入式接线端子排。

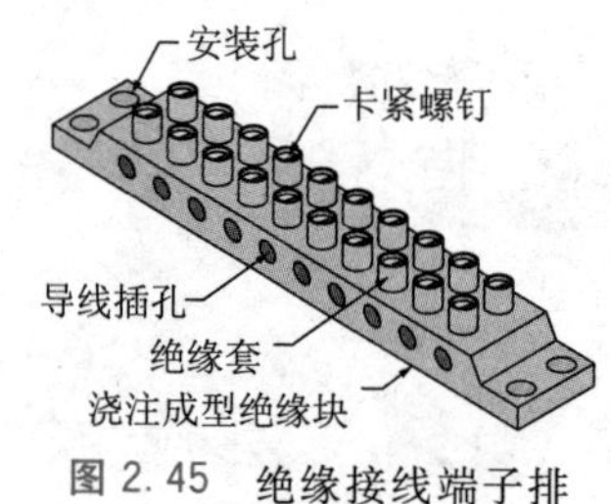

图2.45 绝缘接线端子排

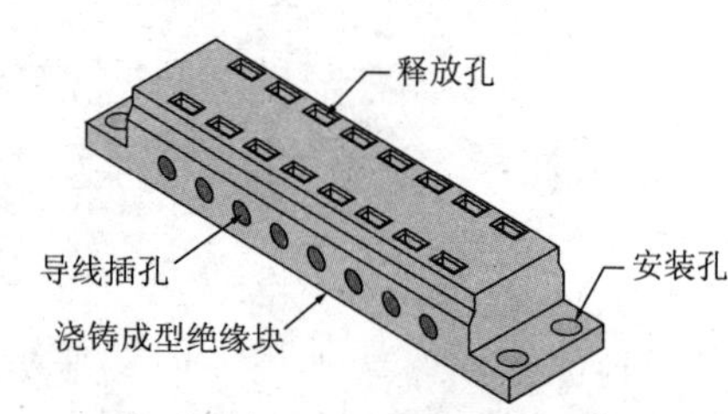

图2.46 插入式接线端子排

导线与电气接头的连接

2.4.1 正确连接的重要性

在大多数电气安装与维修中都需要把导线连接到接线端，或者把导线与其他导线相连。必须正确切割、插接和连接电线，否则将会出现问题。劣质电接插件的电阻要大于正常的电阻。在大电流电路应用中，原本正常的电流通过劣质电接插件时会产生过高的热量(图 2.47)。劣质的电接插件还会降低为一般负载提供的总电能，这是由于一部分电能在劣质接插头处产生了多余的热量。导线接合处或输出接线端的高阻接头是由于粗糙的接合、松懈断续的接插件，或电路任何处的腐蚀引起的。

在电子系统中，如声音或数据电路，工作电压和电流都十分低。在这些电路中，高阻接插件会减弱控制信号甚至使信号完全丢失。为了把电阻损耗降到最小，使用高品质的接插件就能够保障良好的电连接。印制电路板的边缘连接器必须与插槽严丝合缝，才会使得连接电阻达到最小(图 2.48)。

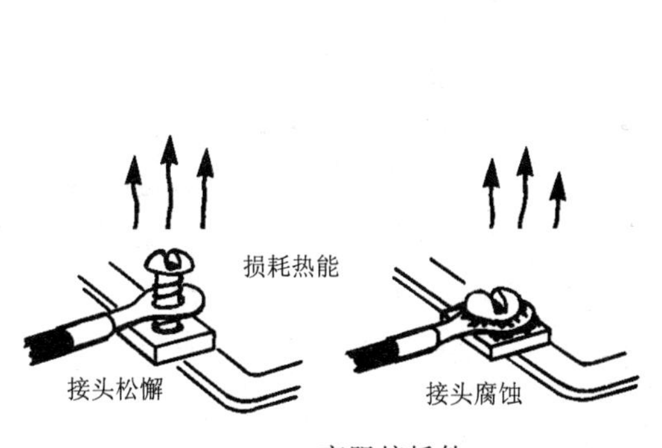

图 2.47 高阻接插件

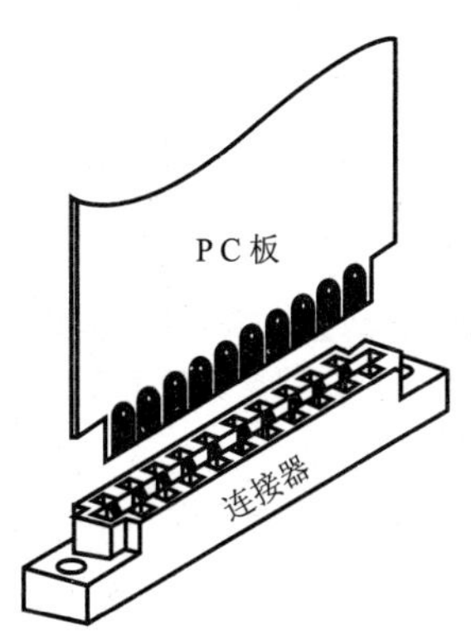

图 2.48 印制电路板的边缘连接器必须与其插槽适合

2.4.2　导线与固定螺丝连接

电气接头中最简单实用的形式是固定螺丝接头。电气设备的接线如开关、灯座等，最常用这种形式的接头。与固定螺丝相连需要将导体线弯成与螺丝头弯度合适的圈(图 2.49)。

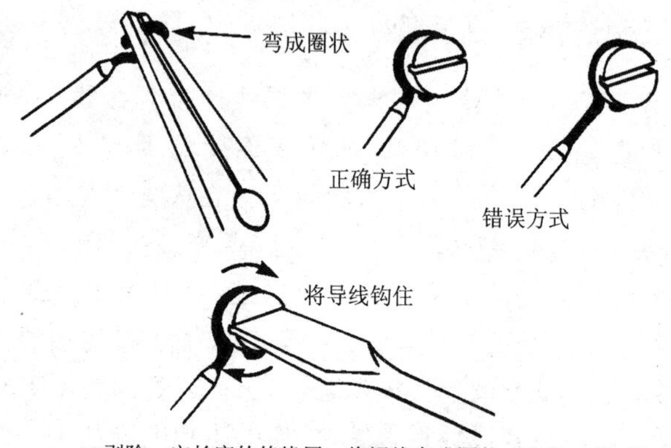

- 剥除一定长度的绝缘层，将裸线弯成圈状（大约3/4英寸），如果弯的比较合适，裸线将与螺丝头紧密相连，然后再镀锡
- 用尖嘴钳将裸线弯成合适的圈状
- 用螺丝刀将螺丝拧松，但不要拧下来
- 将弯好的裸线圈钩在螺丝头上，并顺时针拧紧线圈，这样导线就会与螺丝紧合，不会在拧紧螺丝过程中脱离
- 用钳子将螺丝周围的线圈闭合，然后拧紧螺丝
- 不要使裸线在螺丝头外，如果出现这种情况说明剥除的绝缘层过多，此时需要减少裸线长度

图 2.49　导线与固定螺丝连接

对于铝制导线来说，它们的接线端由铝或铝合金制成。这样是为了兼顾导电性与机械强度两个方面。通常铜制导线的接线端都是由纯铜或者青黄铜合金制成。除非有特殊要求，否则不要将铜和铝的接线端混合在一起。使用铜导线还是使用铝导线须遵循设备对导线的额定要求。这样要求的原因之一是，剥除铝导线的绝缘层后，裸线暴露在空气中将会迅速产生一层绝缘薄膜或氧化层，这会使得在开关或插座处有较差的导电性，并会产生多余的热量，除非所使用设备是专门为此设计，它就可以克服绝缘薄膜和氧化层的干扰，拥有较好的导电性。在铝导线中常常配有抗氧化成分，以保证长期的电气连接。双配额接头由电镀铝合金人造而成，它可用于连接或端子接入铜导线。这些设备都标有 CO/ALR 标志，它们都是特别制造，用于保证各种连接的优良传导性，并且兼容不同材料(图 2.50)。

导线标志(图 2.51)经常标记在导线的末端用来区分不同型号的导线。使用导线标志可以帮助工作人员在电路中迅速找到并追踪需要的导线。导线与接线端的标志在测试某个电路或为某个电路更换导线与配件时非常有用。

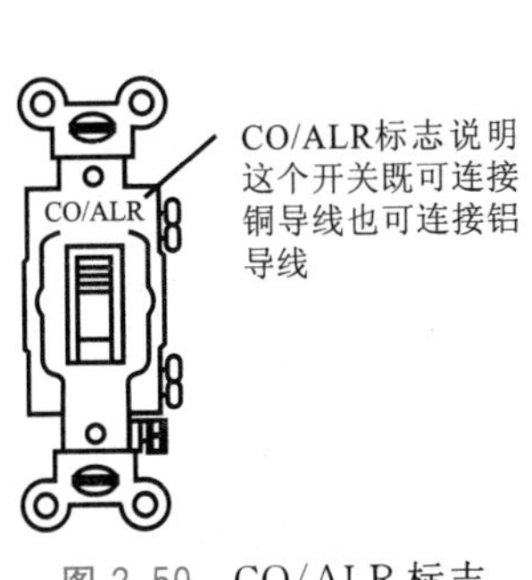

图 2.50 CO/ALR 标志

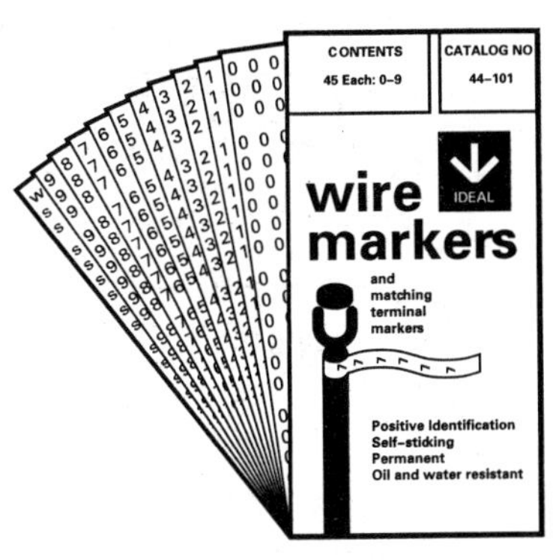

图 2.51 导线标志

2.4.3 导线与压缩接头连接

电气连接中使用最广泛的方法是创建并维持一个外部压力。通常会使用压缩接头或机械螺丝式接头来完成连接。无论使用哪种连接方式，如果要得到良好的连接状态，都需要正确清理和配制连接表面，同时在操作时要提供足够的夹紧力。

对接式压缩接头可用于连接两根导线。操作时，将导线插入一个特制的绝缘或非绝缘导线固定套管中，然后用卷边工具将套管中的导线卷边(图 2.52)。有各种类型的压接端子连接片用于将导线与端子连接(图 2.53)。

使用压缩工具压缩电缆接头是一种最好和最持久的连接方式(图 2.54)。这些无焊料的接头由整块的管形材料制成，可以使用手动或液压压缩工具进行安装。为了保证较好的连接状态，在安装时应参照制造商手册选择正确的接头型号、款式及操作工具。同时，要保证电缆与接头清洁，没有被腐蚀或氧化。然后将一部分电缆用压缩工具压入铜制套管中，直到将这两部分压制为一体。铜电缆可以安装在配额为 CU 的铜制压缩接头中，还可以安装在配额为 AL9CU 的双配额压缩接头中。铝电缆只能安装在铝制压缩接头和配额为 AL、AL7CU 或 AL9CU 的双配额压缩接头中。注意，铝制电缆不能安装在铜制接头中。当两种不相近的材料互相接触时，会加速氧化现象。当将铝导线接入铜制输出口或开关中时，氧化现象会导致电阻值增加。

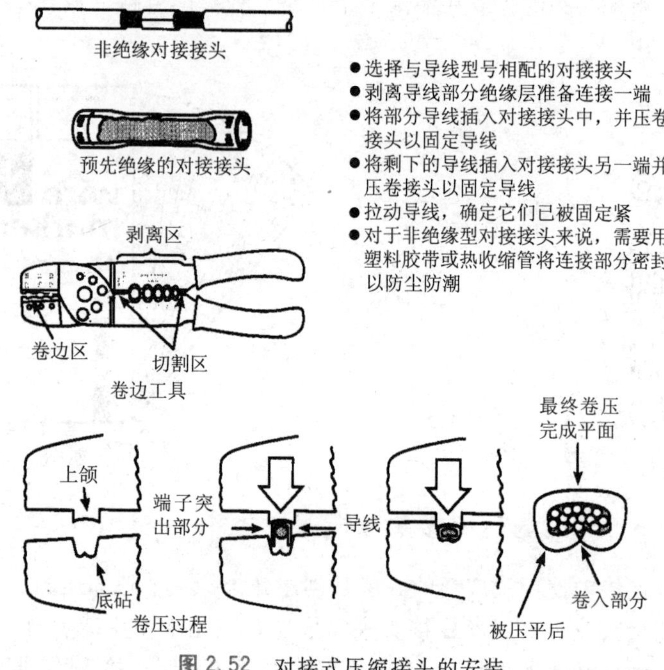

图 2.52　对接式压缩接头的安装

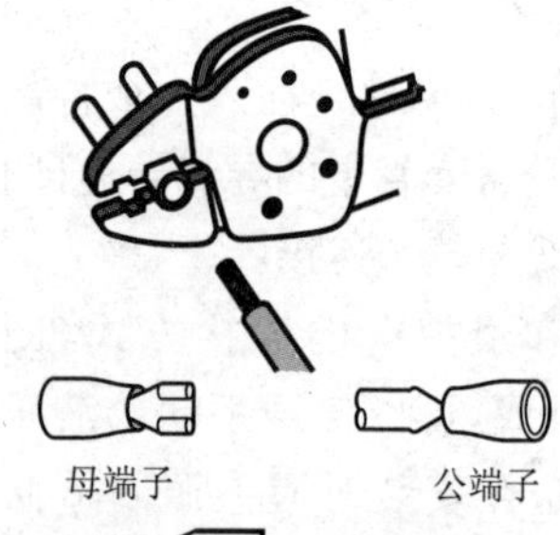

母端子
公端子
环形连接片
平接线片

图 2.53　压接端子连接片

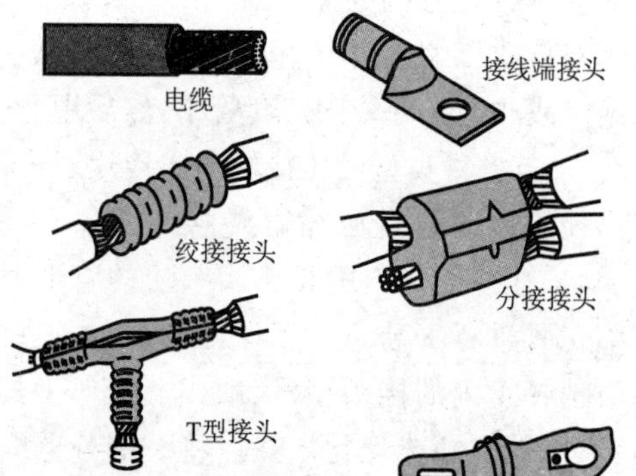

电缆
接线端接头
绞接接头
分接接头
T型接头
手动压缩工具
电动压缩工具

图 2.54　电缆压缩接头与压缩工具

常用的卷曲构型如图 2.55 所示。从 10A WG 到 22A WG 的接头通常使用手动压缩工具进行操作，而对于直径更大的导线接头，就需要使用液压工具进行操作。液压模型卷边机针对不同型号与款式(AL 或 CU)的接头，选择与其对应的独立的卷边构型插入套件(模具)和卷边机头部压接。无模的卷边机是一类不需要模具的液压卷边工具。在处理铝制电缆时需要特别注意，当一些纯铝化合物经过钢丝刷子清理后，需要再用一种经过认证的化合物(通常称为抗氧化物)处理，这可减缓导线-接头接触面的氧化。大部分铝制压缩接头都会配合一些接合剂一同使用以达到更紧密的结合效果。

图 2.55 压缩端子接线片和卷曲构型

机械螺丝式电缆接头的设计用于固定导线的每一股线，而不会毁坏其他股；将导线每股压入不会松动的固体组合中，从而牢固地扣紧电缆；阻止接头与电缆之间发生电解。

机械螺丝式端子接线片接头的安装如图 2.56 所示。机械接头的电缆箝位元件不但提供了机械张力，还为连接提供了电流通路。使用制造商指定的转矩扳手可以为操作提供恰当的夹紧力。如果在操作中提供扭矩不足，会导致连接电阻过大而产生过多热量，从而无法传输所需要的电流。而如果扭矩过大，则会将电缆中的导线弄断或者毁坏接口端。

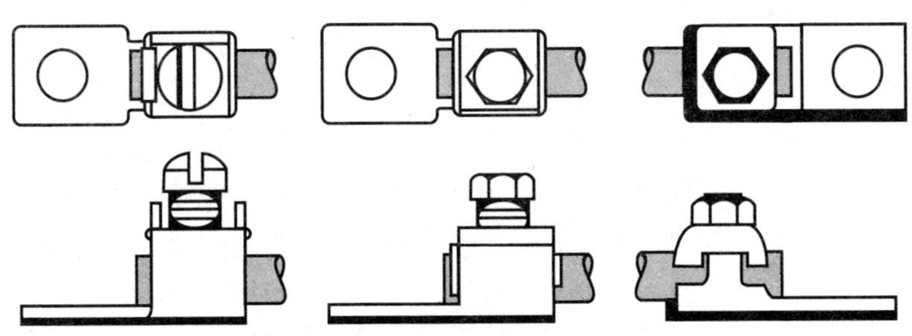

图 2.56 机械螺丝式端子接线片接头

开尾螺栓接头可将两个导线紧紧地夹在一起(图2.57)。这种接头可以实现机械连接与电连接,同时适用于大部分规格的导线。根据设计与材料的不同,大部分开尾螺栓接头可用来连接铜线与铜线、铜线与铝线,或铝线与铝线的连接。每个接头上都标有适合其连接的导线类型。通常开尾接头只能用于连接两根导线。连接后的导线绝缘一般是使用塑料防电带来遮盖。

氧化、裂隙及腐蚀状况是影响压缩接头工作的三个重要因素。这三种问题很少出现在铜制导线的连接中,而在铝制导线的连接中比较严重。氧化作用是指导线暴露在空气中时,它的表面发生氧化作用从而产生一层氧化膜。这层氧化膜就如同一层绝缘物质会增加连接电阻。想要得到理想的连接状态必须分解导线外部的氧化层。只要没有被严重氧化,铜制导线的氧化层很容易被分解,只要不是严重氧化无须进行去除氧化处理。另一方面,铝的氧化情况十分严重,只要将铝暴露在空气中,就会在其表面迅速产生一层高阻氧化膜。经过几个小时,铝表面的氧化层就将变得很厚并且坚韧,如果不进行去除氧化处理,这层氧化膜就会妨碍低电阻连接。由于氧化层是透明的,因此洁净的表面往往对清理工作产生误导。清除铝氧化层时,需要用钢丝刷或砂纸清理氧化表面,然后迅速用抗氧化剂处理以防止洁净表面再次生成氧化层。经过这样处理的导线就可以防止氧化的再次产生。

裂隙是指材料在一定持续压力下发生的缓慢阶段性变形。裂隙使接头内导线的形状发生改变,从而导致连接松动或游离。裂隙的程度与金属的类型和强度有关,合金的裂隙程度比纯金属的要低,强度大的金属裂隙程度比强度小的金属变形程度低。铜制导线的裂隙程度比铝制导线的裂隙程度要低。因此,在连接铜制导线时一般不需要着重考虑裂隙问题。在连接中加大接触压力可以减小连接电阻。铜导线产生裂隙所需的压力比铝导线要大几倍,所以铝的连接接触面积应该比铜的接触面积大。这就解释了为什么铝接头的表面积通常比大多数铜接头的表面积大。由于裂隙产生的压力松弛普遍发生在上紧后的机械接头螺栓处。然而对于一些设计良好的接头来说,并不需要再上紧一次,因为由于裂隙产生的这些松弛并不会使连接电阻产生明显的增加。圆锥盘形(贝氏)弹簧垫圈常用于铝与铜的连接中(图2.58)。这种弹簧垫圈的优点是不会在工作中产生永久性变形。注意,贝氏垫圈的顶部要在螺母下方。给垫圈一定的扭矩使它变平。如果螺栓是铝制的就不宜使用贝氏弹簧垫圈。

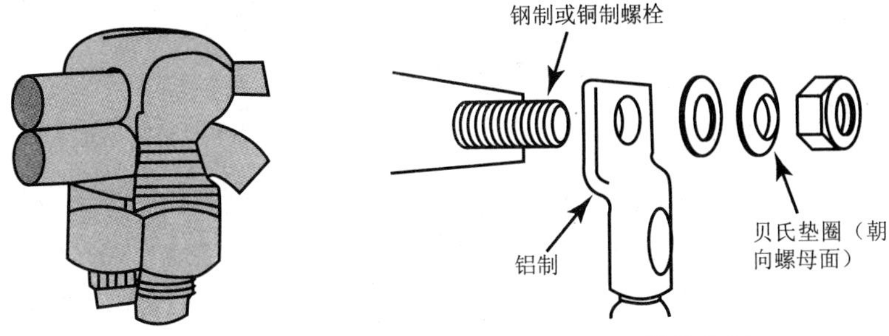

图 2.57 开尾螺栓接头

图 2.58 贝氏垫圈

腐蚀现象是由于金属与湿气或大气中的其他物质发生电解反应而使金属损坏、变质的现象。如果导线和接头是由铜或抗腐蚀性铜合金制成，那么腐蚀不是大问题。然而对于两个性质不同的金属相结合如铜跟铝，腐蚀问题就要引起足够的重视。如果可以解决潮湿问题，腐蚀就不再是影响接头效果的因素之一。设计用来连接铜导线与铝导线优良的铝制接头，都会为两种导线之间提供一定的间距，以防止出现电解反应。通常压缩接头比机械接头有更好的抗腐蚀性，由于压缩接头没有侧口，并且在操作中提供一定的压力后可以有效地将接触面与潮湿隔离。

当仪器的端子是抽取式，并且只适用于连接铜导线时，可使用槽形接头连接铝导线。可用 AL7CU 或 AL9CU 压缩式接头做成连接套管（图 2.59）。例如，要将一个铝导线连接到一小段额定电流容量的铜导线上，然后再将这个铜导线头连接到仪器端口上。另一种选择是使用为实现这个操作特别设计的 UL 系列中的 AL/CU 转接器配件。

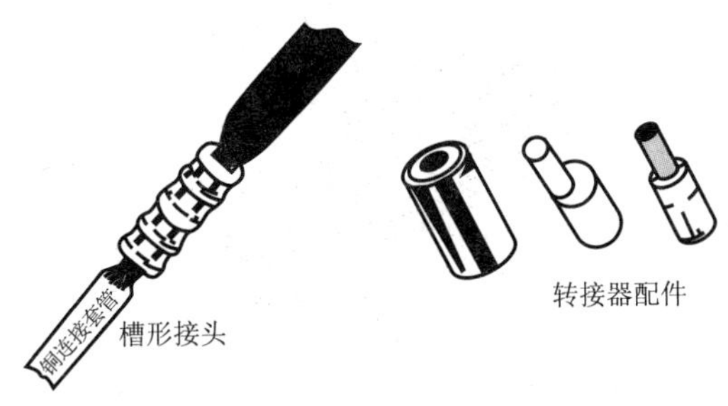

图 2.59 连接套管

2.5 导线使用接线器连接

扭接式接线器不需要焊接，也无需缠绕绝缘胶带，可用于多种电接头。由于这种设备可以很好地节省时间与劳动力，因此被广泛使用。一般的扭接式连接器包括一个绝缘帽，以及一个绕有金属弹簧的导线铁心。接线器是被拧上去的，可以把导线固定在相应的位置（图 2.60）。内部的弹簧设计充分利用了杠杆原理，极大地强化了手动操作的力度，可用于连接从第 8 号到第 18 号的标准规格导线。

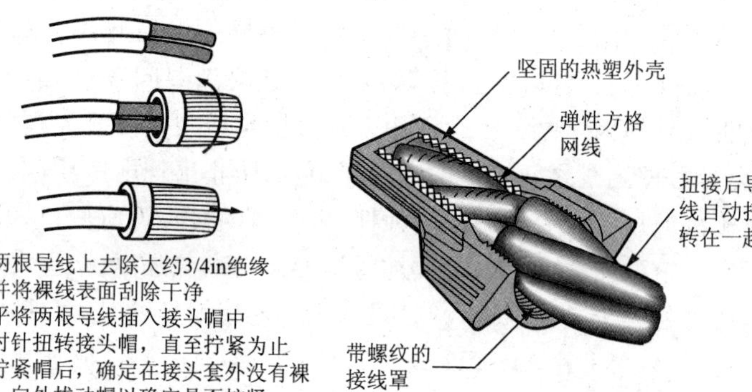

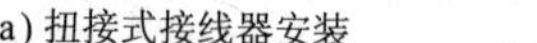

(a) 扭接式接线器安装　　(b) 安装时的接线器

(c) 安装在出线盒中

图 2.60 扭接式接线器

扭接式接线器的内置螺纹铁心代替了一般接线器的固定夹具，用于固定导线或连接固定分支电路线与普通导线。它适用于连接额定电流容量从第18号到第10AWG型号的导线。但在一般的分支电路接线中不能采用这种连接方式。同时，扭接式接线器只能提供电气的连接和该连接的绝缘。它们不能用来连接需要一定机械力的未连接导线。因此，在规章中要求这种接线器安装在接线箱或分线盒中，接线盒中附带的导管或电缆连接器可以有效地减轻应力。

固定螺丝连接器是上下两件的连接器，利用固定螺丝将上下两件连接器连接起来把导线固定在相应位置(图2.61)。这种设计使得交换导线连接变得十分简单。它们常用于商用电路与工业电路，在这些电路中由于维修的原因需要经常改变连接状态。

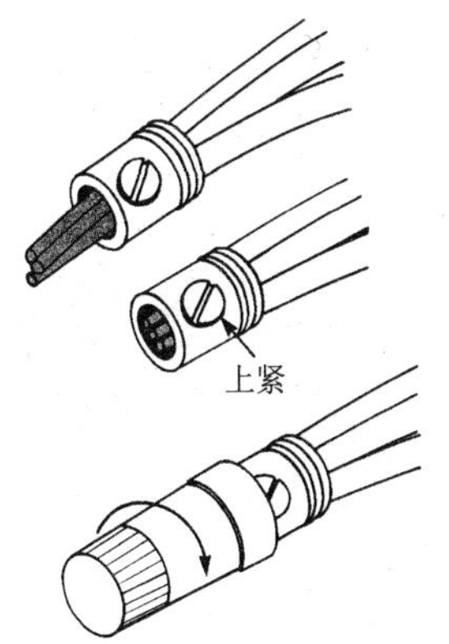

图2.61　固定螺丝连接器的安装

在任何情况下，所选择的连接器都要适合于导线的型号，才能够正确地连接导线。对于每种连接器，电气规章都要求工作人员根据制造商的安装说明进行操作，安装说明中通常包括：

① 安装位置——干燥、潮湿的、湿地或者地下。

② 额定温度——75℃、90℃或105℃。

③ 额定电压——根据操作的不同而不同(固定电压或者可变电压)。

④ 导线绝缘层剥除长度。

⑤ 接头与插入导线的型号。

⑥ 直接插入导线还是先绞合后再插入导线。

⑦ 提前扭曲导线。

⑧ 连接器外部扭转绝缘层的圈数，或者不扭转。

⑨ 其他的限制条件，如只能使用一次或不适用于铝制导线。

2.6 导线绝缘层的恢复

在导线修复的绝缘处理中，处理后的绝缘层要和从导线上去除的绝缘层相同。UL 规定乙烯基塑料胶带为多股缆（叠加电压至 600V）绝缘层的首选材料。在实际操作中，从导线的绝缘层开始将乙烯基塑料胶带紧紧缠绕在整个结合处，一直缠绕至另一端的绝缘层处，如图 2.62 所示。缠绕时，每圈胶带应覆盖到上一圈胶带一半的位置，这样就可以提供双层绝缘效果。

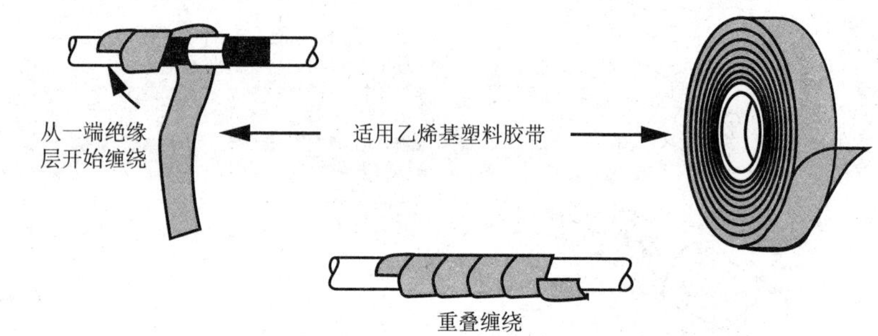

图 2.62　导线修复的绝缘带缠绕

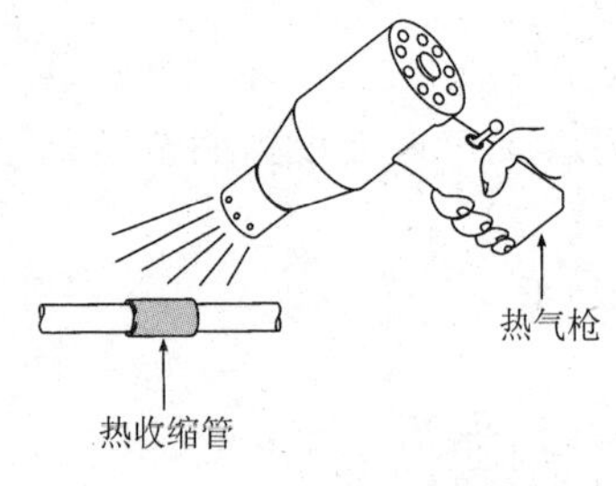

图 2.63　热收缩管

热收缩管（图 2.63）可以提供简便、高效的绝缘效果，并可以保护接头连接部分免受潮湿、污垢和腐蚀的危害。当导线需要进行绝缘处理时，将热收缩管套入导线，并滑动至连接处。然后进行短暂的加热，这样热收缩管就可以从原来大小收缩至适合于导线结合处的大小。热收缩管典型作用包括电气绝缘、终端、插接、电缆成束、颜色代号、应变消除、线号标注、鉴定、机械保护、腐蚀保护、磨损保护以及潮湿和侵蚀保护。

使用时要选择恰当型号的热收缩管。应保证管子所标注的收缩直径小于需要进行绝缘处理位置的直径,以保证安全、紧密地包覆。同时,管子提供的膨胀直径要足够通过现有的绝缘层或连接器。均匀加热套在导线上的整个管子,直至热收缩管完全收缩成符合连接处的形状。然后,迅速移开加热器,管子自然冷却后再向其施加物理应力。在对热收缩管加热时,注意不要用过高的温度加热,这样有可能损坏现有的绝缘层。

2.7 焊接接头

焊接可以定义为通过熔化某种熔点较低的合金来连接金属。在许多电气与电子维修、安装中,焊接都是一种很重要的技术。

常见的焊料由锡和铅组成,它的熔点很低。锡/铅的比例决定了焊料的强度和熔点。对于一般的电气和电子工作,推荐使用锡/铅比例为60/40并含有树脂芯焊剂的焊料(图2.64)。

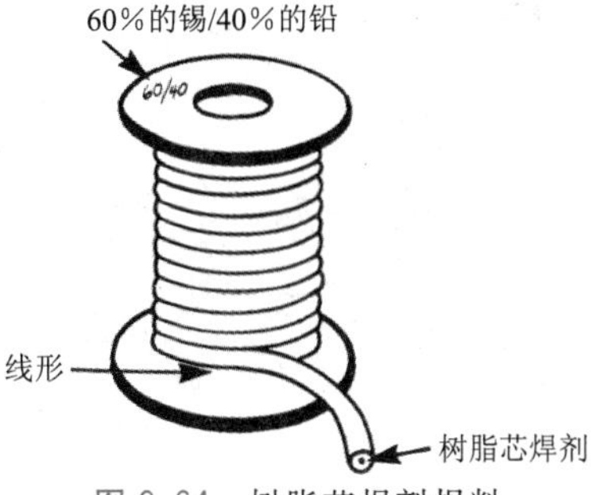

图 2.64 树脂芯焊剂焊料

焊接时,准备焊接的铜表面不能有污垢或氧化层,否则焊料无法形成连接。另外,加热会加速氧化,因此留下的氧化薄层将会抵制焊料的附着。助焊剂通过将焊接表面与空气隔绝达到防止铜的表面产生氧化层的效果。酸性焊剂和树脂焊剂都可达到这个效果。酸性焊剂不能在电气工作中使用,因为它们会腐蚀铜的连接。树脂焊剂能够以膏状或以树脂芯的形式包含在焊料中。

在焊接中为焊料提供热量的常用方法是通过焊枪或者烙铁(图2.65)。在焊接过程中,焊头表面温度必须高于焊料熔点,这样才能使焊料熔化并连接。因此,为了实现最好的效果焊枪或烙铁的铜焊头必须保持干净或镀锡。新的焊头在使用以前必须要镀锡。可以用现有的焊料镀到焊头上再擦拭干净即可。经过良好镀锡的焊头可以将最大的热量通过焊头传给需要焊接的表面。在镀锡和焊接过程中需要配戴安全眼镜给眼睛提供适当的保护。

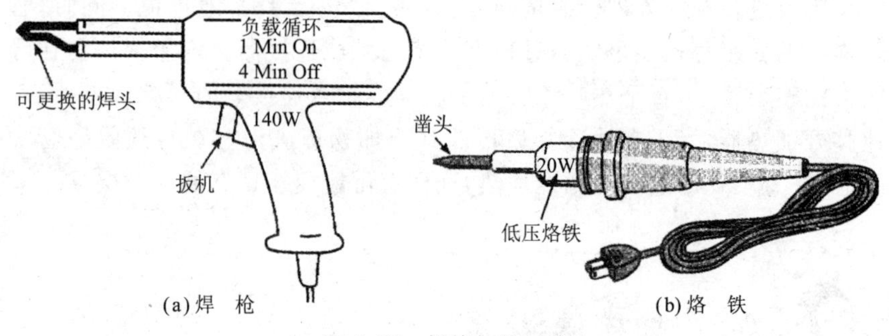

(a) 焊　枪　　　(b) 烙　铁

图 2.65　焊接加热工具

2.8 通信电缆的连接

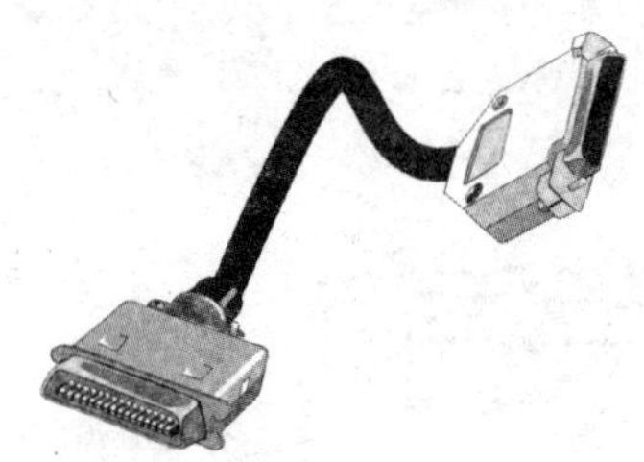

图 2.66　D 型公头、母头电缆组件

计算机广泛地使用电缆和连接器来连接监视器、打印机、磁盘驱动器和调制解调器。这些外围设备常以电缆连接来组成完整的计算机系统。图 2.66 所示的标准 D 型连接器是一种常用的计算机连接器。电缆可通过焊接或卷边连接至连接器上。

电缆的结构中带有一个金属屏蔽外壳用于降低电磁与无线电干扰。屏蔽同轴电缆由包裹着塑料绝缘层的实心铜制导线组成。在绝缘层外是一个辅助导体，编织铜屏蔽层。外侧有一个塑料外壳起到保护绝缘编织层作用(图 2.67)。在安装同轴电缆时，要注意不能损坏屏蔽层和内部导线间的绝缘层。如果在焊接过程中加热过度，在屏蔽层和内部导线间的绝缘层将有可能熔化而导致短路的发生。

传统的电子通信系统通过由铜制导线发送和接收音频、视频或数据信号的电子流来工作。光导纤维是一种新的技术，它可以接收与发送光子形式的信号。它是在玻璃光纤中传送简单的光脉冲。光纤电缆由芯线、覆层和一个保护套组成(图 2.68)。光纤电缆使用一些特殊的连接器进行连接。在使用这些连接器时，光纤芯线都将得到最大程度的保护。在连接部分任何一个微小的瑕疵都将导致信号的错误。

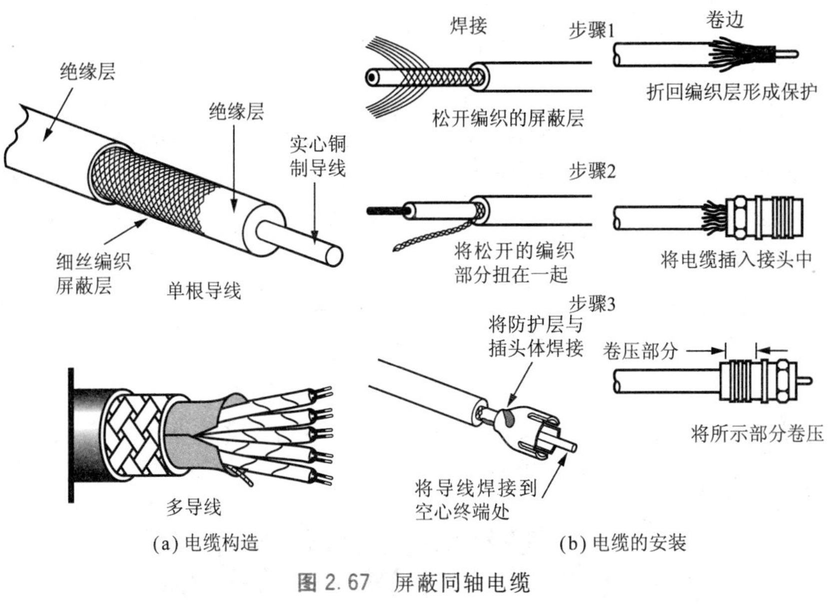

(a) 电缆构造　　(b) 电缆的安装

图 2.67　屏蔽同轴电缆

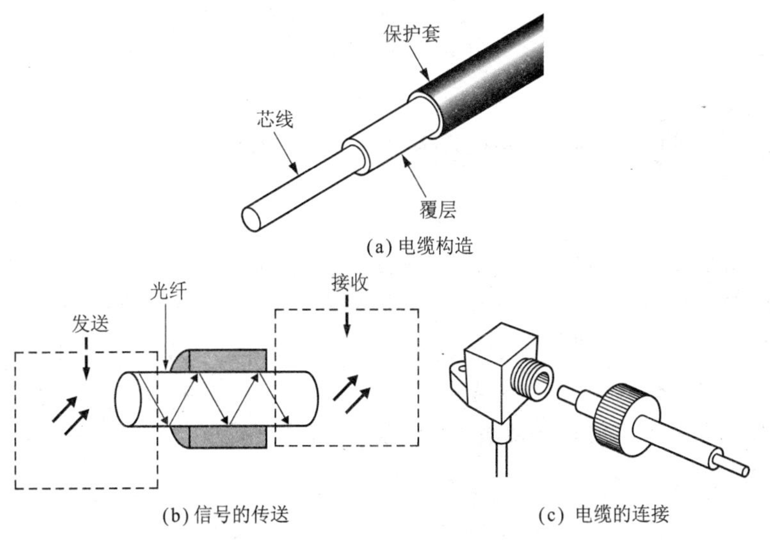

(a) 电缆构造

(b) 信号的传送　　(c) 电缆的连接

图 2.68　光纤电缆

系统的一端为一个发送器，这里是由光纤导线发出的信息所在位置。发送器接收由铜导线带来的电子编码脉冲，然后将这些脉冲处理转换为等价的光编码脉冲。接收器将光信号转换为最初的电子信号复制品。通过使用一个透镜，可将光脉冲集中在光纤媒介上，通过这个媒介光脉冲可以自己沿着导线传送。

双绞线电缆（图 2.69）由一个包裹着绝缘层的铜芯线组成。两根导线相互缠绕形成一组导线，然后这组导线形成一个平衡电路。每组导线中的电压振幅相同，相位相反。扭曲的导线可以避免电磁干扰（EMI）和无线电频率干扰（RFI）。一个标准电缆包含多个双绞线，每组双绞线都有其特别的颜色和其他绞线组区分。非屏蔽双绞线（UTP）用于电话网络，并常用于数据网。屏蔽双绞线（STP）电缆中每组导线上敷有箔片屏蔽以提供良好的无线电频率抗干扰性。传统的双绞线局域网使用两组双绞线，一组用于接收，另一组用于发送，但新型的千兆以太网使用四组双绞线同时进行信号的接收与发送。

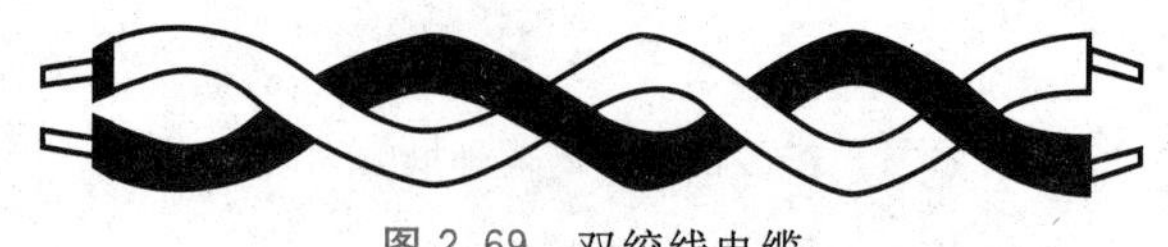

图 2.69　双绞线电缆

2.9 电力电缆连接件的使用

电力电缆是由绝缘层、屏蔽层和保护套包裹的实心或绞合导线组成。电缆屏蔽层是一个金属层，包裹在一个绝缘处理后的导线或一组绝缘处理后的导线上，它用来防止被包裹的导线与外部之间发生静电干扰和电磁干扰（图 2.70）。电力电缆的电缆屏蔽装置可选择铜带、铜线屏蔽及无屏蔽。电缆绝缘层是一种绝缘材料，它具有很高的电阻可以防止导线泄露电流。

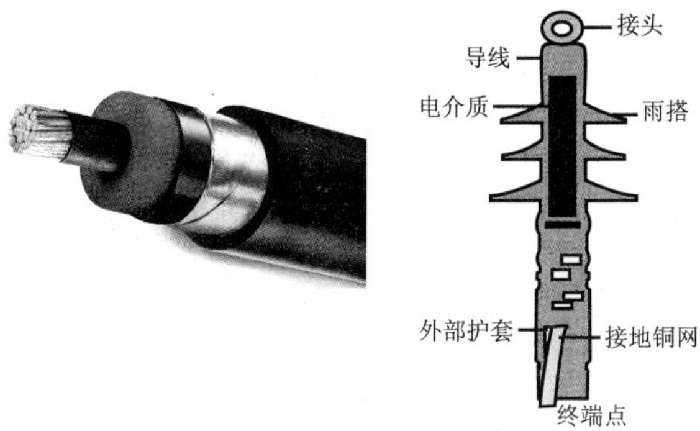

图 2.70 电力电缆

一般电力电缆分为额定低压(＜1kV)、额定中压(6～36kV)和额定高压(＞40kV)。电力电缆一般用于重型机械及工业、商业、公共电力的馈导线和分支电路的操作中。电力电缆附件在连接电缆和将电缆连接至各种终端的操作中起着关键的作用。随着工作电压级别的增高,需要更多的技术主导的终端解决方案。

老式的高压电缆接口与终端接线装置由卷压式接线片和终点线层组成,工作人员不仅需要了解高压电,还需要掌握广泛的知识。新型的接口与终端接线装置的成套工具都带有指导说明,工作人员只需了解高压电和操作工具的使用。

2.10 普通螺栓的使用和安装

机械螺丝与螺母(图 2.71)主要用于金属配件与其他材料的连接。根据工作要求的不同支撑力量及压力,有多种厚度及螺距的螺丝与螺母可供选择。粗牙螺纹螺丝的安装速度很快,因为在上紧螺母时,每旋转一圈螺母会前进很大的距离。而细牙螺纹螺丝则需要拧很多次螺母才可以达到紧固的效果,但是它可以使连接表面达到完美的压合效果。

大多数与螺丝搭配使用的螺母都是六角形螺母或方形螺母。使用带翼的螺母是为了在不用扳手的情况下快速拆卸和上紧扣件。

用于制造业的扣件有许多不同的螺纹样式。各种螺纹的扣件都是根据工业统一标准制造的，根据不同的操作选项可选择相应的螺纹样式扣件。最常用的螺纹标准就是“统一标准”，它确定了以下 3 个螺纹系列：

① 统一标准中的粗纹螺牙系列 UNC/UNRC 是最常用的一种螺纹体系，它应用于多数的螺丝、螺钉及螺母中。粗纹螺牙标准用来制造低强度材料的螺钉，其中低强度材料包括铸铁、低碳钢、软铜合金、铝等材料。粗纹螺牙系列还可以用来做快速安装及拆卸的螺钉。

② 统一标准中的细牙螺纹系列 UNF/UNRF 用于要求比粗纹螺牙系列具有更高抗张强度的应用中，并且适用于较薄的墙壁。

③ 统一标准中的超细牙螺纹系列 UNEF/UNREF 适用于当啮合长度比使用细牙螺纹系列的啮合小时。同时，所有可以使用细牙螺纹系列的应用都可以使用超细牙螺纹系列。

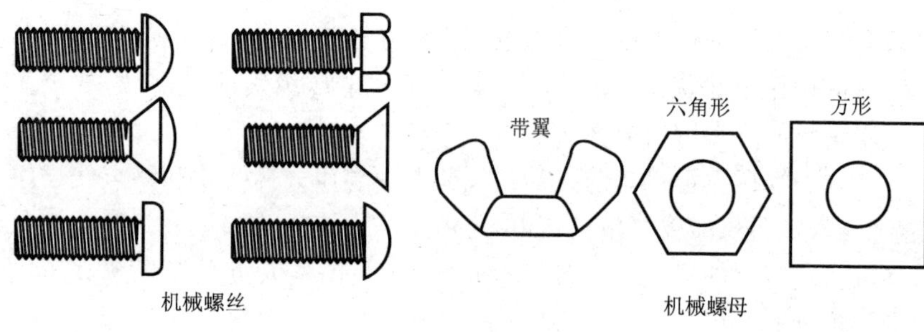

图 2.71 机械螺丝与螺母

统一标准还确定了不同的螺纹等级。不同的螺纹等级有不同的配合公差及加工余量。1A、2A、3A 等级一般应用于外螺纹；1B、2B、3B 等级一般应用于内螺纹。3A 及 3B 等级可以提供最小的配合公差间隙，1A 及 1B 等级则有最大的配合公差间隙。图 2.72 中介绍了扣件中如何标识螺丝螺纹。

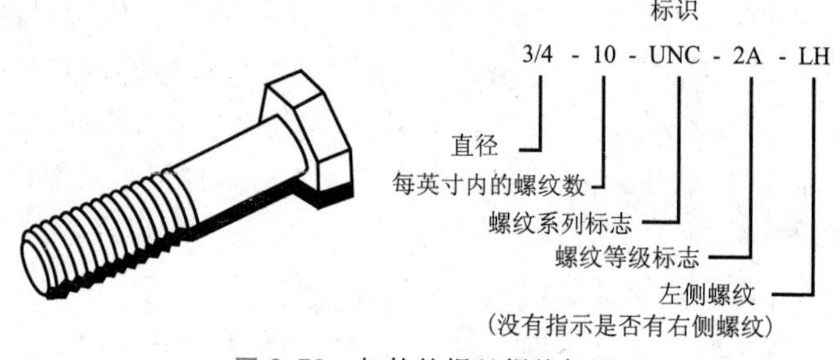

图 2.72 扣件的螺丝螺纹标识

如图 2.73 所示，标准平垫圈固定在螺母或螺钉上提供了更大的表面。平垫圈使扣件以一个较大的面积接触材料，可以防止扣件与材料表面紧连造成材料表面的划伤。锁紧垫圈用来防止螺丝与螺母松开。

自攻螺钉（图 2.74）也称为金属片螺钉，在连接金属与金属的操作中使两者完美地结合，并提供较快的安装速度。当拧入材料时，自攻螺钉会自己车出螺纹。这样，就不需要安装螺钉前先在装配孔车出螺纹，只需要打出一个大小合适的装配孔就可以了。另外，一些自攻螺钉可以自己完成钻孔，这样就省去了钻孔与定位零件的工序。自攻螺钉主要用于小型量规的金属部件的固定和组合。

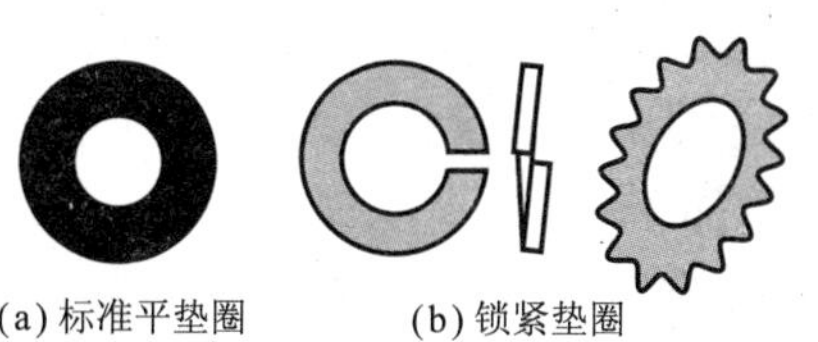

(a) 标准平垫圈　　(b) 锁紧垫圈

图 2.73　垫　圈

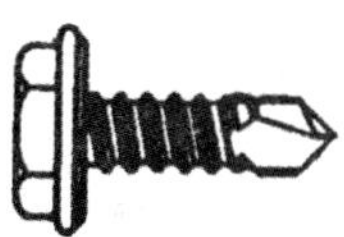

图 2.74　自攻螺钉

木质螺钉（图 2.75）有多种不同长度和直径的型号。对于木质结构的盒子与面板外壳，当钉子的强度不能满足需求时，往往采用木质螺钉。木质螺钉的长度，是指它从头至尾的长度。木质螺钉的标号用 0～24 标出木质螺钉的直径。木质螺钉的标号数越大，它的直径就越大。在选择木质螺钉的长度时，一个很好的法则是需要嵌入部分的长度是我们所选定长度的 2/3。

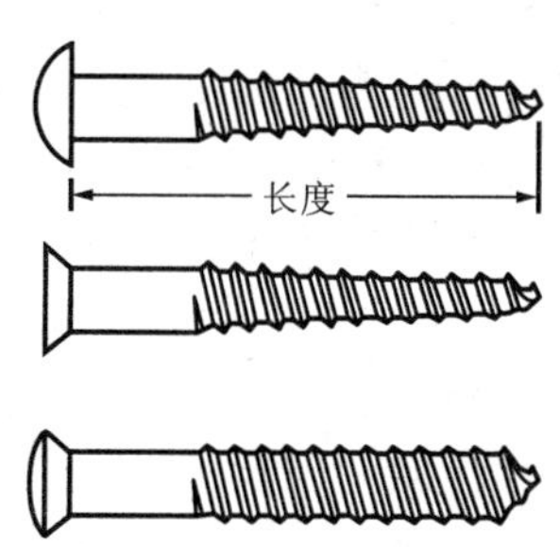

图 2.75　木质螺钉

膨胀螺栓的使用和安装

由于目前石料的使用十分广泛（混凝土和砖），因此在安装电气设备时经常碰到要在石料表面进行加固的操作。混凝土/石材螺钉（图 2.76）

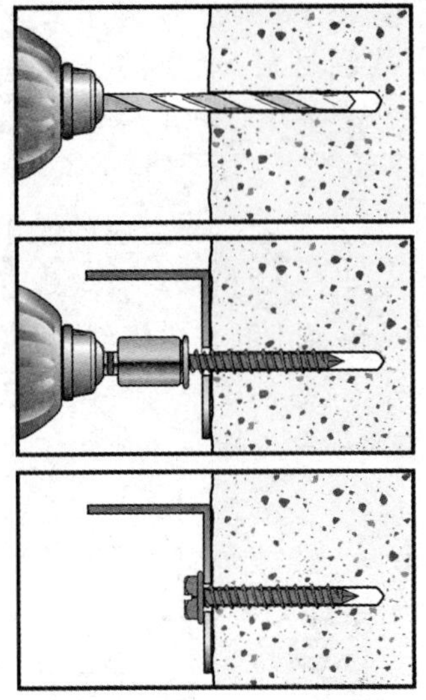
图 2.76　混凝土/石材螺钉

用于在不使用支撑物的情况下将设备固定在混凝土、石块或砖块上。混凝土/石材螺钉的设计使它可以在混凝土、石块或砖块上事先打好的孔中自己攻出螺纹。可以直接拧入到事先打好的装配孔中的螺钉，一定要有螺钉制造商标明的螺钉直径与长度。当把螺钉拧入混凝土中时，螺钉上的螺纹嵌入墙中孔的两侧，然后与摩擦出的螺纹紧密咬合在一起。

机械锚栓用于当扣件单独使用并有一种拔出的趋势存在时，保护各种材料的扣件不会松动脱离位置。无论怎样的锚栓设计，各种锚栓的工作原理都是相同的。锻模斜度有一层外表面，由于上面有许多齿因此比较粗糙。当锚栓插入相应的钻孔中时，粗糙的表面加大了锚栓与钻孔内壁的摩擦。锻模斜度的内表面有一定的锥度，这个锥度与相应的膨胀塞锥度相符。

单步锚栓可通过装配孔安装在要固定的组件上，这是因为锚栓与它要被安装的钻孔两者的直径相同。单步锚栓的类型包括楔式、钮式、套式、螺形式及钉式。图 2.77 示出了广泛使用的重型单步楔式锚栓的安装过程。楔式锚栓由螺母及垫圈组成。钻孔的实际深度并不重要，只要不浅于制造商推荐的最小深度就可以了。钻好孔后，应马上将孔内的残料及其他物质清理出去，因为正确的安装必须在干净的钻孔内实施。然后将锚栓敲入孔中，保证进入一定的深度至少有 6 道螺纹能够拧入到组件表面下。然后，拧紧锚栓螺母以膨胀锚栓并把锚栓固定在钻孔的组件上。

方头螺钉及套管常用于在石料上固定重型仪器(图 2.78)。方头套管主要作为一个引导管，它在纵向分离钻孔但最后还是与钻孔的底部相接。套管一般放置在石料上事先钻好的装配孔内。当将一个方头螺钉旋入套管中时，套管会在钻孔中膨胀从而牢固固定螺钉。选择合适的螺钉长度十分重要，长度合适的螺钉能使套管膨胀到最佳状态。方头螺钉的长度应等于需要固定的机件厚度加上套管的长度。同时，在石料中的钻孔深度要比套管长度长 1/2in。

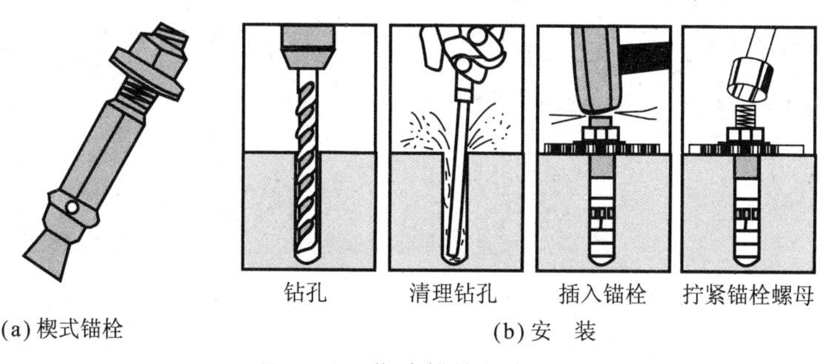

(a) 楔式锚栓 (b) 安 装

图 2.77 楔式锚栓的安装

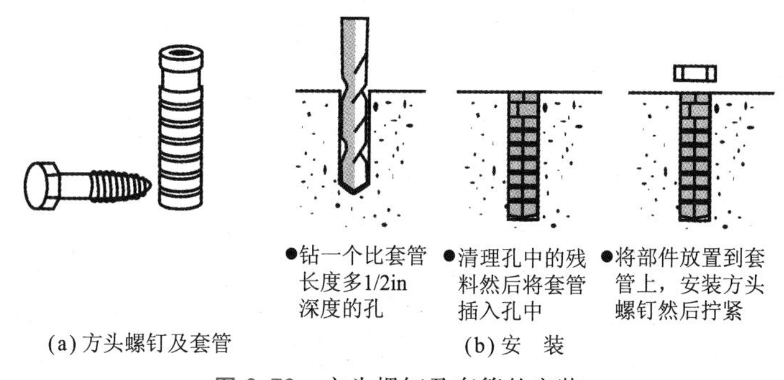

(a) 方头螺钉及套管 (b) 安 装

图 2.78 方头螺钉及套管的安装

螺钉锚栓是一种轻型锚栓，用于安装与支撑材料表面平齐的装配中，根据锚栓类型它们可用木制或金属片螺钉连接。螺钉锚栓的常见类型是尼龙和塑料制的锚栓。螺钉锚栓是一个套管，当螺钉插入拧紧时锚栓就会膨胀。这种锚栓可以用于所有类型的支撑材料包括混凝土和石膏干砌墙。一些螺钉锚栓为了可以用于较薄的墙和空心材料，还带有防扭转法兰。图 2.79 示出了典型的螺钉锚栓安装过程。

自攻锚栓(图 2.80)用于石料加工，配有卡套，最初它作为一种钻头使用，后来才独立成为一种膨胀锚栓。自攻锚栓的安装需要一个有专用轧头的轮转锤子，这种锤子的轧头可以紧抓住锚栓杆上部的锥头。为了避免锚栓在安装时被埋入孔里，在钻孔的过程中要不断地对钻孔进行清理。当钻孔完成好以后，将锚栓拿出来，然后把一个外用塞子插入锚栓的膨胀末端中。完成以上步骤后，将锚栓再一次插入孔中，用锤子和安装工具完成安装。一旦安装完毕，将上部的锥头从断层点敲掉，然后用大小合适的螺钉将相应的部件连接到锚栓上。

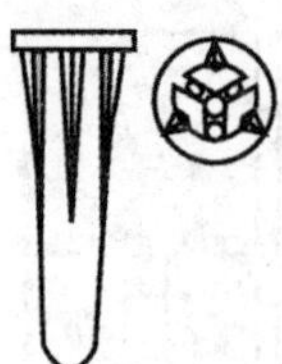

(a) 螺钉锚栓

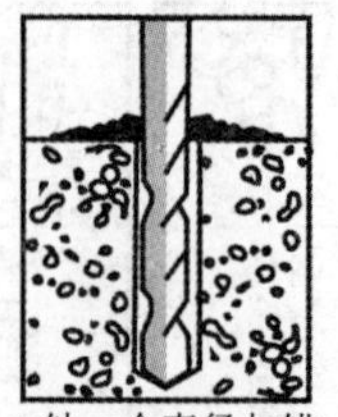

● 钻一个直径与锚栓通称直径相同的孔。过大的孔会使锚栓的安装变得困难，同时将会降低锚栓与材料结合的牢固性。

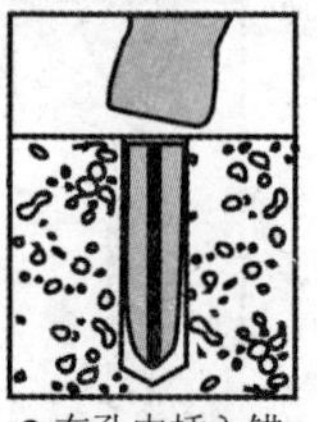

● 在孔中插入锚栓，用锤子敲打直到锚栓与支撑材料表面平齐。

● 将机件放在正确位置，插入螺钉然后拧紧。

(b) 安　装

图 2.79　螺钉锚栓的安装

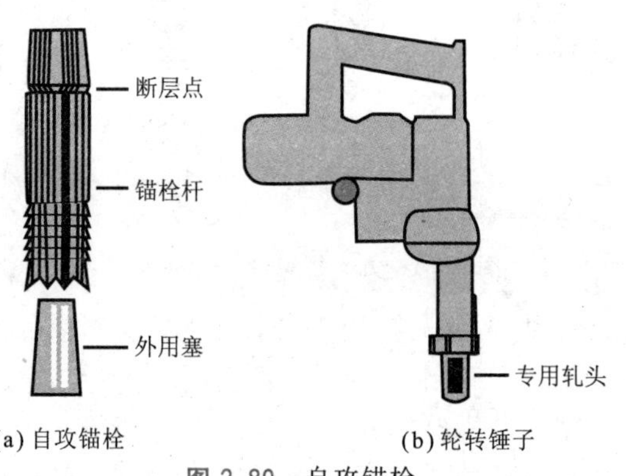

(a) 自攻锚栓　　(b) 轮转锤子

图 2.80　自攻锚栓

2.12 火药驱动工具及扣件

火药驱动工具及扣件用于将各种特殊设计的钉和双头螺栓扣件钻入石材或钢材中(图 2.81)。火药驱动工具是一种手动工具,通过一个装有炸药的管头爆炸后产生的爆破力,它可以将钉子、双头螺栓、螺钉或相似的零件钉入或穿透建筑材料。这类好似手枪开火一般的工具,就是利用引爆火药而得到的爆破力将扣件顶入材料中。由于这些工具要靠不断震动击打扣件才将其顶入混凝土或钢材中,所以它们的固有危险性要超过标准的火药工具。

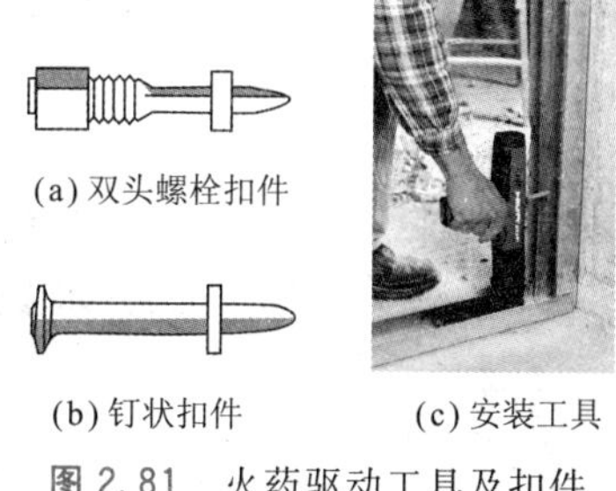

(a) 双头螺栓扣件

(b) 钉状扣件　　(c) 安装工具

图 2.81　火药驱动工具及扣件

2.13 特殊螺栓的使用和安装

许多扣件在安装时会被要求安装在一些表层很薄、密度很低的材料上，如墙板和石膏板。这就使对锚栓的选择只能定位在小型螺钉锚栓上。弹簧翼套索螺栓(图 2.82)就是一种用于墙板、石膏板或具有相似表层的后面有空间的扣件。当机械螺栓穿过需要装配的设备以后，再把钢翼安装到螺栓上，然后把钢翼插入事先在安装部位打好的钻孔中。只要孔后面已经清理干净，弹簧翼在穿过孔后就会张开。这时，拉着螺栓使里面的钢翼顶在内壁上，然后边拉边拧紧螺栓，设备就被固定在材料表面上了。这种扣件一旦被使用就不能卸下。

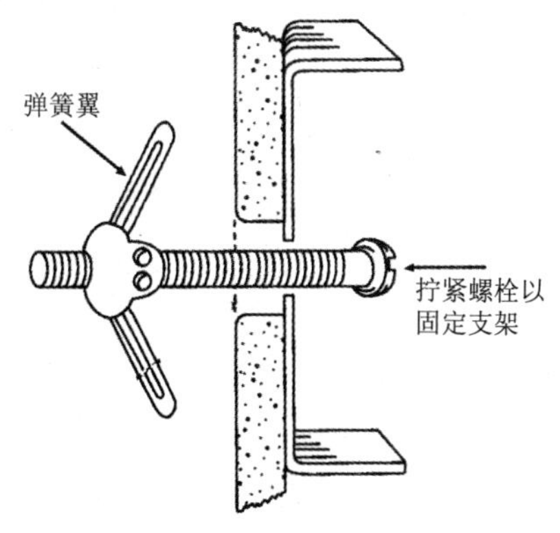

图 2.82　弹簧翼套索螺栓

一些地方安装仪器以后需要能够再拆卸并更换仪器位置，可以使用图 2.83 中的套管式墙板锚栓。锚栓下面的尖头可以抓在墙板或其他介质上，这样就可以在安装过程中避免锚栓旋转。当锚栓拧进墙后，它的锚会张开，这样就可以从介质的后面把自己固定住了。当安装好以后，螺栓还是可以随时被拆卸下来。标准型锚栓的安装需要在材料上打一个符合要求的孔，而驱动型锚栓则不需要钻孔只需使用锤子将它敲进去即可。

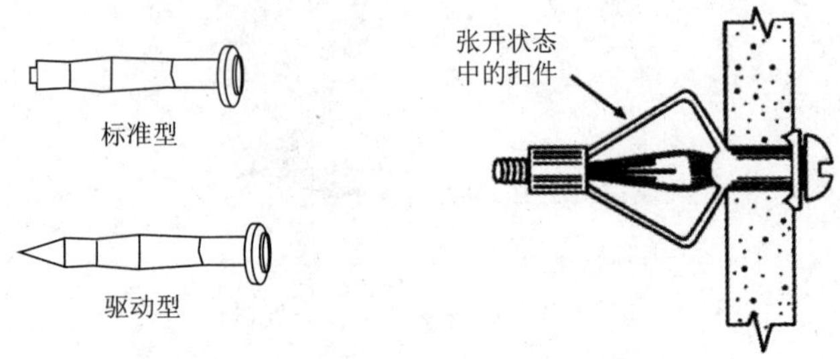

图 2.83 套管式墙板锚栓

石膏板螺栓(图 2.84)是一种自攻型零件，是一种用于墙板的轻型扣件。使用带有菲利普斯式螺丝头的螺丝刀将这种锚栓拧入墙面中，直到锚栓头与墙面齐平为止。然后将需要固定的配件放在锚栓上，再用一个金属片螺钉拧入锚栓中将配件固定。

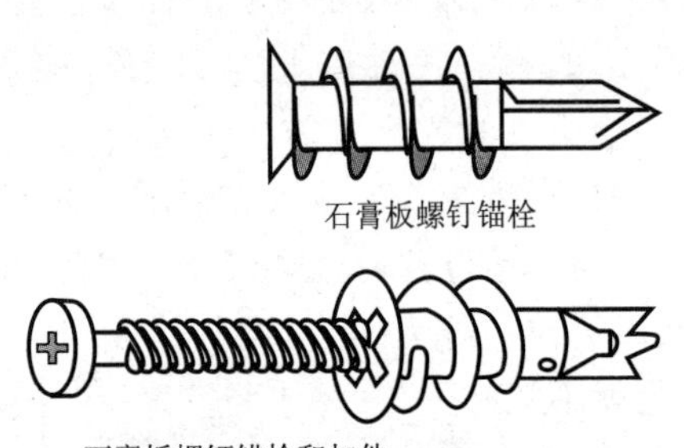

图 2.84 石膏板螺栓的安装

无论在中空墙或天花板上安装哪种锚栓，都必须参照锚栓制造商提供的说明书中有关钻孔孔径、墙厚度及拉力和剪切负载等指导操作。

第3章

电压、电流和电阻的测量

3.1 测量仪表

在读取任意一种仪表数据前，必须首先掌握仪表的量程选择方法及测量方法。测量仪表有多种形式，最好是参照制造商操作说明进行工作。

1. 模拟仪表

想要精确读取模拟仪表的刻度需要将视线垂直于刻度指针。一些模拟仪表在刻度处使用一个镜子。镜面刻度仪表用于防止由视差带来的读数错误。当读数的工作人员视线没有和刻度平面保持正确角度时，就会出现视差错误。仪表前方的调零钮用来在没有电流存在时，将刻度上的指针设置到回零位置。

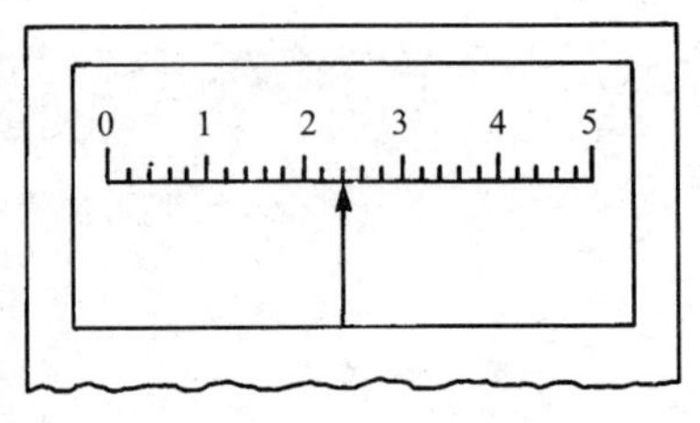

图3.1　单量程模拟仪表刻度的读取

读取一个单量程仪表刻度与读取一个量尺刻度方法相似，如图3.1所示。通常主要的刻度线都标注出来，其他较小的刻度范围可以很容易计算出来。图3.1中刻度的读数如下：

每个大格值＝1

每个小格值＝0.2

读数＝2.4

多量程仪表相对于单量程仪表读取刻度要相对困难。因为它们的刻度常常用于两个或更多的量程。读取这种仪表时，首先要确定读取哪个刻度，然后选择由量程开关决定的适当的乘法器或除法器进行读取，如图3.2所示。

模拟欧姆计中有一个组合刻度盘，如图3.3所示。这些刻度通常用于测量多种值域，如DC电压、电流和AC电压、电阻。模拟欧姆计的刻度没有均匀划分，这种仪表刻度称为非线性刻度。

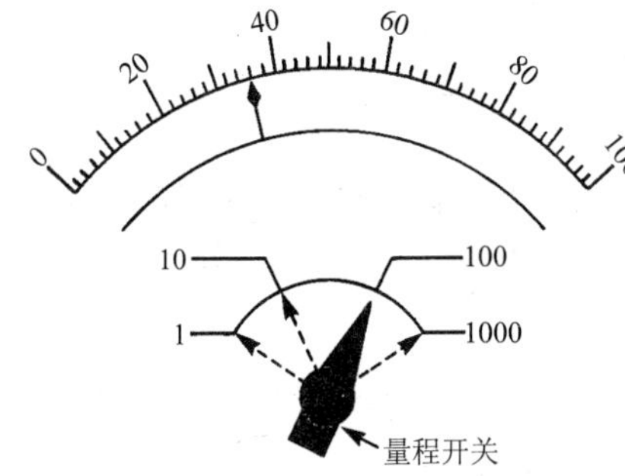

量程开关	刻度读数	修正读数	×或÷
100	36	36	×1
1000	36	360	×10
10	36	3.6	÷10
1	36	0.36	÷100

图 3.2 多量程模拟仪表刻度读取

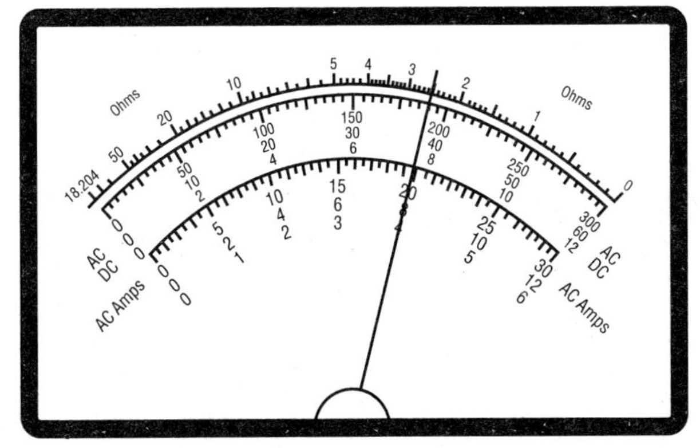

图 3.3 模拟欧姆计正面的一个组合刻度盘

2. 数字仪表

在了解数字仪表后,就会发现它的读数较之模拟仪表更加容易。许多数字仪表都是自动调节量程,即在对一个特定物理量测量时,仪表会自动选择相应的量程。这将导致最小有效数字(在右侧)持续改变 2 个或 3 个值,这是数字仪表的工作特征而并非是出现错误。一般在不需要特别精确的结果时,最小有效数字可以忽略或取近似值。

图 3.4(a)所示的数字读出器就是一个典型的电阻读数,它的形式取决于所使用的仪表。可以注意到在阻值 1000 以下单位都采用欧[姆](Ω),阻值到 1000 以上时使用 kΩ,而当阻值高于 1 000 000 时则使用 MΩ。各个量程的数位分配如图 3.4(b)的表格所示。其中,小数点位置与下标(m、k 或 M)最为重要。

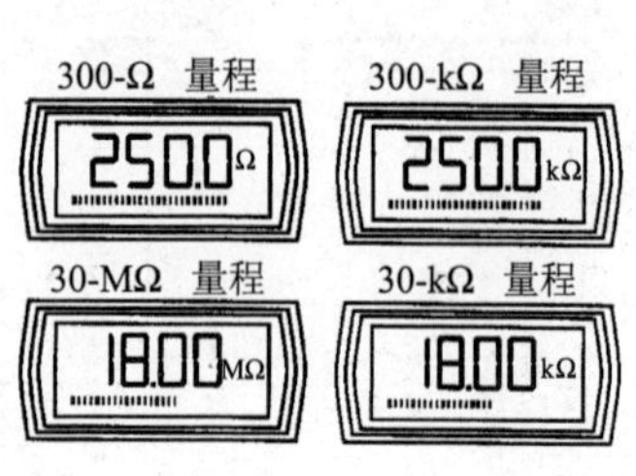

(a) 典型的电阻读数

功能	量程	显示数位
DCV/ACV	300mV(DCV only) 3V 30V 300V 3000V	ddd.d mV d.ddd V dd.dd V ddd.d V dddd V
DCV/ACA	300mA 10A	ddd.d mA dd.dd A
kΩ	300 ohm 3 kilohm 30 kilohm 300 kilohm 3000 kilohm 30 megohm	ddd.d Ω d.ddd kΩ dd.dd kΩ ddd.d kΩ dddd kΩ dd.ddMΩ

(b) 显示量程数位的典型方法

图 3.4　数字仪表读取

3.2 用万用表测量

万用表也叫万能表或多功能表，是小型、轻便的现场测量仪表，用于电机或电气装置的调整、试验、修理、维护以及电路的检查等。

万用表是常备的测量仪表之一，图 3.5 所示为一种万用表。

1. 使用万用表的注意事项

① 零位调整。测量前先确认指针指向刻度表的 0 处。偏离 0 位时可旋转 0 位调节螺钉使指针指 0。零欧姆调整按照图 3.5 所示进行。

② 选择测量范围。不能预测测量值的大小时，从最大量程开始逐步切换到小量程。选择指针摆动在满刻度的 1/3 以上的量程使用。

③ 表笔的连接。红色表笔接在测量端子的(＋)，黑色表笔接在(－)。测量时手不要接触表笔的金属端，否则会触电或造成误差。

④ 读取指示值。将万用表平放，在指针的正上方读取数据。指针与刻度盘之间有 1～1.5mm 的间隙。有的万用表刻度盘带有镜子，读数时要使实际指针与镜子中看到的指针重合，以防止出现读数视差。

⑤ 量程的切换。表笔脱离电路后再切换量程，测量时切换量程可能损坏切换开关。此外，如果万用表与被测电路连接时就切断被测电路的电源，有时会因电感的作用损坏万用表。

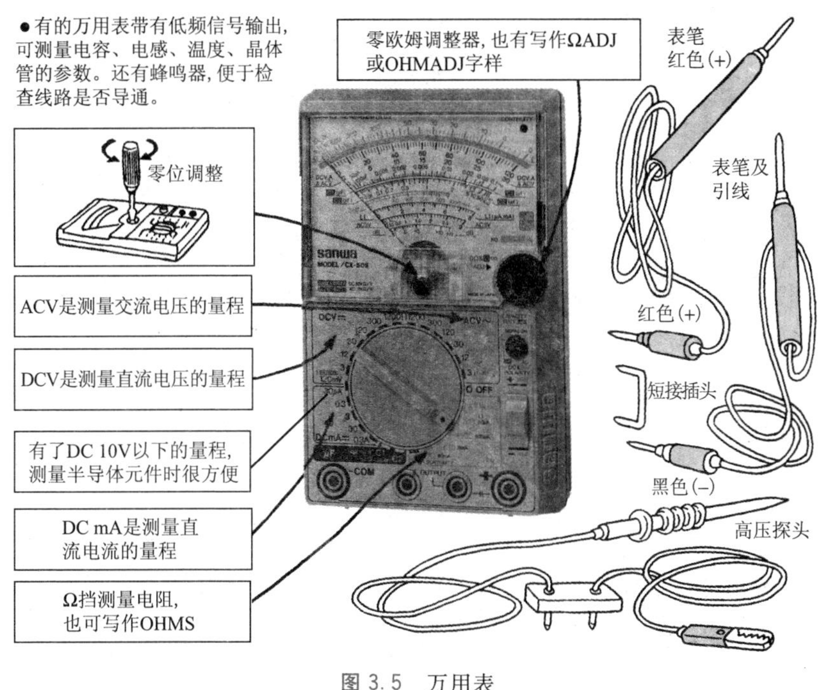

图 3.5 万用表

⑥ 测量高电压。使用高压探头可以测量 10kV 或 30kV 的电压，但这是弱电用万用表，不能用在强电电路。如果错用会造成触电事故。

⑦ 防止震动与冲击。万用表使用后将切换开关置于 OFF 位置，没有 OFF 量程的可以转到电流挡，并且把测量端子短接，使表头线圈有制动作用。

⑧ 避免阳光直射、高温及潮湿。高温会使电阻或整流器老化，潮湿会使万用表漏电。

⑨ 防止强磁场。铁制外壳受磁场的影响小，如果树脂外壳的万用表放在磁铁制物品上或在万用表上放钳子等工具，有时会带来误差。

⑩ 其他。保管及维护万用表时要用柔软的干布擦拭。有的万用表指针部分的外壳有防止带电处理，如果用湿布擦或溅上水就会降低测量效果。

2. 万用表的允许误差与测量方法

万用表的允许误差示于表 3.1，图 3.6 说明测量电压的要领，图 3.7

是测量直流电流的方法，图 3.8 是测量电阻的方法。

表 3.1　万用表的允许误差

测量类别	允许误差(%)	备　注
直流电压	最大刻度值±3	
直流电流	最大刻度值±3	
电阻	刻度长度±3	
交流电压	最大刻度值±4	最大刻度在 3V 以下的量程为±6%
低频输出	最大刻度值±4	在 dB 刻度，将最大刻度值换算为电压值

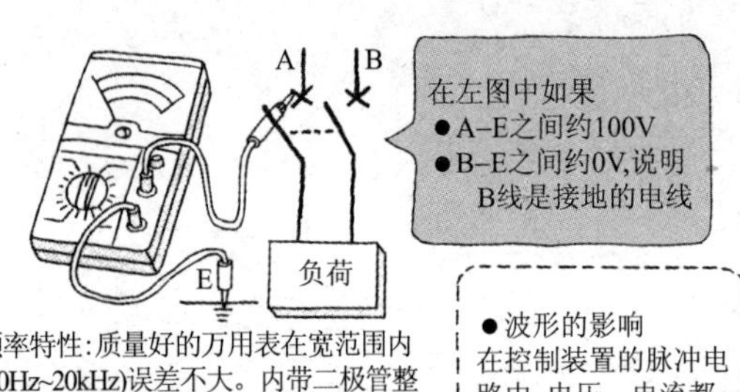

(a) 交流电压的测量

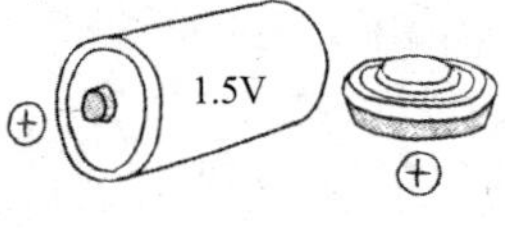

(b) 直流电压的测量

图 3.6　电压的测量

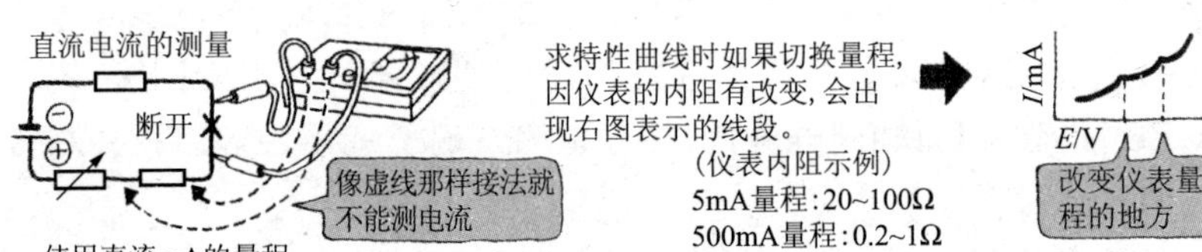

图 3.7　直流电流的测量

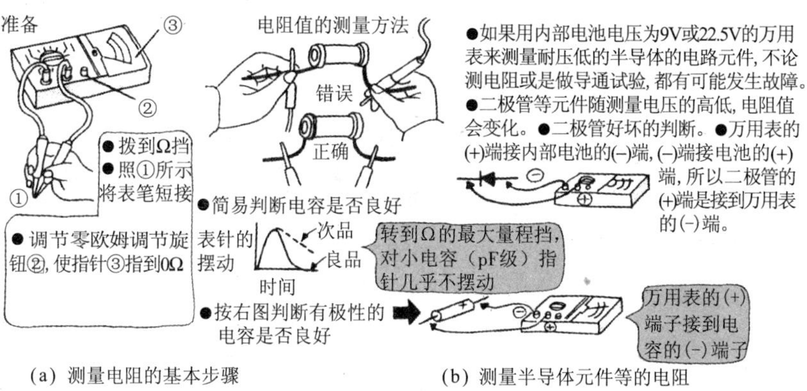

(a) 测量电阻的基本步骤　　(b) 测量半导体元件等的电阻

图 3.8 电阻的测量

3.3 交流电流的测量

3.3.1 钳形电流表的使用方法

要想知道低压交流电机的负载电流、交流电路的电流、接地线的电流，可以用钳形电流表。钳形电流表的头部是一个变压器，电线穿过铁心就可以测量电流的大小。

钳形电流表的铁心与电流表连为一体，所以测量的电路不用停电，不用断开。测量操作简便、快速、安全。

测量高压电路的电流用图 3.9 所示的交流电流表。

1. 测量前的注意事项

① 检查钳口的接触面。接触面不要附着异物。要确认钳口是否夹紧，是否有污损。如果夹着异物会增加磁阻，测量值将比实际电流小。如果钳子的弹簧力很弱时，应急的方法是用手帮助钳口夹紧。

② 注意频率。要确定测量电流的频率应在钳形电流表使用频率范围内。频率改变会使励磁电流变化，对误差有很大影响。钳形电流表是使用整流式表头，所以要注意如果被测电流有波形畸变也会带来误差。

③ 注意防止触电。一般不用钳形电流表测量裸线电流，非测不可

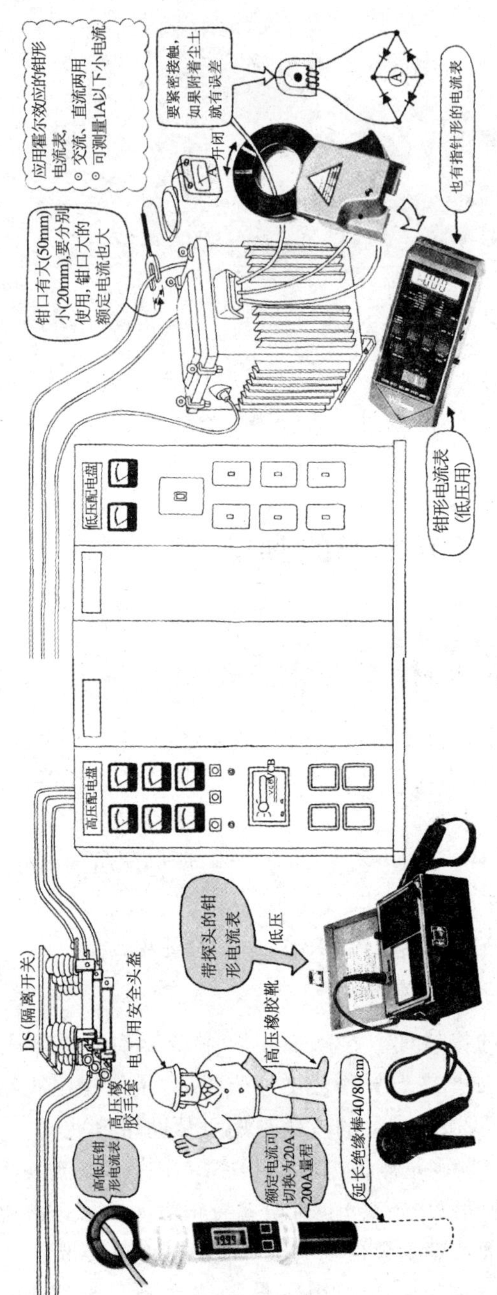

图 3.9　钳形电流表及交流电流表

时，用绝缘胶带包缠电线后确定不会触电再测量。

④ 磁场的影响。有时靠近大容量的电动机或母线、汇流条会发生很大误差，可尝试改变场所或方向再测量。

2. 测量方法

① 钳子与电线直径是否适当。用大钳口测细电线小电流，或粗电线勉强塞入小钳口都会使误差增大。

② 电线要夹在钳口的中间。

③ 在狭窄的空间目视指针有困难时，可以用针挡固定指针后，拿回身边读取测量值。

④ 在最大需要电流表上有定位指针，可以测量一定时间内的电流最大值。

⑤ 被测电流大小不明时，从最大量程开始，逐渐减到小量程。

⑥ 想测量有无小电流时，如果电线长度有富余，可以将电线在钳口铁心上绕几圈。例如，绕 4 圈测得 40mA，实际就是 10mA。

3.3.2 交流电流表的使用方法

在使用交流电流表(图 3.10)时应注意以下几点：

① 注意防止触电。测量高压电路的电流使用前端为 U 字形的线路交流电流表，但是必须戴高压橡胶手套，并采取相应的安全对策。

② 调整指针的零位时，应将指示计与 U 字形电压互感器的连线断开再调整。

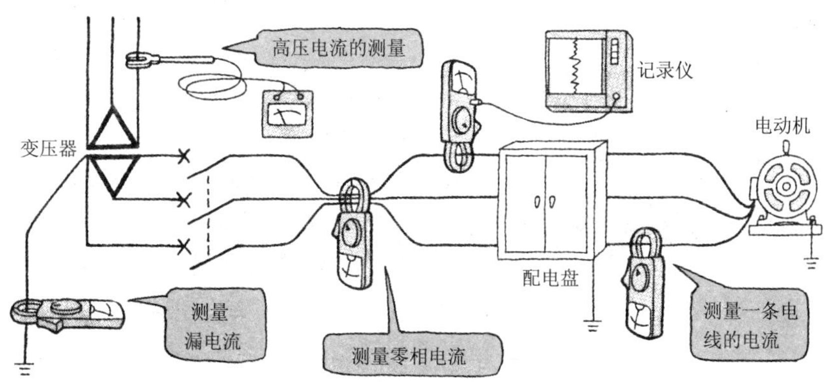

图 3.10 交流电流表的使用场所

③ U 字形电压互感器的开口部分不要对着附近不测电流的电线。

④ 不要随意接长连线。连线的电阻要在规定的范围内使用。有的交流电流表除了测量电流，还可以测量电压、电阻。

⑤ 测量实例。测量高压干线的电流；打开隔离开关之前必须先确认没有负荷电流；在高压电动机端子附近测量负荷电流。

3.4 线路电阻的测量

当要确定整个闭合电路或电路中某一个部件的电阻时，可使用欧姆计进行测量。欧姆计的测量单位是欧姆，当电阻范围大于 1000Ω 时，使用单位千欧(kΩ)或兆欧(MΩ)进行测量。

普通模拟欧姆计电路由一个仪表指针、电池、一个固定电阻和一个可变电阻串联组成，如图 3.11 所示。这个电路的工作原理很简单，电流通过一个未知电阻时，测量通过电阻后的电流大小就可以确定电阻值。根据欧姆定律，电流大小将根据电阻值的改变而改变。仪表所测出的电流大小就是电阻值的依据。因此，仪表指针的刻度可以根据单位欧姆来划分。

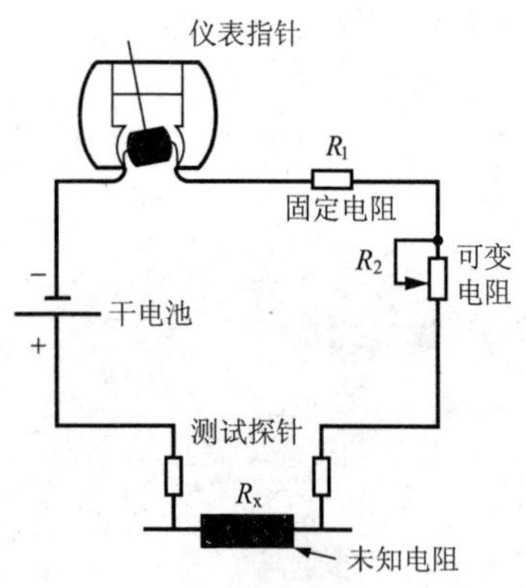

图 3.11　普通模拟欧姆计电路

对模拟欧姆计进行读数前，欧姆计的刻度表必须归零。首先把欧姆计的两根检测线相互连接，然后调整欧姆计上的零调谐旋钮，使得欧姆计的指针读数为 0Ω。对于大多数数字欧姆计，不需要用以上步骤进行零位调整，因为它们自身都有自动调零功能。

图 3.12 所示为一个数字欧姆计的简图。一般来说，电压信号调节装置电路的电阻是使用比率的方法来确定未知电阻器的阻值。电压比率是通过把未知电阻器和内部已知参照电阻器以及电源串联而得到。然后将这个电压比率提供给 A/D 转换电路。在 A/D 转换电路

中有一个专门设计的电路，利用这个电路就能够测量电压比率并且进一步计算出未知的电阻值。对于不同的电阻量程，可以改变参考阻值及电压值。

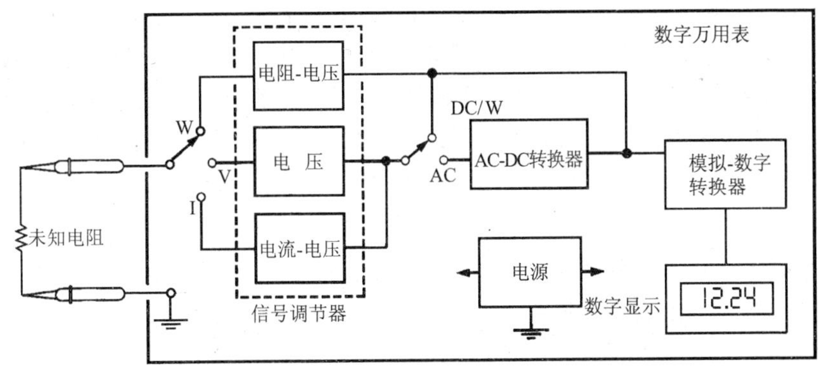

图 3.12 数字欧姆计

无论是数字欧姆计还是模拟欧姆计都是由自身所带的电池来驱动，如果将它们直接连接到一个通电电路中将会损坏欧姆计。在测量中应采取电路外测量(图 3.13)，即将欧姆计的检测线和组件交叉连接(类似于伏特计的连接)，连接时要调整至恰当的电阻量程。在使用欧姆计测量电路中的组件时，需要注意以下两点：

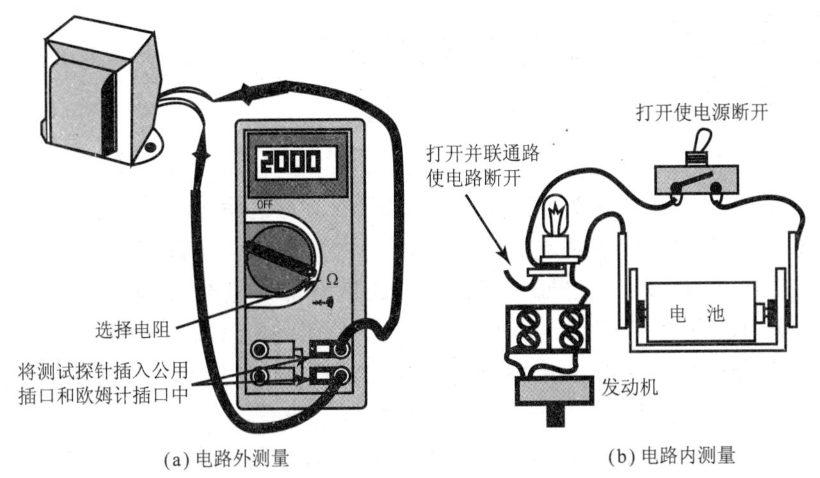

图 3.13 电阻的测量

① 关闭电源。如果可能，不要将欧姆计连接到电源上。

② 如果可能，断开检测线一端被检测组件的所有并联通路，即只测量单个组件的电阻值。

除了测量电阻之外，欧姆计还经常用于测试连通性。图 3.14 中给出了使用欧姆计来测试在两个测试探针之间是否为一个闭合的低电阻通路。实施连通性测试时，欧姆计应设置在最小阻值量程。一个完全导电通路的电阻阻值很小。因为阻值很小所以它的准确读数并不重要。一个开放、不完整通路的电阻阻值读数是无穷大。如果所测试电路是连通的，但电阻阻值读数很大，那么说明电路中存在超大电阻现象。

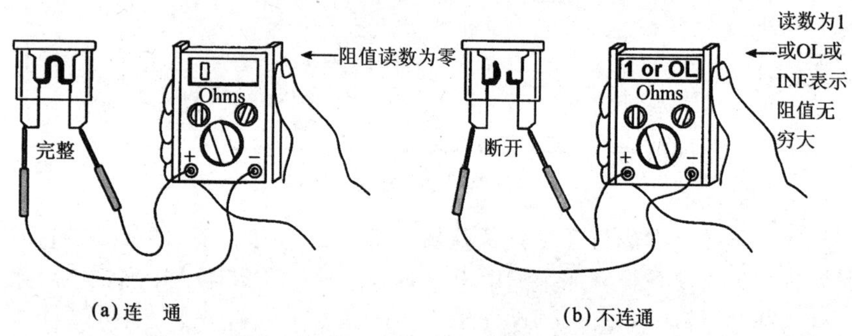

图 3.14　使用欧姆计测试熔丝的连通性

3.5 接地电阻的测量

接地电阻是指接地的导体与大地之间的电阻，测量方法是使接地的导体流过交流试验电流，用此时导体的电位上升值除以试验电流的值就是接地电阻。在接地的导体中有避雷针、电力设备、通信设备、电防腐蚀设备等。接地的目的包括有为了降低通信设备的噪声，为了把大地（地球）作为地球的一部分利用，还有如表 3.2 所示的电气安全的目的等。

接地电阻由 3 部分组成：接地导线的电阻及接地极的导体电阻；土壤的电阻；接地电极的表面与土壤的接触电阻。

为防止出现接地极的极化现象，接地电阻计使用频率 20Hz 以上的交流电。实用的测量仪器因考虑到振荡频率的稳定性，使用 500Hz 以上的交流电。接地电阻计是电气施工方常备的基本仪表，即使在从事家庭电气施工以及一般电气施工的场所也必须如此。图 3.15 所示为接地电阻的测量方法。

表 3.2　接地工程的种类以及接地电阻和判断基准

接地电阻	接地地点	接地目的
150/*I* 以下*	变压器二次电路的接地	防止异常高压引起的危险 • 变压器一次与二次混合接触 • 1 线对地短路 • 雷电感应 • 开关浪涌 • 飞弧对地短路等引起谐振
10Ω 以下	机器及电线管等的接地	防止对地短路时机器外箱对地电压异常上升 • 防止触电事故 • 防止对地短路时电弧引起的破坏 有时必须与漏电断路器并用
100Ω 以下		
10Ω 以下		

* *I* 是变压器的高压或超高压电路的 1 线电流(A)。若有 2s(1s)以内自动切断高压电路的装置时,取 300/*I*(600/*I*)。

1. 接地电阻的测量与判断基准

① 打入辅助电极。从要测量接地电阻的接地极 E 开始,按图 3.15 所示,以大约 10m 的间隔,在一直线上打入电压用辅助接地极 P 和电流用辅助接地极 C。

② 确认地电压大小。因一般制品是用等效地电压 10V 试验的,所以要在此电压以下测量接地电阻。地电压大时可尝试改变打入 P 或 C 的位置,断开附近的高压或大电流的电路等,设法停止使用中的电气机械。

③ 接地电阻的测量。接地电阻计有很多种类,图 3.15 列举了其中 2 例。测量步骤写在接地电阻计的上盖内,在现场很容易边读边测量。

④ 记录事项。记录事项包括测量年月日;天气、气温、有无降雨;接地极的形状等(尺寸、埋设深度、埋设方法);地形、地质;测量仪表规格,人员姓名。

2. 简易测量方法

图 3.16 表示利用自来水铁管或建筑物钢筋等接地电阻低的物体,可简单测量第 3 种接地电阻。在此测量值中包含有低电阻体的接地电阻,是得到近似测量值的简易方法。要记录利用的接地物体名及电阻值。

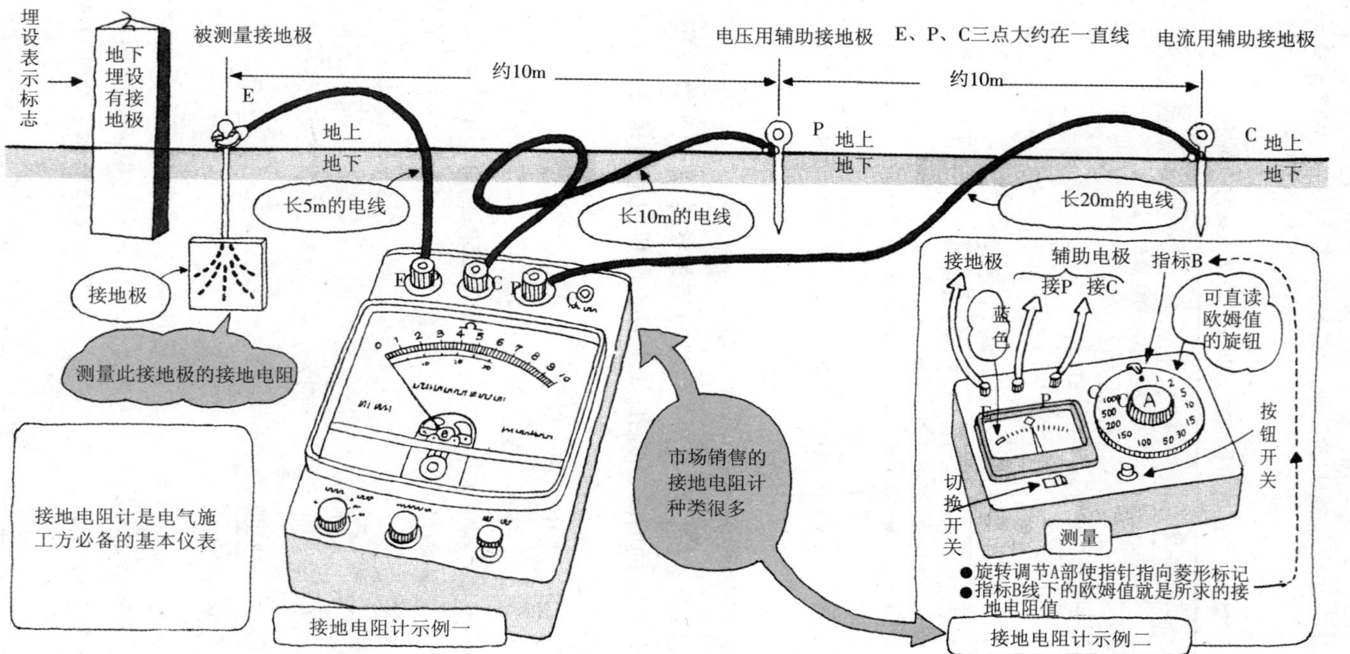

图 3.15　接地电阻的测量

3. 注意事项

测量接地电阻需要注意以下相关事项：

① 接地极要埋在冻土层以下，土壤冻结会增加接地电阻。

② 并联的接地极要距离3～4m以上，求出两个接地极的并联值$[R_1R_2/(R_1+R_2)]$乘以表3.3中的系数，即可得接地极的合成电阻。

③ 在接地极与机器的中间设置端子箱，判断引线有无断线，如图3.17所示。

表3.3 根据接地极的间隔与距离地表的深度的综合系数表

深度/m \ 电极间隔/m	0.25	0.5	1	2	3	4
0.61	1.29	1.20	1.11	1.05	1.03	1.01
1.52	1.48	1.33	1.20	1.12	1.07	1.05

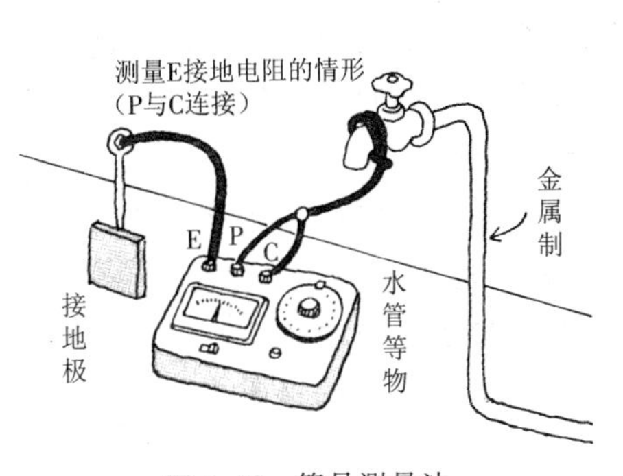

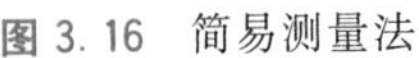
图3.16 简易测量法

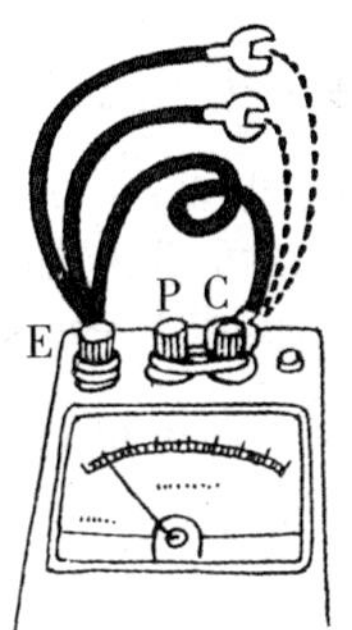

图3.17 确定引线有无断线的方法

3.6 电容性能的测试及判断

在高压及超高压配电设备上设置电力电容，可改善功率因数，降低电费，有助于电气设备的合理化。一般来说，电容不需要维护，是可靠性很高的设备，但是由于相间短路、绝缘层的破坏等原因，会使电容发生变形、龟裂以至破裂，有时会发展成二次灾害。还有些情况是由于安装引发的异常现象，却误认为是电容出现故障。此外，也有的事故是高次谐波导致的。

3.6.1　测量电容的不平衡率

1. 准　备

将所有电气设备停电，注意防止触电，并根据需要准备好应急照明电源等。打开电容专用的断路器，使电容与电路分离，随即按图 3.18 所示，用另一端接地的电线触碰电容的端子，使电容的电荷放电。

现在介绍用电容检测仪测试的简单方法，先检查电容检测仪的电池，确定电池的电压是否足够。接着按下测量电容范围的切换开关及测试开关，可看到显示部有数字 0.00 出现。

2. 电容的测量与端子的连接方法

图 3.18 所示的三相电容可用下述两种方法求得：

① 1 端子开路测量法。图 3.18 是测量端子 1 与端子 2 之间的电容，测量值的 1/2 就是一相的电容。以下同样，分别测量端子 2 与端子 3 之间及端子 3 与端子 1 之间，即可知各相的电容。

② 2 端子短路测量法。在图 3.18 中用电线短接端子 2 与端子 3，测量端子 1 与端子 2 之间的电容。测量值的 2/3 就是一相的电容。以下同样，用电线短接端子 3 与端子 1，测量端子 2 与端子 3 之间；短接端子 1 与端子 2，测量端子 3 与端子 1 之间，各测值的 2/3 就是一相的电容。

3. 测　量

① 连接电容检测仪与要测定的电容端子。

② 按下测量范围切换开关与测试开关，使电容充电。

③ 待显示部的数字稳定后读取数据。

④ 测量时间最长为 5s。

⑤ 测量精度为测量值的±5%。

⑥ 根据电容量的大小改变测试量程。

⑦ 容量 100kV・A 的电容，电容量约 6μF(60Hz)，见表 3.4。

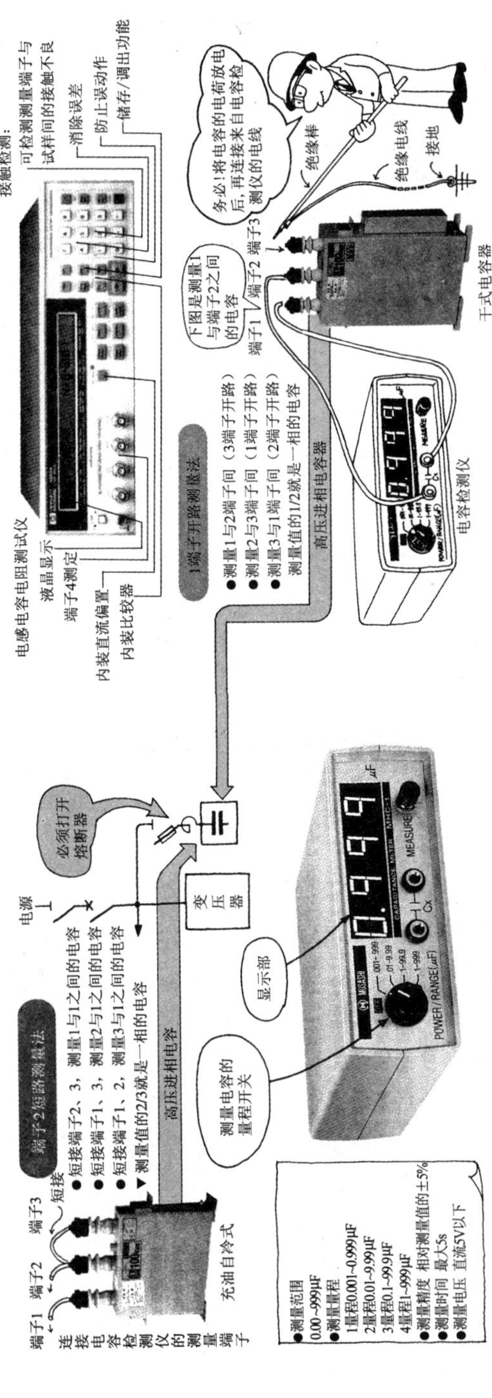
电感电容电阻测试仪
液晶显示
端子4测定
内装直流偏置
内装比较器
接触检测：
可检测测量端子与试样间的接触不良
消除误差
防止误动作
储存/调出功能
1端子开路测量法
●测量1与2端子间（3端子开路）
●测量2与3端子间（1端子开路）
●测量3与1端子间（2端子开路）
测量值的1/2就是一相的电容
高压进相电容器
下图是测量1与端子2之间的电容
端子1
端子2
端子3
务必！将电容的电荷放电后，再连接来自电容检测仪的电线
绝缘棒
绝缘电线
接地
干式电容器
电容检测仪
端子2短路测量法
●短接端子2、3，测量1与1之间的电容
●短接端子1、3，测量2与1之间的电容
●短接端子1、2，测量3与1之间的电容
▼测量值的2/3就是一相的电容
高压进相电容
端子1
端子2
端子3
短接
连接电容检测仪的测量端子
充油自冷式
电源
变压器
必须打开熔断器
显示部
测量电容的量程开关
●测量范围
0.00~999μF
●测量量程
1量程0.001~0.999μF
2量程0.01~9.99μF
3量程0.1~99.9μF
4量程1~999μF
●测量精度 相对测量值的±5%
●测量时间 最大5s
●测量电压 直流5V以下

图 3.18 电容的测量

表3.4　电容的容量与电容量

电容的容量	50Hz			60Hz			电容的容量	50Hz			60Hz		
	电容量/μF	1/2电容量/μF	2/3电容量/μF	电容量/μF	1/2电容量/μF	2/3电容量/μF		电容量/μF	1/2电容量/μF	2/3电容量/μF	电容量/μF	1/2电容量/μF	2/3电容量/μF
10	0.73	0.365	0.487	0.609	0.304	0.406	75	5.48	2.74	3.65	4.57	2.29	3.04
15	1.10	0.55	0.731	0.913	0.456	0.609	100	7.31	3.65	4.87	6.09	3.05	4.06
20	1.46	0.73	0.974	1.22	0.61	0.812	150	11.0	5.5	7.31	9.13	4.57	6.09
30	2.19	1.09	1.46	1.83	0.915	1.22	200	14.6	7.8	9.74	12.2	6.1	8.12
50	3.65	1.82	2.44	3.04	1.52	2.03							

3.6.2　判断电容的好坏

电容量的不平衡率超过±3%可认为电容器存在故障。不平衡率用下式求得：

不平衡率=[(某2端子之间的电容)÷(各端子之间的平均电容)]×100%

一台三相电容由3个电容组成，可以求得3个数值，若其中之一超过±3%的范围，即可认为是内部故障。

3.6.3　检查、测量电容的注意事项

检查、测量电容时应注意以下几个方面：

① 检查有无漏油。重点检查焊缝及密封部分，对可疑部分要刮掉涂料，用稀料清洗后用粉笔涂，再使用加热等方法确认有无漏油。

② 外壳有无膨胀。容量为100kV·A以下的制品，在使用中单面有10～20mm的膨胀。

③ 有无异常声音。发生异常声音的例子包括：在电容电路中叠加了高次谐波；断路器触头的闭合不同步，造成电路工作不正常；导电部分接触不良；电容的一部分有短路或烧损等故障。

④ 绝缘电阻。如果所有端子与外皮之间的电阻都在100MΩ以上可认为良好。

⑤ 检查电压及电流。电压容许的不平衡范围是110%，电流是135%。容量与电压增量的2次方成正比，因此发热，使电容的寿命缩短。所以配电设备在轻负荷时将电容与电路分离。

第4章

电路保护装置

4.1 电路的异常情况

1. 过　载

每个电路都有其限定的电流值。过大的电流通过导体将导致导体变热。电路中电流的额定值取决于所使用的导线型号。当电路导线中所通过的电流大于导线额定值时，就称电路过载。

住宅电路中常常会出现过载现象，当把过多的灯和家电接在同一个分支电路时，就会过载(图 4.1)。例如，一个多用途的住宅分支电路导线的最大电流容量为 15A。如果并联接入这个导线的负载电流超过 15A，这个电路就过载了。这时的解决办法就是断开一些负载以降低电流。

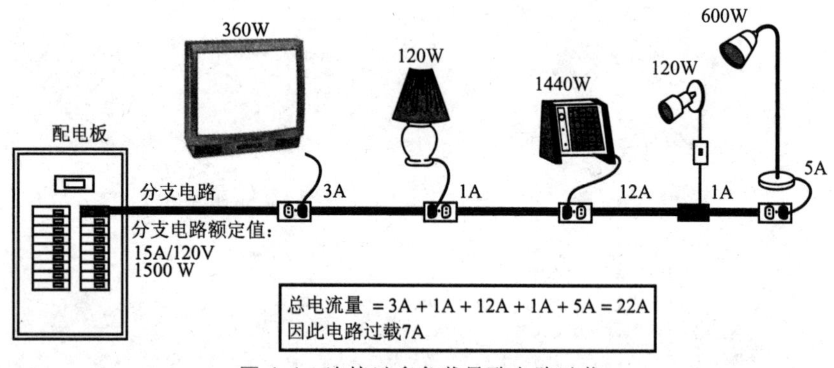

图 4.1　连接过多负载导致电路过载

除了由于连接过多负载而造成电路过载，还有一种原因即由于连接了有缺陷的设备，即过载设备。一个有缺陷的加热设备的电阻比正常电阻低，因此会导致电路中电流变大，超过额定电流值。这就相当于，当发动机所驱动的机械载荷大于其额定值时，就会引起发动机过载(图 4.2)。随着设备负载的下降，电流量也下降了。

在过载电路中导线所承载的电流超过其可以安全承载的额定电流量。过载时的电流范围常常由倍数划分，1～6 倍属于正常电流量。发动机启动或变压器励磁所产生的临时冲击电流导致的无害临时负载是正常的。这样的过载电流只在一个很短的过程中出现，所引起的温度升高非常小，因此对电路的部件没有损害。连续的过载会持续很长时间，这将产生较高的温度，从而加速绝缘层老化并存在潜在的火灾危险。

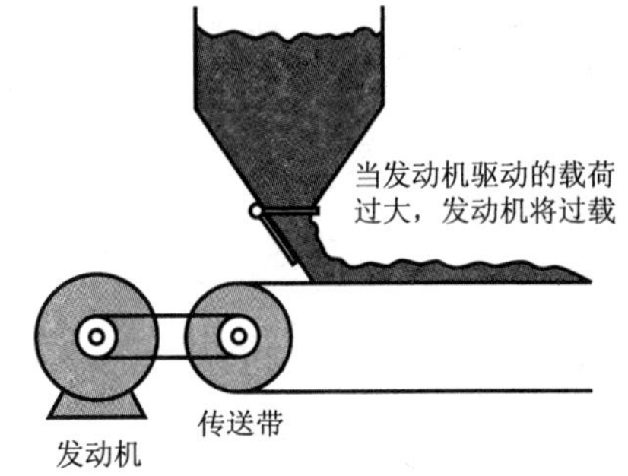

图 4.2　当传送带上载荷过重，发动机将过载

2. 短　路

“短路”的一般意思指电路以错误的方式闭合，电压源短路是指从电压源一端到另一端的直接连接，中间没有任何负载(图 4.3)。这种短路有时被认为是螺栓式短路电流，因为这个电流量就是闭合电路所具有的最大电流，如果工作的导线是牢固的拴接在故障保护点上，这时通过的电流就是最大电流。当一个闭合电路发生短路时，整个电路的电阻趋于零从而导致电流在短时间内升到正常电流的百倍。这时只有导线的电阻和电源的内部电阻可以限制实际的电流大小。

过载电流的量要大于电路的额定电流，但却被限定通过电路中普通的导电通路。短路电流或接地故障电流将从预定之外的通路流过，而且往往其电流量都较大。当电线的绝缘层老化到一定程度时，会暴露裸线，一旦裸线接触到与其电极相反的电线就将发生短路，这就使电流流入另一个电路中去。这种类型的短路当一个电路“开启”将会造成对两个电路的影响(图 4.4)。

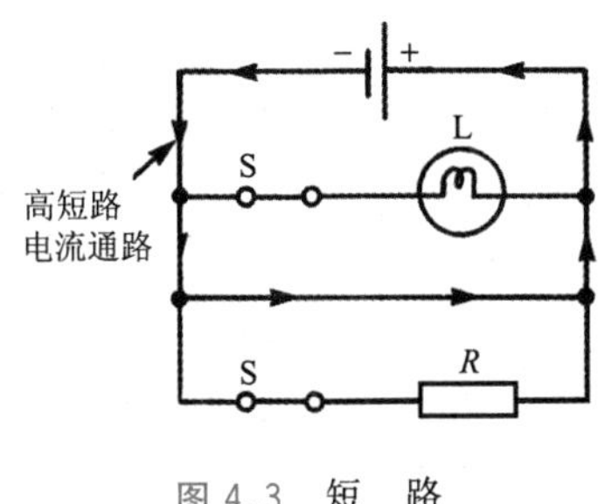

图 4.3　短　路

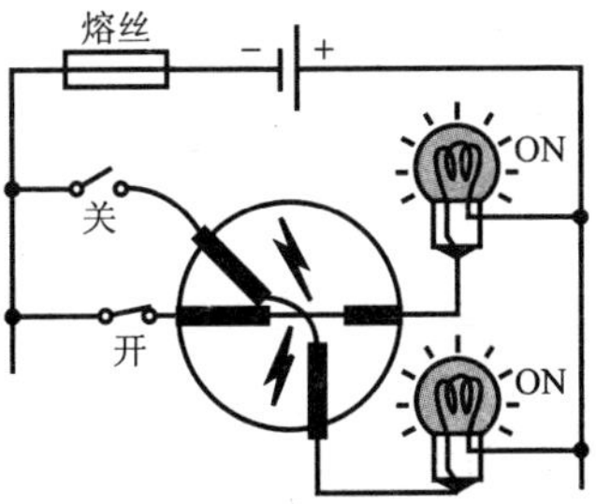

图 4.4　当一个电路开启时，短路将对两个电路的运行产生影响

当第一次给电路接线时有可能发生意外的接线错误造成短路。在为任何电路接线或重新接线时，都应该在加电压以前检查是否有短路通路或者交叉连接的地方。任何裸露的电线都将导致错误。许多短路发生在花线、插头或设备处。需要查找面板上的黑色污渍，磨损处或者连接到废电路上烧焦的花线。想解决这个问题，只要更换掉损坏的花线或插头即可(图 4.5)。

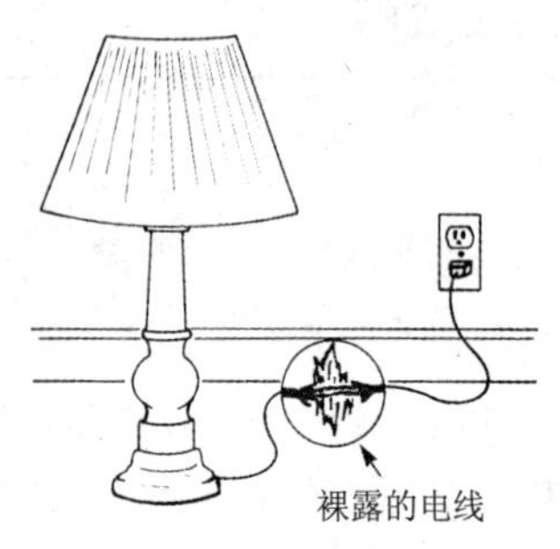

图 4.5　短路的灯线

除非特别说明，短路就是指跨接在电压源上的螺栓式短路。由于电流通过电源的流量很大，这是最危险的一种电路故障。如果不在千分之几秒内切断电路，将会导致电路的损坏与毁灭。高能级的短路电流将会导致电线绝缘层的严重损坏，熔化导线，使金属汽化，将气体离子化，放电，失火和无限增大磁场压力。为了防止短路损坏可以使用熔丝、电路断路器或其他过载保护装置，它们可以在电路中出现过大电流时迅速切断电源。

4.2 熔丝与电路断路器的额定值

电路保护装置对电流十分敏感。正因为如此，熔丝与电路断路器通常被作为过载保护装置使用(图 4.6)。它们的目的是为了保护电路，让电路不会因为过大的电流通过而遭受损坏。一个保护装置所必备的功能包括：

① 能够感知电路短路或过载。

② 在电路导线和连接在电路上的其他电气部件被损坏之前，切断过载状况。

③ 在不需要的时候，不会开启。

④ 不会影响正常电路操作。

熔丝或电路断路器的电阻值很小，对于整个电路的电阻来说，可以忽略。在电路的正常工作中，它们只作为导体的一部分。熔丝与电路断路器都是以串联的方式与它们所要保护的电路连接的。一般,这些过载保护装置必须安装在需要保护的导体接收电力的那一点。例如,安装在分支电路或馈电电路的起始端或线路端(图 4.7)。

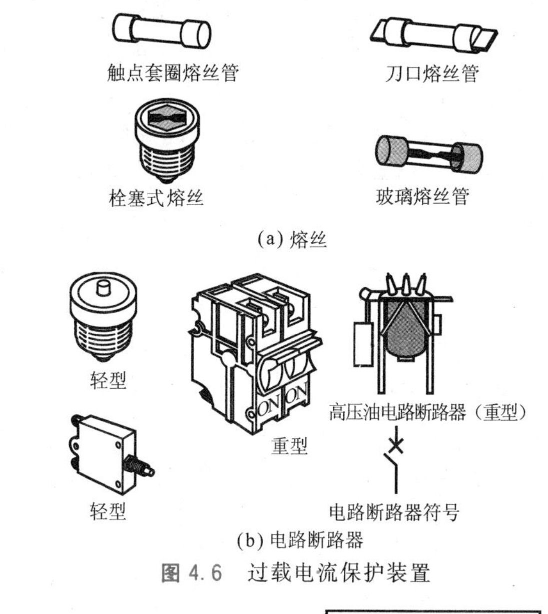

图 4.6 过载电流保护装置

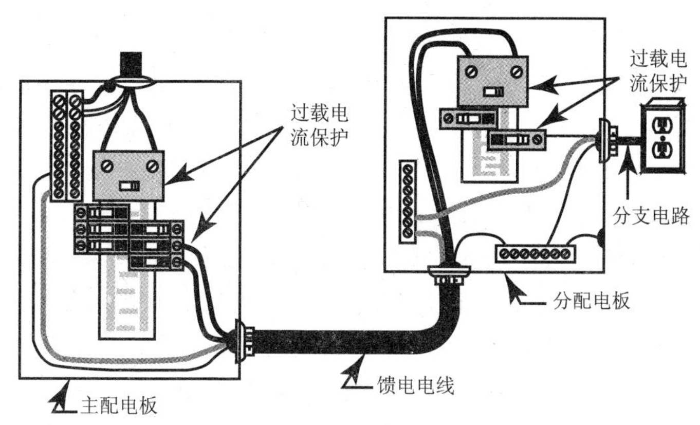

图 4.7 过载电流保护装置的连接

当线路被迫要处理高于其安全电流量的电流时,熔丝就会熔断或者电路断路器切断。这些动作会打开电路,切断电源电流,但不会纠正电路中的错误。基于上述原因,在重新安装熔丝或重新设定电路断路器前,需要先定位并且纠正电路故障。

熔丝与电路断路器都有其额定的电流与电压。在熔丝与电路断路器上都标有其额定持续电流(图 4.8),它表示熔丝或电路断路器所能承受的最大电流量,超过这个电流量熔丝就会熔断,电路断路器就会启动从而断开电路。熔丝与电路断路器的额定持续电流不能超过电路所能承受的最大电流量。比如,一个导线的额定电流为 20A,那么它最多只能使用 20A 的熔丝或电路断路器。熔丝或电路断路器的额定电流值或电流承载量必须尽量接近电路的满负载电流量。因为型号过小的熔丝过于容易熔断,而型号过大的熔丝又失去了必要的保护能力。

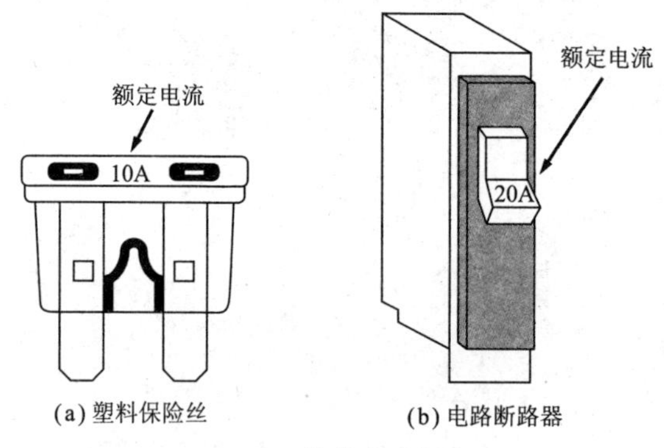

图 4.8　持续电流额定

在熔丝或电路断路器上标注的额定电压是指设备进行安全切断电路操作时所能承受的最大电压。熔丝或电路断路器的额定电压至少要等于电路电压,或大于电路电压。熔丝或电路断路器的额定电压可以大于电路电压,但绝不可以小于电路电压。例如,250V 的熔丝可以用于 208V 的电路(图 4.9)。常见的额定电压值为 32V、125V、250V 和 600V。保护装置的额定电压代表了它在过载电流或短路情况下断开电路的能力。明确地说,额定电压决定了设备在过载电流或者短路的情况下抑制内部电弧的能力。

图 4.9　熔丝的额定电压

保护装置必须能够承受短路电流产生的破坏性能量。熔丝或电路断路器的分断电流额定(也称短路额定)是指它们能够分断的最大电流值。如果故障电流值超出了保护装置分断电流值范围,将导致保护装置破损从而对电路产生额外的损害。分断电流额定一般是连续电流额定的数倍,同时应该远远大于电源可以提供的最大电流值。由于很多工业设备的故障电流值较大,所以许多熔丝的分断额定电流达到了 200kA。其他常见的额定分断电流值有 10kA、50kA、100kA。

保护装置的电流限定能力是用来衡量有多大的电流被允许“通过”系统。即使一个 200kA 的单周期电流都可以严重损坏任何安装。电流限定的保护装置的操作是在小于一个半周期内电流限定熔丝能够安全地切断在它的分断额定电流范围内的任何电流,并且能够将最高通过瞬间电流(I_p)和全部的安培平方-秒(I^2t)限制在规定的范围内。传输短路电流时的电流限定熔丝在 1/4 AC 波形周期循环内熔断,并在 1/2 周期内开通整个电路。现代的绝大多数熔丝都是电流限定熔丝。非电流限定熔丝的操作原理与电流限定熔丝的操作原理完全不同。对于非电流限定熔丝来说,故障电流 ARC(电弧)将在 AC 电波的电流零点被抑制。这需要花费几个 AC 周期并且在此期间没有明显的电流限定发生。电流限定熔丝已经多年使用在低压及中压电源系统中以提供高速保护。

保护装置的时间-电流特性或装置的反应时间取决于保护装置在故障电流或过载情况下执行操作的时间。额定快速反应的保护装置可以在几分之一秒内对过载做出响应,而标准的保护装置根据过载电流量的不同需要 1 到 3 秒的时间作出响应。快速反应熔丝对电流的增加量十分敏感,因此常用于保护非常精细的电子电路,这种电路中的电流流量十分稳定。延时熔丝用于常会出现涌入电流或电流浪涌的电路中。这种类型的电路在电源第一次供电或电流暂时达到峰值时,常常会导致快速反应或中度反应的熔丝过早熔断。

4.3 熔丝类型

熔丝是一种理想的过载电流保护装置。熔丝的基本构造包括一个低熔点金属条或可熔连接线,或者是连接至接头端子的密封连接线。当被安装至一个外壳或熔丝固定器中时，金属条就成了电路的连接部分。当流经这个连接处的电流量大于熔丝的额定电流时，金属条就会熔化从而断开电路。

1. 插入式熔丝

插入式熔丝是一种圆形的熔丝，它可以拧到熔丝固定器的基座上构成电路。插入式熔丝包含了一个软的金属条或者是封装在玻璃管内的软线(图 4.10)。金属条被设计为可以携带一定量的电流，如 15A。无论在什么情况下，通过金属条的电流量大于电路或金属条所设定好的电流量都将导致金属条熔化或烧坏，使电路断开以阻止这个过大的电流通过来保护电线。

插入式熔丝的基座主要有两种类型：螺纹基座和 S 型基座。螺纹基座是一种最古老的熔丝基座，这种基座的型号适用于多种不同额定电流的熔丝，这就使它很容易“过分保护电路”。除了在更换现有熔丝以外，螺纹基座已经不再被使用了。S 型熔丝是专门为防止在相同熔丝基座中改变熔丝规格而设计。这些熔丝使用一个适配器基座和一个熔丝插槽(图 4.11)。一旦适配器基座安装后，那么额定值更高的熔丝就不能再装进这个打开的熔丝盒中。

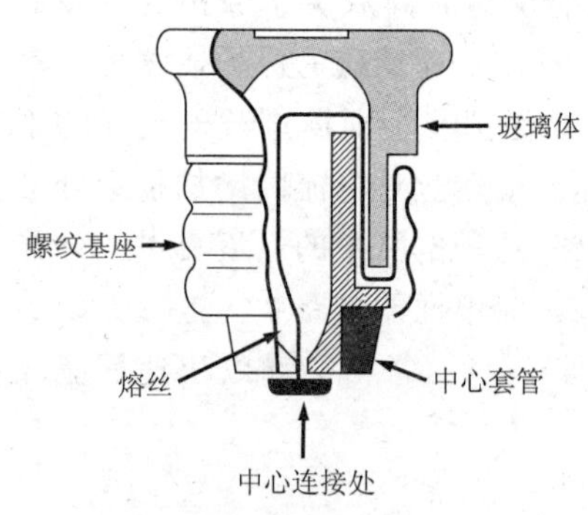

图 4.10　插入式熔丝

图 4.11　S 型熔丝和适配器

插入式熔丝的最大额定电压为 125V，能够适应多种常见的电流型号，最大可以达到 30A。在 120V 的普通家用照明电路及插座电路中常常可以看到这种熔丝。在选择熔丝时，熔丝的额定电流应与电路导线的最大额定电流相同。基于这个额定值，将一个合适型号的适配器插入螺纹基座熔丝固定器中。然后再将合适的 S 型熔丝拧到适配器上。由于适配器的存在，这个熔丝固定器是可更换的。例如，在15A的分支电路中插入一个15A的适配器，如果想要替换一个更大额定值的S型熔丝，就必须要更换这个15A的适配器。

导致熔丝熔化的原因有两个：电路短路或电路过载。插入式熔丝的透明玻璃外罩可以帮助人们找出是什么原因导致熔丝熔断(图4.12)。如果玻璃的表面是黑的，说明原因是电路短路。在更换这个熔丝前，需要仔细检查电路。如果玻璃表面很干净，说明原因是电路过载。这时在更换熔丝前就需要移除一些负载。

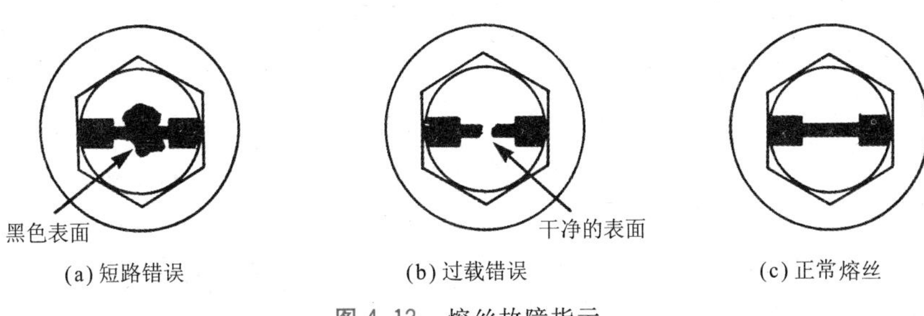

(a) 短路错误　(b) 过载错误　(c) 正常熔丝

图4.12　熔丝故障指示

2. 熔管熔丝

熔管熔丝的操作与插入式熔丝相同，但是可以携带更高的电流。熔管熔丝的两种基本类型是套圈管型和刀口型(图4.13)。套圈管型熔丝的额定电流为0～60A。使用套圈管型熔丝的熔丝面板有特别为套圈管型熔丝所单独设计的熔丝夹，这种熔丝夹只能用于适合自己型号的套圈管。熔丝的直径与长度会根据其额定电流和额定电压值的增加而增加。套圈管型熔丝可以使用于额定电压最高为600V的电路。刀口型熔丝管可以用于额定电流超过60A的电路中。这种熔丝的触头比较大并且比较粗糙，因此可以处理较高的电流。其熔丝夹头是为刀口熔丝所特别设计，只能适用于刀口熔丝。刀口熔丝所适用的电流范围为61～6000A。使用它的最大额定电压为600V。NEC要求使用限定电流熔丝管的熔丝基座不能用于非限定电流的熔丝。

从广义上看，熔管熔丝可以被分为一次性熔管熔丝、可更新熔管熔丝、双元熔管熔丝、延时熔管熔丝、限制电流熔管熔丝或高中断能力熔管熔丝。一次性熔管熔丝如图4.14所示，是现在使用中最老的一种熔管熔丝型号。它由被封闭在填充了绝缘材料的管中的一个熔丝组成。其中的填充材料是为了防止熔丝熔断时的电弧。这种熔丝的延时非常短，因此仅仅局限于使用在一些很少发生故障的电路中用来进行短路保护。

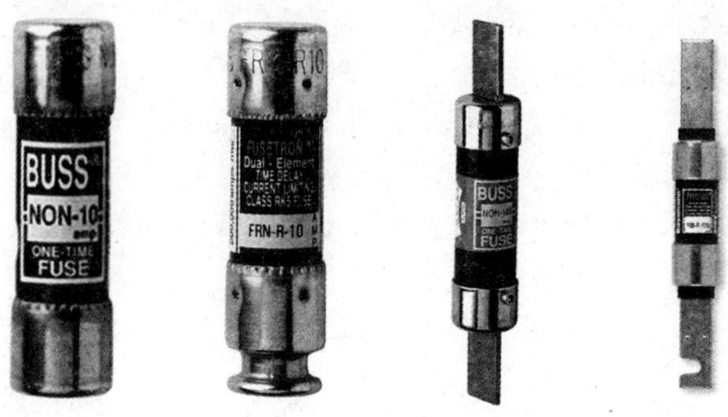

图4.13　熔管熔丝

在一些经常发生故障的干线和馈电线路中，常常使用可更新熔管熔丝以降低更换保护装置的成本。和一次性熔管熔丝不同，可更新熔管熔丝一旦熔断后还可以反复更换继续使用。虽然这种熔丝的初始价格较昂贵，但是在长时间内的使用过程中可以降低维修费用。大部分可更新熔管熔丝是延时型熔丝，它的延时效果由其特有的熔丝结构决定，其熔丝结构结合了一个较大横截面的部分和一个较小横截面的部分(图4.15)。对于一般较小的过载，熔丝中间的脆弱部分会被烧断，当发生短路故障时，熔丝两端的脆弱部分会立即烧断。

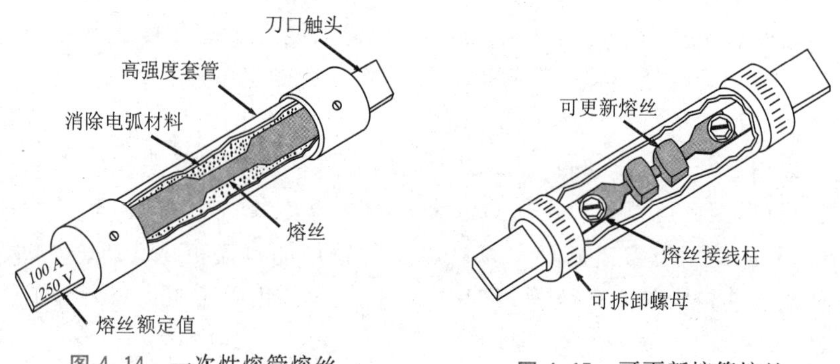

图4.14　一次性熔管熔丝

图4.15　可更新熔管熔丝

单元熔丝可以提供出色的短路电路保护，但要适应临时和瞬时的电流冲击就必须用大型号的熔丝。双元熔丝由两个独立的部分构成，它们有相同的元件(熔丝)，可以对短路电路和过载电路进行保护。一个元件控制过载电路,另一个控制短路电路。图 4.16 中给出了一种典型的双元延时熔丝。短路元件是一种铜制的连接物,它具有明显的凹口或切口。过载热敏元件部分是一个弹簧接触装置,当弹簧所在位置的焊接点熔化时电路断开。

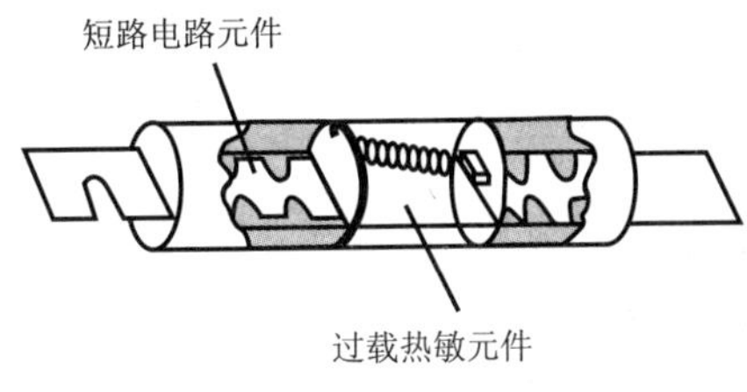

图 4.16 双元延时熔丝

在发动机安装过程中双元延时熔丝有很大的优点。在新发动机安装过程中,双元熔丝可以使用较小的断开开关。而普通熔丝必须使用大型的断开开关,因为熔丝的额定电流要大于承载初始电流的工作负载电流。双元熔丝的规格只需能够承载工作电流,但同时它又能够承载初始电流,因此可以使用较小的开关和配电板。

延时熔丝有两种:插入型和管型。它们不像标准熔丝那样在大但仅仅是临时电流过载时熔断,而是像普通的熔丝那样在遇到小的持续过载电流或突然短路时熔断。这种类型的熔丝是用来保护发动机电路的。延时熔丝(图 4.17)都有一个金属的熔丝条,这个熔丝条一端连着保险盒,另一端连着带有弹簧张力的接头。接头的末端是焊接的。如果焊接处太热而发生熔解,接头就会脱离焊接端,断开电路。但是焊接处可以承受瞬间的电流过载(也就是发动机启动时)而不会发生熔解。如果持续过载温度过热,焊接处就会熔解,电路断开,这个过程可能需要几秒钟的时间。如果出现直接的短路情况,金属熔丝条就会立刻熔解从而断开电路。

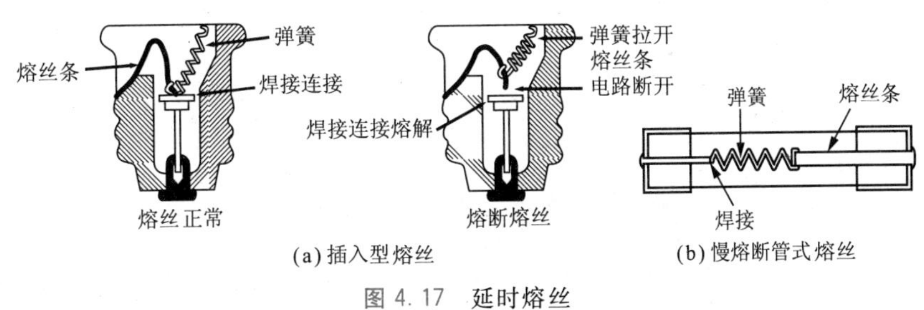

图 4.17 延时熔丝

3. 高压熔丝

高压熔丝(图 4.18)的额定电压超过 600V,是用来保护高压输电线

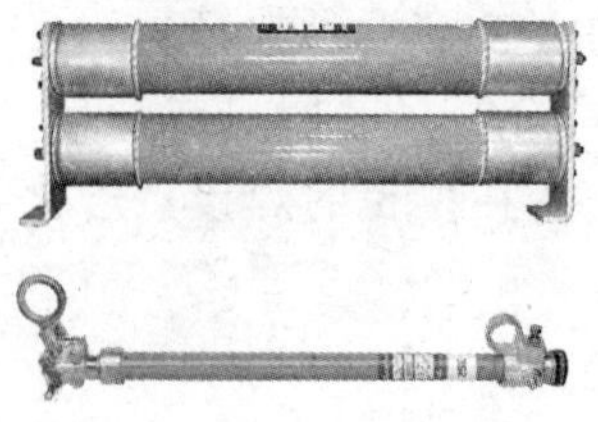

图 4.18　高压熔丝

的。为了在高压时更安全地切断电路，高压熔丝都有特殊的构造，其中包括排放、液体和固体材料等类型。排放式高压熔丝有一个可以在电流过载时熔解和蒸发的元件。这个元件用加热纤维成分来释放除电离子的气体，并且以零基准周期性的改变电流来消除电弧。液体式熔丝有一个充满液体的金属外壳，其中含有熔丝元件。里面的液体是作为一种抑制电弧的媒介，而固体材料熔丝和液体熔丝相似，唯一不同的是消除电弧是在充满固体材料的盒子里。

4.4 测试熔丝

如果使用玻璃管熔丝，就很容易看到里面的熔丝是否被烧断了。可以用欧姆表来检测电路中熔丝的状态（图 4.19）。一个好的熔丝在欧姆表上显示的数字越接近零点越好。一个模拟的欧姆表上如果显示无限大的电阻就说明电路是断开的。数字欧姆表用 1 还是用 OL（过载）来显示电路断开主要取决于欧姆表的生产商。

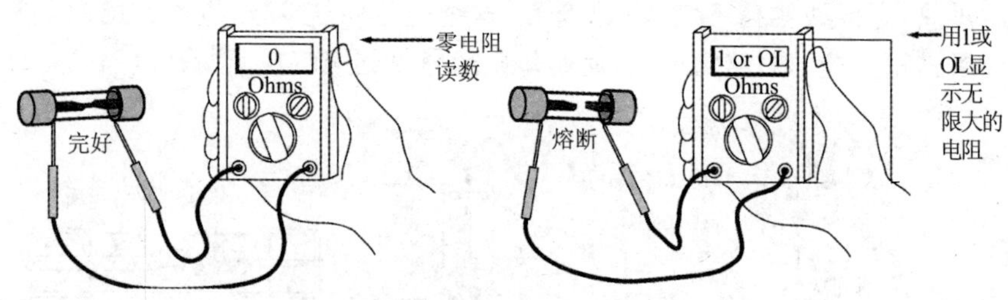

图 4.19　欧姆表对熔丝进行电路外测试

在大多数电力系统中，所有的不接地动力线导体都以串联方式连接到一个过载电流装置上（图 4.20）。低压电路、小于 120V 的单相电路和所有直流电路都需要一个过载电流保护装置。交流电路中的中性导电线和直流电路中的负线不包括过载电流保护。

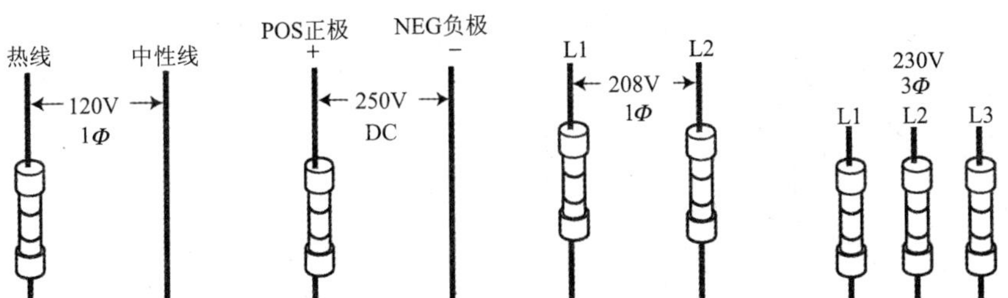

图 4.20 所有的不接地动力线导体都必须安装以串联方式连接的过载电流装置

如果打开电源开关且熔丝完好，那么电压降应该接近零，因为熔丝就相当于一段电阻非常小的导线。

电压表用来检测熔丝在电路中的状态（图 4.21）。要检查线路中和负载端的熔丝电压，如果线路中是满电压而负载端是零电压，则表明一个或二者的熔丝都熔断了。一个完好熔丝的两端在工作时的电压降接近零，因为它的电阻很小（$E=I\times R$）。如果围绕熔丝的工作电压降值很可观，表明这个熔丝的电阻很高，因为它已经熔断。

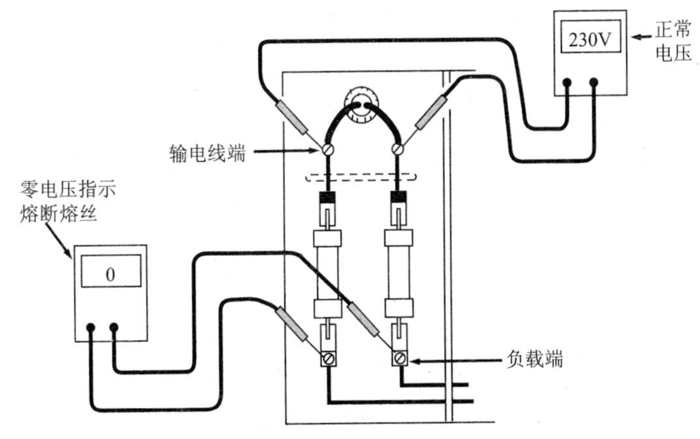

图 4.21 电压表对熔丝进行电路内测试

4.5 电路断路器

电路断路器（图 4.22）可以取代熔丝来防止电路过载或者短路。电

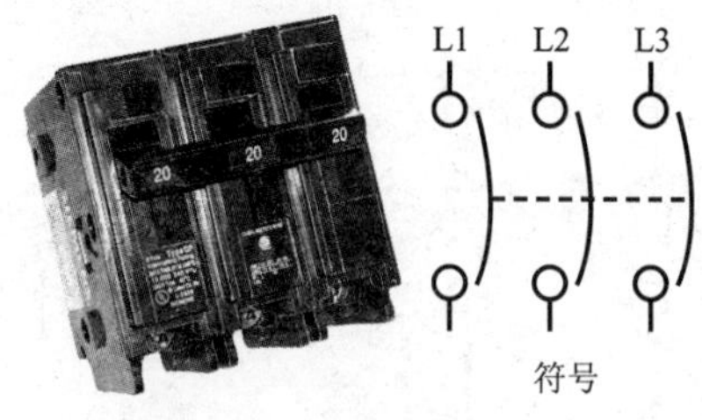

图 4.22 三极电路断路器

路断路器和熔丝相比是一种更加高级的过载电流装置,它利用机械装置来防止电路过载或短路。电路断路器的接入方式和熔丝一样,是串联在需要保护的电路中。电路断路器的工作额定值和熔丝中使用的类似。和熔丝一样,电路断路器的电流额定值必须达到它所要保护电路的电流容量。大多数低压电路断路器都装在一个模制塑料盒里被安装在金属配电板中。

一个手动复位的切换型电路断路器既可以是断开的熔丝也可以是无破损的熔丝(图 4.23)。作为断开的熔丝,电路断路器会使电路处于开路状态[把开关旋到关闭(OFF)]。作为熔丝的时候,电路断路器可以通过复位来提供过载电流保护。

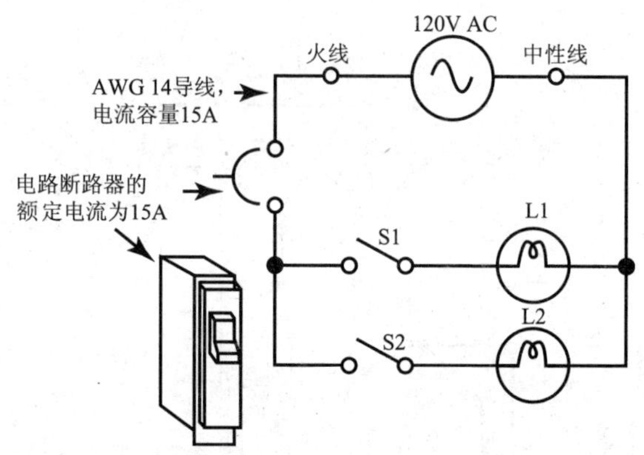

图 4.23 手动复位的切换型电路断路器

电路断路器保护电路的原理有两种:热和磁。热力电路断路器由一个加热元件和机械自锁装置组成。加热元件通常是一个双金属片,当电流流过时金属片被加热。热力电路断路器复位前必须冷却。另外,周围温度会影响开启。因此,热力电路断路器在冷的环境中比在热的环境中需要更多的电流和更长的时间开启。

磁力瞬间开启电路断路器的工作原理是电磁学。流经电路的电流通过电路断路器盒子里面的线圈。如果电流超过了电路断路器的额定电流,磁场就会很强从而产生一种能断开电路断路器的作用力。

热-磁电路断路器结合了热和磁的因素(图 4.24)。过载会导致双金属片发热和弯曲,这样就会脱扣释放从而打开电路断路器的接触端。如果发生短路,就用快速的方法释放电路断路器的脱扣装置。强短路电流能在附着在双金属片上的电磁板上产生电磁力,这样就会立刻脱扣释放解扣杆从而打开接触端。

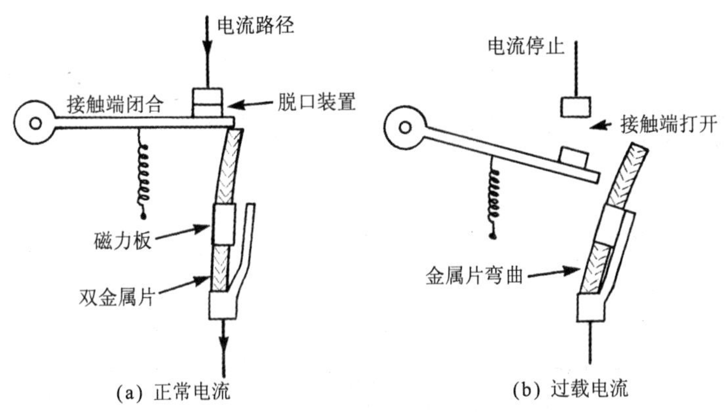

图 4.24 热-磁电路断路器的作用

电路断路器必须在电流过载或短路时自动打开它所保护的电路,而忽略短暂的电流冲击。为了完成这一过程,电路断路器利用延时装置允许在短暂的电流冲击下不断开。大部分电路断路器中使用的磁力螺线管是一个非常灵敏的系统,经过设置后它可以在非常精确的延时响应下工作。

当某些类型的电路断路器断开后,切换开关移到断开或中间位置。将这种类型电路断路器复位时,首先把开关移到完全关闭(OFF)的位置,然后再移到接通(ON)位置(图 4.25)。对于按钮式的电路断路器来说,当电路断路器跳闸时按钮会跳起,从而使电路开路。把按钮按回去,电路断路器就复位。自动复位电路断路器是用来保护一些高压传输电线的电路,这些高压传输线路很有可能会突然电流过载并且要求电力输送能够马上恢复。

接通
断开
关闭
复位操作
操作把手位置

图 4.25 复位断开的电路断路器

电路断路器有以下一些优点:

① 它们既可作为保护电路的装置也可以作为控制开/关的开关。

② 当它们因电流过载跳闸时，无需更换。

③ 可根据不同的延时跳闸动作而精准地制造生产。

④ 和紧急关闭按钮类似，可以通过内部的控制继电器响应过载信号使得电路断路器跳闸。

⑤ 在三相系统中，当电流过载时电路断路器能够断开三条火线。

4.6 热过载保护

当电动机的电流过大时，就认为这个电动机过载。过载会使电动机转速减慢，导致输入电流增加。开始电动机会出现大量骤增的电流，但这只允许很短的一段时间。如果过载电流持续一段时间，电动机就会过热并烧坏。一些很小的分数功率电动机都配有手动或自动复位热过载保护。这种过载保护可能安装在电动机中，或者外部安装在电动机的外壳上（图 4.26），它们检测电动机的温度而不是电流。由过载引发的电动机线圈的高温使得热过载保护工作从而自动断开电路。

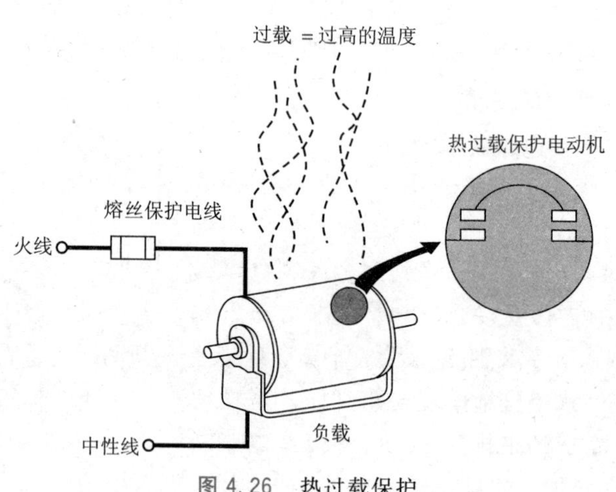

图 4.26　热过载保护

4.7 雷电保护

雷电是带电云层和地面之间形成的电子通路导致的结果。云层和地面就好像两个电压供应体，所产生电压势能在万 V 电压的范围内。两者之间路径的电阻会导致短暂的上 kA 电流。这种数量的电流流量通过电线和设备会给系统造成大范围的破坏。

一种防止闪电放电的方法是提供一条备用、接地的低电阻路径。避雷针保护电路就是基于这种工作原理(图 4.27)。闪电保护系统是由以下几部分组成：

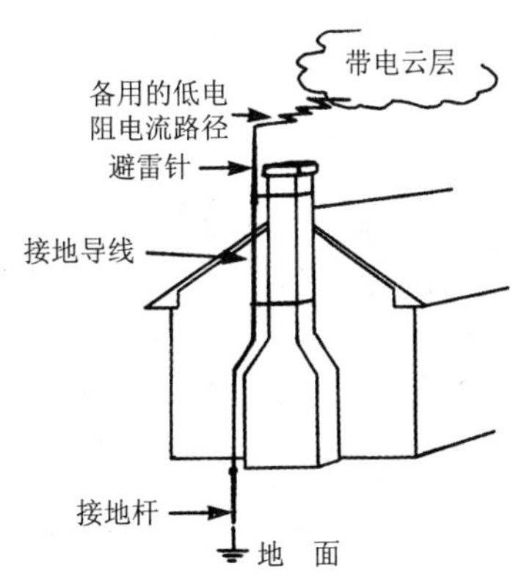

图 4.27 雷电保护系统

① 避雷针或航空接线装置。作为闪电放电的接线端，避雷针有多种不同的类型、大小和设计，而且被安装在建筑物的最高处。

② 导体电缆。重型电缆用于承载从避雷针到地面的闪电电流。电缆从屋顶开始，沿着屋顶边缘顺着建筑物的一个或多个角落延伸到接地杆。

③ 接地杆。地下深埋的即长又粗而且重的铁棒。电缆和这些铁棒连接，形成闪电电流通过的安全路径。

通信天线或其他一些金属支撑物也可以作为避雷针使用，但是必须很好地接地。一些高的商业和工业建筑的钢架结构也可以作为非专用的避雷针使用，同样需要很好地接地以起到保护作用。另外，混凝土中的加强钢筋也可以作为接地电极子系统的一个有效部分。

避雷器可以用来排除由闪电电击直接产生在电线中的高能量。闪电避雷器是根据火花隙的原理来工作，就像汽车中的火花塞一样。避雷器的一边接地，另一边连接需要保护的电线(图 4.28)。在正常电压状况下，两端被它们之间的空气绝缘。当电线被闪电电击后，高电压将空气电离(使得空气导电)形成接地的低电阻放电路径。某些专用设计的避雷器会安装在架空的动力电线和信号电路中，例如电话线电路和天线引入线。

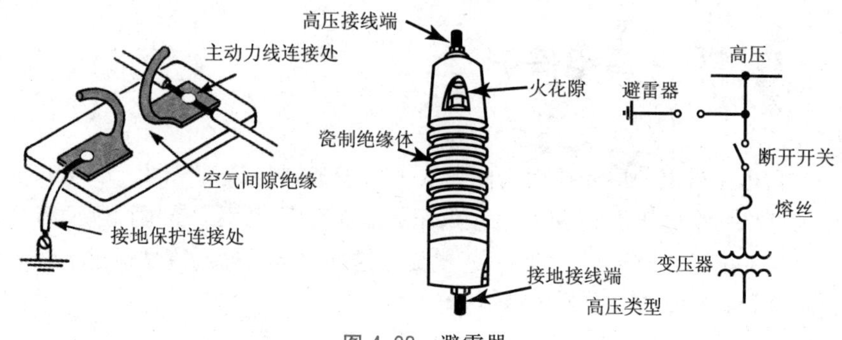

图 4.28　避雷器

4.8 电路断流器

使用带有三极插头帽的三线电缆和接地的插座构成的接地连线，降低了电击的危害，但并不能百分之百地消除接地故障所带来的危险。当一些工具或设备的低电阻接地路径断开时就会发生接地故障。接地故障所泄漏的电流会从其他路径经过用户后接入地面，这导致人员严重的伤害或死亡。当发生接地故障时，所泄漏的电流不会高到能够熔断一个能承受 15A 或 20A 的过载电流保护装置，然而它却能产生足够强的电流，使任何接触到这个装置的人被电击或者触电致死。切记，低至 50mA (0.05 A)的电流通过人的身体都会是致命的。

当接地故障泄漏的电流低于 1A 并且接地导体的电阻较低时，就感觉不到电击。如果接地导体的电阻高于 1Ω，即使很小的泄漏电流也很危险。接地故障电路断流器(GFCI)就是出自这些考虑所设计的装置，当出现上述情况时它能够使电击致死可能性降至最低。GFCI 是一种高速响应的电路断流器，它能检测到电路中由泄漏到地面的电流所引起的细微失衡，并且能够在几分之一秒内立即切断电流。GFCI 持续监控流入设备的电流流量(即经过火线)和从设备流出的电流流量(即经过中性线)，并进行对照。只要进入设备和流出设备的电流流量大约相差 5mA，GFCI 就会在 1/40s 内切断电源(图 4.29)。

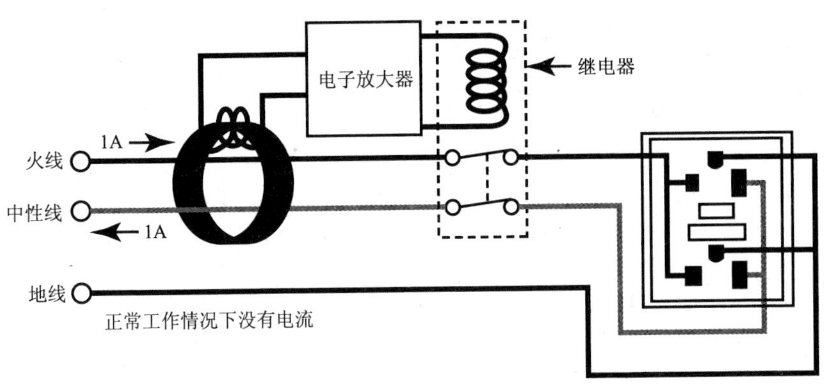

图 4.29 接地故障电路断流器(GFCI)

施工安全规章要求施工点的所有 120V、单相的 15A 或 20A 的插座输出设备都要安装接地故障电路断流器以实施人员保护。这些输出设备不是大楼或建筑物的永久布线的一部分,而是用户在使用的设备。站在混凝土地板上,站在户外的草地或土地上,或者在可以接触到金属管道的地方,人们都可以直接接触到地面。鉴于这个原因,要求在住户的浴室、车库、户外地点、地下室、厨房以及游泳池都安装 GFCI 保护系统。

GFCI 并不能取代接地装置,只是作为一种补充保护来检测微小的泄漏电流,检测到的电流很小,不能引发普通支路的熔丝和电路断路器工作。GFCI 插座能够给用户使用的任何插入该插座的电器提供接地故障保护。但 GFCI 不能保护人们因电线之间接触而引发的危害(例如,一个人一只手握着两根火线或一根火线一根中性线)。如果接地导体没有被碰过或者电阻很小,那么 GFCI 就不会断开直到有人能提供一条通路。在这种情况下,这个人会遭受电击,但 GFCI 会马上断开,电击不会对人体造成伤害。

GFCI 的布线方式和标准插座一样,黑线或火线连到黄色端子,白的中性线连到银色端子,接地线连到绿色端子(图 4.30)。GFCI 插座安有检测和复位按钮。按下检测按钮就模拟接地故障,会导致插座内的继电器起作用并使电路开路。按下复位按钮电路就会恢复通畅。由于 GFCI 很复杂,它们需要定期检测。

GFCI 双工插座端子不能为切分电路应用中分开使用插座的设备提供保障。然而,有许多设备能连接到其他普通插座中。这样就提供了一个选择机会,能够给安装在电路后续设备的插座提供 GFCI 保护(图

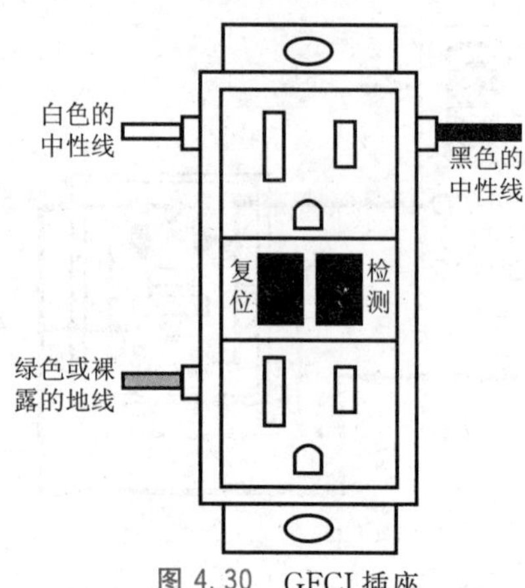

图 4.30 GFCI 插座

4.31)。供电配电板中的输入电缆必须连在标有“接线”(LINE)的一端,同时接往其余电路的输出端电缆必须连在“负载”(LOAD)一端。

GFCI 插座只能提供对接地故障的保护,不会保护电路短路和电流过载,分支电路的电路断路器和熔丝提供了这类保护。GFCI 电路断路器可以给它所保护的整个分支电路提供过载电流和接地故障的保护。从外表上来看,它像一个配有检测按钮的电路断路器加在了手动检测的接地检验电路上(图 4.32)。基本上它的工作原理和 GFCI 插座对带电导体和中性导体的电流差异进行监控的原理类似,有各种不同额定电流的 GFCI 可以适应不同的电路。每个 GFCI 电路断路器都有一个白色的线管,必须连接在中性母线上。此外,还必须把这根白色的中性线连接到电路断路器提供的端子上。可以在供电配电板上用 GFCI 电路断路器来代替普通的电路断路器。

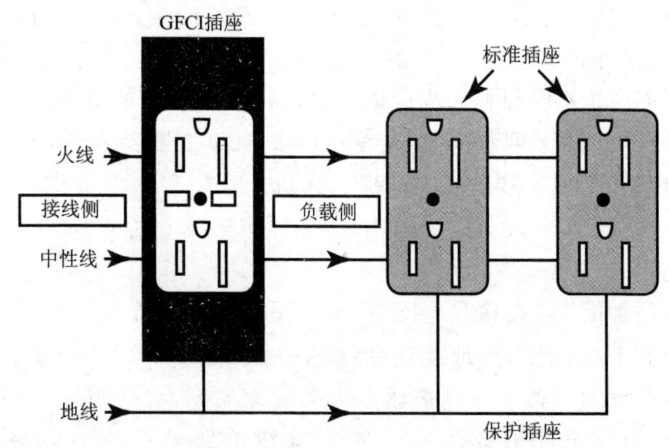

图 4.31 连接 GFCI 插座给其他标准插座提供保护

电弧故障电路断路器(AFCI)是用来检测每个分支电路中的电弧,如图 4.33 所示。它能检测在一个磨损延长线上两个导体间的电弧,也能检测热导体和地面之间的电弧或者不管在热导体还是中立导体上的接触不良处的电弧。国家电气规程(NEC)规定,所有新安装在单元房卧室中分支电路上提供125V电压、单相的15A或20A电流的输出设备,都必须使用电弧故障电路断路器进行保护。最终可能还会要求在更多的地方使用这种断路器,许多情况下的家庭失火都和没有检测到的卧室电路的电弧故障有关。

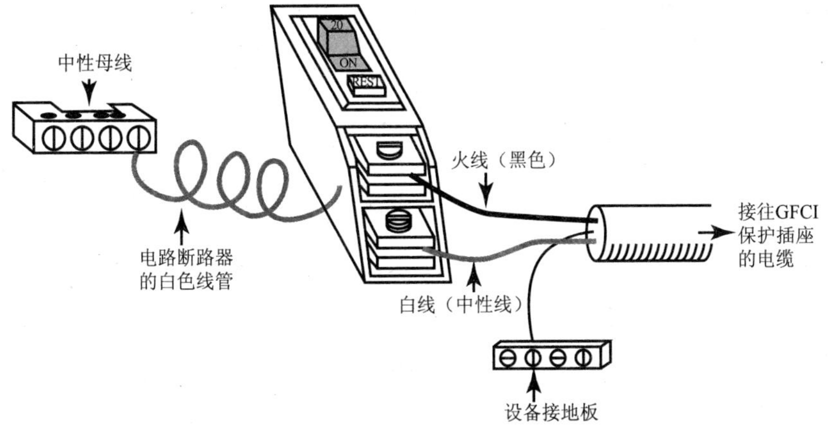

图 4.32 GFCI电路断路器的连接

如果电弧扩展,AFCI电路断路器会在几分之一秒内切断电路。传统的电路断路器可能检测不到电弧故障,因为电弧故障经常是间断的从而不能产生足够的热量使得电路断路器断开电路。同样,电弧故障所产生的电流常常低于电路断路器的短路电流。这样就很可能造成切断或磨损一段线路、接线盒接触不良或是插座产生电弧作用并烧掉而标准的电路断路器没有跳闸断开。这些就是造成住户失火的主要原因。

图 4.33 AFCI电路断路器

AFCI电路断路器能给它所保护的整个分支电路提供过载电流和电弧故障的保护。AFCI电路断路器的外形和连接方法都和GFCI断路器类似。在外表上唯一的不同之处是检测按钮的颜色。在AFCI电路断路器中检测按钮是蓝色的。另外,AFCI 使用精密电子来检测由电弧作用产生的正弦交流波形中间断开的电流涌动或尖峰。只要检测到波形失真,电路断路器就会断开从而使得分支电路和电源断开。

AFCI 不能和 GFCI 混淆,它们完全不同而且作用也不同。AFCI 是用来降低由电弧故障引起的火灾的可能性;而 GFCI 是用来降低电击造成危害的可能性,从而进行人身保护。

第5章

开关保护装置

5.1 开关保护装置的动作原理与种类

5.1.1　各种开关电器

发电厂发出的电能经过变电所源源不断地输送到工厂与家庭。为确保电能的传输与分配，各变电所不仅有进行电压变换的变压器，而且还有各种开关和保护装置。图 5.1 是电能传输过程与变电所电气设备的配置实例(户外变电所的一部分)。如图所示，在变压器的两端通常安装断路器、隔离开关、避雷器，它们在电力系统的保护中发挥着重要的作用。

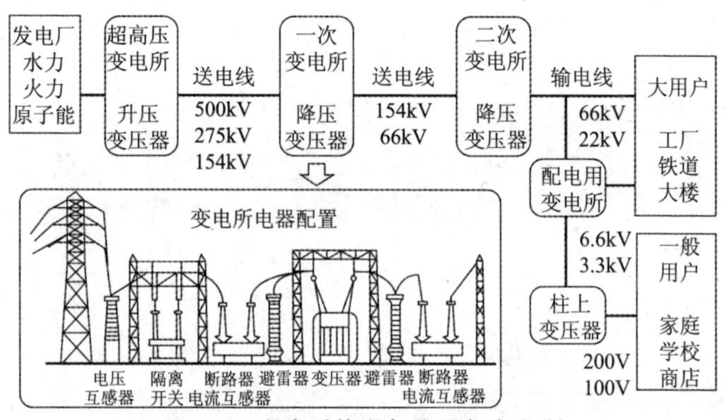

图 5.1　电力系统电气流程与变电所

这些在电力系统中(输电、配电系统)开通和切断电路、抑制电力系统中发生的过电压、保护电力系统和其他电器的装置统称为开关保护装置。

图 5.1 列举的是高压变电所的实例，但即使对于电压较低的配电变电所，工厂、大厦的配电设备，变压器的一次、二次侧也必须配备同样的开关保护电器。作为电力系统内的保护电器有避雷器，但开关电器则根据系统电压、用途等有很多种类，具体如表 5.1 所示。

表 5.1 开关电器的种类

开关电器的种类	工作电流			故障电流			备 注
	通电	闭	开	通电	合闸	切断	
断路器	○	○	○	○	○	○	3.3/6.6kV,66～550kV 各种
隔离开关	○	△	×	○	×	×	同上
接地开关电器	×	×	×	○	○	×	同上
负荷开关	○	○	○	○	○	×	电力系统用 3.6/6.6kV 为主
熔断器	○	×	×	×	×	○	同上
无熔断器开关	○	○	○	○	○	○	100～400V 为主
漏电断路器	○	○	○	○	○	○	同上

注:○表示可能;△表示根据场合可能;×表示不可能。

5.1.2 断路器的作用

在这些电器中断路器的作用是切断故障电流、防止故障的扩大、把停电时间限止到最小。

图 5.2 简略地显示了连接变电所的电源线发生故障时,断路器动作的基本情况。如图所示,电源线故障时电压互感器、电流互感器检测到故障电压和故障电流,通过继电装置向断路器发送排除故障回路指令,根据这一指令故障回路的断路器动作,切断故障电流。因系统往往要求在故障排除后立刻恢复,所以切断后的断路器要再次合闸,如故障继续存在则要求再一次切断。这是保护装置的切断(O)-合闸(C)-切断(O)的基本要求。如果故障继续存在,则将完好回路的断路器合闸投入运行,继续向负载供电,从而最小限度地限制停电时间,通常隔离开关与断路器串联,在断路器切断后再切断隔离开关。

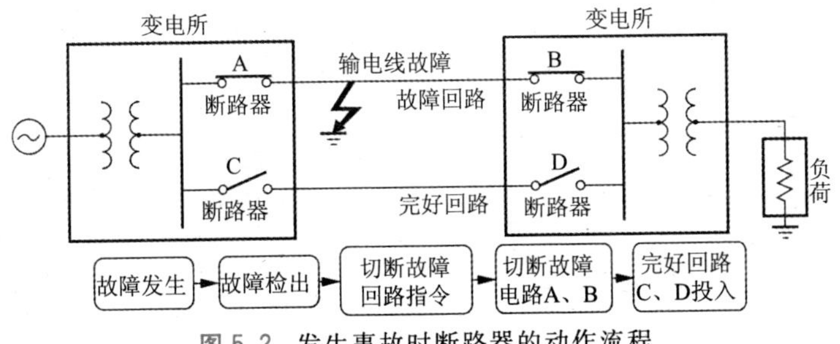

图 5.2 发生事故时断路器的动作流程

5.2 交流断路器与隔离开关

5.2.1 电流切断过程

当断路器的触点分离切断电流时，在触点间会产生电弧。切断电流必须熄灭电弧，简称灭弧。由于断路器的种类不同，因此灭弧原理与方法也有所不同。目前的高压系统(66～550kV 系统)最常用的是 SF_6 气体灭弧的断路器，见表 5.2。

表 5.2 气体断路器的电流切断过程

状态		动作
投入位置	绝缘喷嘴 动触点 静触点 汽缸 活塞 动弧触点 操作杆 静弧触点	灭弧室由通电流的静触点及动触点，切断电弧的静灭弧触点及动灭弧触点，为提高吹弧压力而设的汽缸与活塞、气体导弧的喷嘴等所组成 投入位置，通电触点灭弧触点呈接触状态 汽缸内、周围的汽缸保持一定
切断位置	弧 缓冲室 B 气流	切断指令一发出，绝缘操作杆沿尖头指示方向被驱动，与操作杆一体的可动触点、动灭弧触点、汽缸及活塞移动，汽缸内气体被压缩灭弧触点分离，则电弧产生，这个弧被气体吹灭(A、B两个方法)
断开位置		根据吹弧气体的冷却作用，电弧熄灭，当触点到达能承受切断后回复电压的位置，切断工作结束 这个状态，汽缸内的气体通过喷嘴排出，压力均一

SF_6 气体灭弧的断路器当触点闭合通以电流时，触点的周围充满着 SF_6 气体。当断路器接收到切断指令，操作机构动作，动触点开始分离，触点间产生电弧。与此同时，与动触点连动的活塞用压缩的 SF_6 气体将电弧吹灭。因电弧所具有的能量为电弧电压与电流的乘积，所以 SF_6 气体的吹弧冷却能量必须大于电弧的能量才能把电弧可靠熄灭，从而切断电流。

5.2.2 电流切断时的过渡过程

切断交流电流时，最好取在电弧能量最小的电流过零点。在电流零点熄灭电弧后，由于回路切断时的过渡过程，将有一个急剧上升的过渡回复电压加在断路器的触点间，断路器必须能承受得住这一回复电压。只要能承受这一电压，就能实现有效切断。

图 5.3 显示了电流切断时的过渡过程。图 5.3(a)是变压器输出端断路器的端子附近发生短路故障时的过渡过程（断路器输出端短路故障的

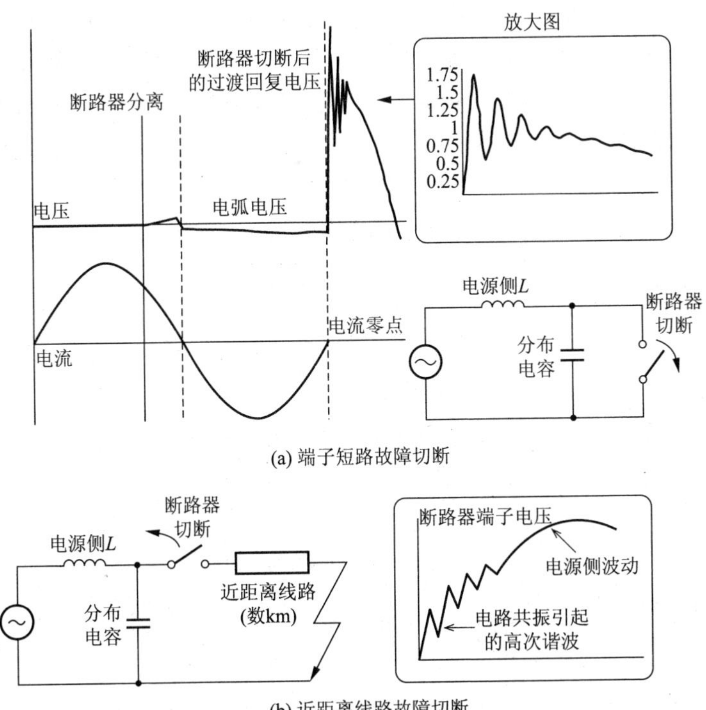

图 5.3 电流切断时的电路现象

切断过程)。如果流过故障电流的断路器触点开始断开,则触点间产生电弧,同时在断路器触点两端产生电弧电压。如图所示,当电流过零时电弧被熄灭,而同时由电源侧的 L 与 C 所产生的过渡谐振电压却加在断路器两端。

切断的电流和切断后加在断路器上电压值,过渡过程根据回路参数和故障条件的不同而不同。图 5.3(b)是离断路器输出端数 km 处发生故障时的切断过程(近距离线路故障的切断过程)。过渡回复电压比图 5.3(a)更为严重。

5.2.3　断路器的类型选择

目前,正在使用的断路器根据灭弧材料及灭弧方法进行分类有多种类型。66kV 以上的系统所使用的断路器,大体经历了由油断路器到空气断路器再到气体断路器的发展过程。

断路器技术的发展是随着用电量的增加,电力系统向高压化、大容量化发展要求,以及检修维护等使用条件的变化要求而发展起来的。目前,72kV 以上大部分采用气体断路器,但其他类型的断路器也可用。6～36kV 级的系统,真空断路器正逐步取代油断路器、空气断路器、气体断路器、电磁断路器,被大量使用。表 5.3 汇总了断路器的种类与灭弧方式,图 5.4 及图 5.5 显示了各种断路器的结构与外观。

表 5.3　断路器的种类及灭弧方式

断路器种类	灭弧方式
油断路器(OCB)	灭弧媒体采用绝缘油,当筒体内的触点分离产生电弧时,由于电弧热的作用,油被分解产生气体(主要是氢气)。利用气体的压力将弧延伸冷却而将其熄灭
空气断路器(ABB)	当在标准九脚小型管状的灭弧室内产生电弧时,用 1.5～3MPa 的压缩空气吹弧将电弧熄灭
气体断路器(GCB)	气体断路器有二重压力式和单一压力式,但现在使用的几乎都是单一压力式。其工作原理是:在 0.5MPa 的 SF_6 气体腔中,利用与触点连动的活塞产生压缩气体吹弧而将电弧熄灭
真空断路器(VCB)	10^{-6}mmHg 的真空中断开触点,在产生电弧的同时,产生的金属蒸气等离子体,从而熄灭电弧
电磁断路器(MCB)	利用切断电流本身产生驱动电弧的磁场,把电弧吸引到绝缘物做成的细隙中进行冷却,从而熄灭电弧

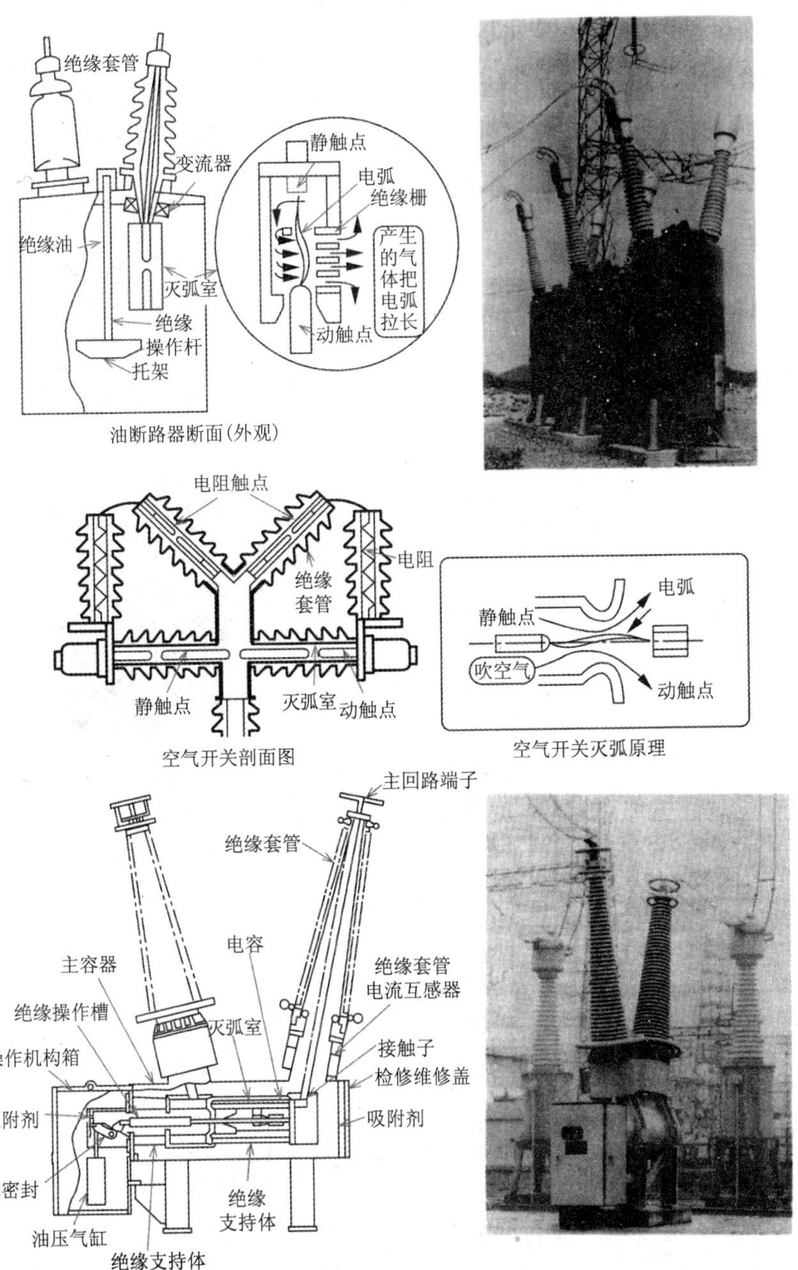

图 5.4 各种断路器(主要以 66kV 以上)

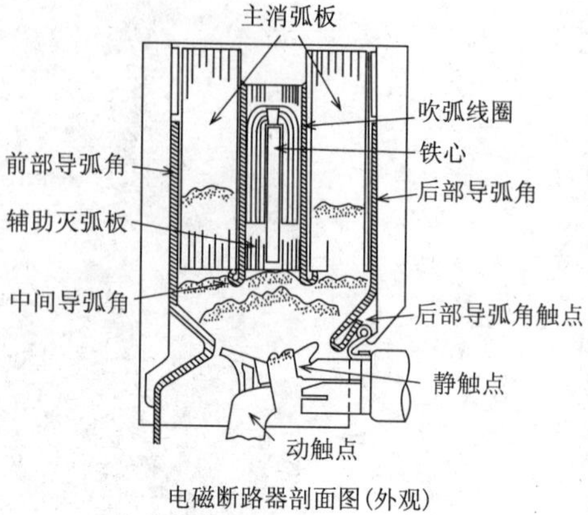

主消弧板
吹弧线圈
铁心
前部导弧角
后部导弧角
辅助灭弧板
中间导弧角
后部导弧角触点
静触点
动触点

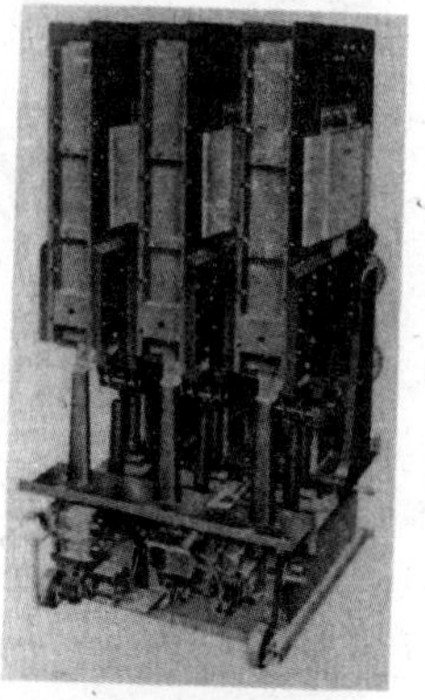

电磁断路器剖面图(外观)

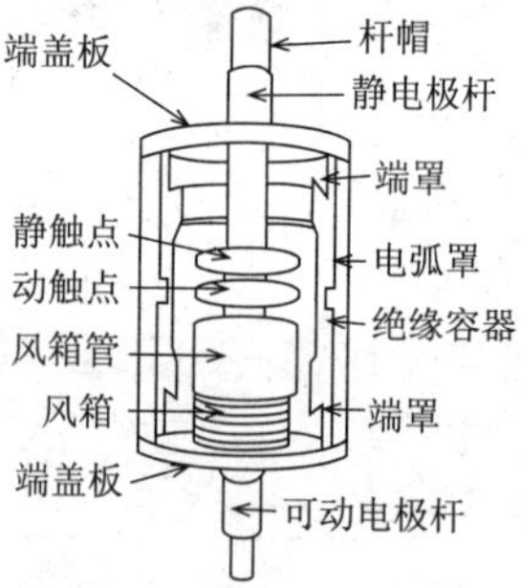

杆帽
端盖板
静电极杆
端罩
静触点
电弧罩
动触点
绝缘容器
风箱管
风箱
端罩
端盖板
可动电极杆

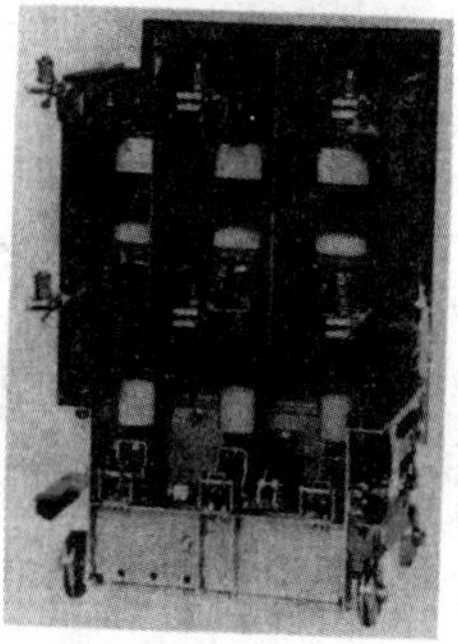

真空断路器剖面(外观)

图 5.5　各种断路器(以 6.6～36kV 为主)

5.2.4　断路器的操作(驱动)

如图 5.6 所示，断路器是根据保护继电器的动作命令而动作，操作驱动机构正在使用的有油压操作机构(主要是高电压、大容量断路器)，空气操作机构，弹簧储能操作机构(中小容量断路器)。

过电流检出
过电压检出
保护继电器
电磁线圈触发器
操作机构
驱动
油压操作机构
空气操作机构
弹簧操作机构

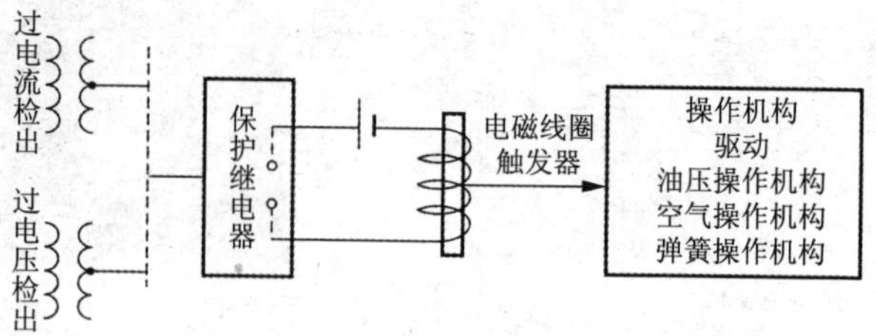

图 5.6　断路器的操作

5.2.5 断路器的性能

断路器的功能是在系统及电器发生故障时，尽早切离故障回路，以防止对其他线路产生影响。为此，断路器应具备的性能有通电、切断、投入性能、绝缘能力(工频、浪涌电压)、操作性能、实用性能(维护检修性、可靠性等)。性能的保证极限用额定值表示。断路器主要的额定值如表5.4所示。此外，温升、操作条件、试验条件和方法等也作了规定。

表5.4 **断路器的主要额定与标准**

主要事项	概　要
额定电压	可以使用的回路电压的上限值，有3、6、7.2、12、24、36、72、84、120、168、204、240、300、550kV等13个电压等级
额定耐压	设定各额定电压的工额、脉冲耐压、绝缘等级
额定电流	通电运行时，温升允许范围内能连续运行的电流
额定切断电流	标准动作能切断的电流的极限，12.5～63kA分9个等级
额定过渡回复电压	设定电流切断后加在断路器上的过渡回复电压的上升速度、波峰值、到达波峰值的时间等
额定投入电流	以波峰值设定能投入电流的限额，31.5～160kA分9个等级
额定切断时间	切断额定切断电流的切断时间的极限，标准为2、3、5周期
额定断开时间	接收到动作指令到触点分离的时间，一般在10～20ms
标准动作要求	接收指令后，在确认故障的同时执行动作的标准要求 • A号：O-(1min)-CO-(3min)-CO • B号：CO-15s-CO • R号：O-0.35s-CO-(1min)-CO……要求高速再闭合

5.2.6 隔离开关

隔离开关主要在送电、配电线路和变电所的电路进行检修时，用于隔离电源、确保安全或在系统线路运作上用于切换线路。通常隔离开关与断路器串联，用断路器切断故障电流和负载电流，然后断开隔离开关，投入时则相反。所以，隔离开关具有投入、切断空载线路的能力。

高压系统一般使用气体绝缘变电所，隔离开关往往安装在SF_6气体密封的腔体内，气体隔离开关也可以切断接通感性小电流，请根据要求的性能，选定切断方式。

表5.5表示气体隔离开关的方式与主要的电流的开通与切断，图5.7表示户外及气体隔离开关的结构。

表 5.5　气体隔离开关的方式、切断接通电流能力

气体隔离开关的方式	气体隔离开关的切断电流性能
• 并行切弧灭弧型 • 吹弧灭弧型 • 吸入灭弧型 • 磁场灭弧型 • 热缓冲型	• 切断接通充电电路 • 切断接通相位超前的小电流 • 切断接通相位滞后的小电流 • 切断接通回路电路 • 作为接地开关使用

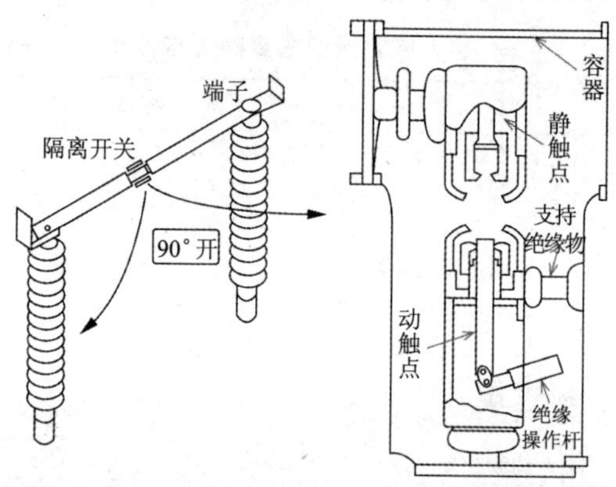

图 5.7　隔离开关的结构例(户外及气体隔离开关)

5.3 避雷器

5.3.1　过电压及其产生原因

通常在遭雷击的瞬间有一个比输电电压高得多的过电压加在输电路上，输电线及有关电器的绝缘有可能被破坏而酿成重大事故。为此，当过电压产生时应把输电线路的电压抑制在某电压值以下。担任这种保护功能的电器是避雷器。

过电压产生的原因有雷击引起的雷击浪涌电压和电力系统内因断路器和隔离开关等操作的瞬间所产生的开关浪涌电压。

① 雷击浪涌。雷击浪涌是雷电对输电线路的放电所引起的浪涌。目前测验的雷击放电电流一般为数 kA 到 200kA 以上，动作时间在 1μs

以下。避雷器动作约95%是雷电流所致。

② 开关浪涌。开关浪涌是指空载线路中的充电负载，开通和关断时，开关触点再动作所引起的过电压和电感负载快速切断电流所产生的过电压(图5.8)。

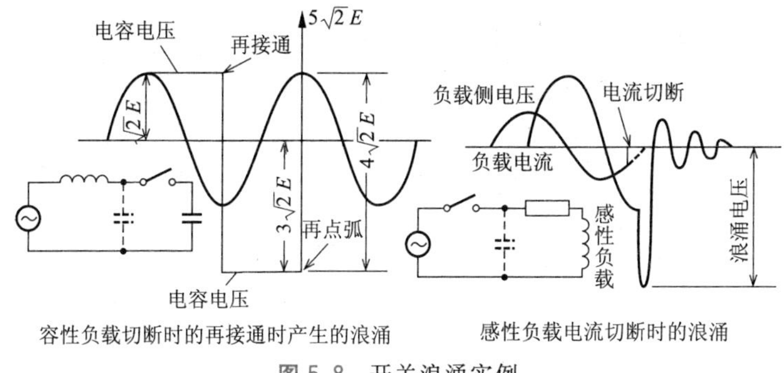

图5.8 开关浪涌实例

5.3.2 抑制过电压

长期以来使用的避雷器都是由串联气隙和非线性电阻碳化硅(SiC元件)相组合的带气隙避雷器，但氧化锌元件发明并实用化以后，无气隙避雷器就成了主流。在此重点介绍氧化锌(ZnO)元件避雷器的特性和原理。

图5.9是ZnO和SiC元件的电压-电流特性的比较。如图所示，ZnO元件具有电流小、抑制过电压性能优良的非线性电阻特性。当ZnO元件避雷器接入输电线与大地之间，加在避雷器的电压为正常输电系统的交流电压。此时，流过元件的电流只有数μA到数十μA。但一旦雷击浪涌侵犯输电线，这一过电压就被加在避雷器上，由ZnO元件和特性曲线可

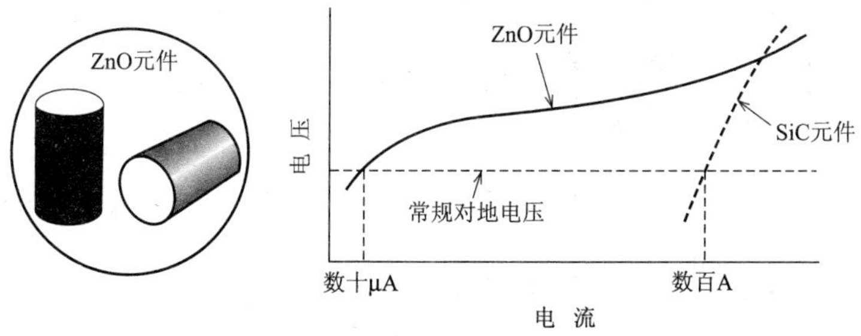

图5.9 ZnO元件与特性

知，避雷器瞬间流过大电流，过电压被抑制在某电压值以下（抑制电压），这个过程如图5.10所示。

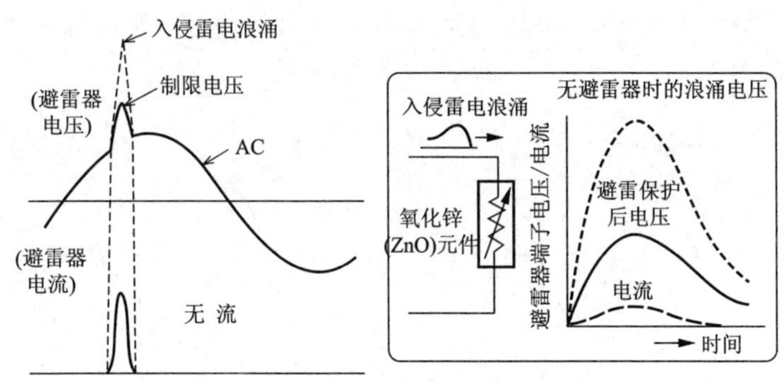

图5.10 ZnO元件的动作过程

5.3.3 氧化锌元件避雷器的结构

图5.11是绝缘子型避雷器的外形与剖面图，如图所示，ZnO元件被弹簧压装在绝缘子的绝缘筒内。绝缘瓷瓶内充干燥的氮气，气体压力为大气压。同时，上下两端用填料保持气体密封。最后，作为在GIS使用的充 SF_6 气体的产品也被推广应用。

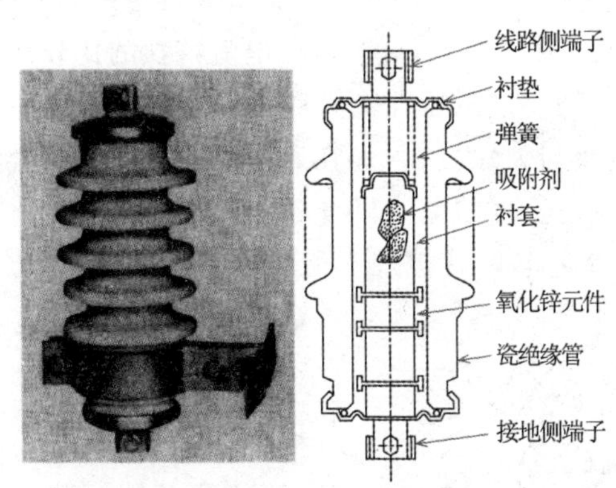

图5.11 避雷器的外观与结构

5.3.4 避雷器的使用方法

避雷器通常被安装在变电所中变压器的两端，但近来也有将避雷器

安装在变压器的内部，或直接安装在外部以及输电线每隔一段距离安装一组等各种用法。图 5.12 是其中一个应用例子。

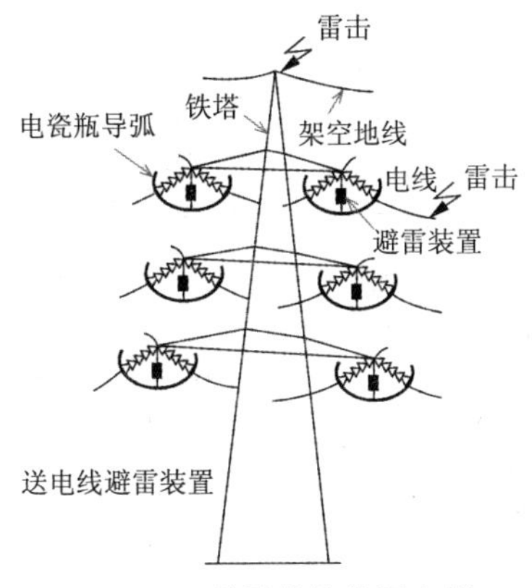

图 5.12 避雷器的使用实例

5.4 开关装置

5.4.1 气体绝缘开关装置的结构

变电所中安装着母线、断路器、隔离开关、避雷器等各种电器。气体绝缘开关装置，是把这些电路安装在金属容器内，并用绝缘性能优越的 SF_6 气体封装，使电器与外容器绝缘。所以，这种开关装置是全密封结构的开关装置。

以前，大部分电器是依靠空气绝缘，电器被直接安装在大气中。20 世纪 70 年代中期以来，气体绝缘开关装置被推广应用，一般称 GIS(Gas Insulated Substation)。

图 5.13 是 GIS 的剖面图示例，图 5.14 是其外观。如图所示，在各电器的带电部分的周围，充满了约 0.5MPa 的 SF_6 气体，使其保持与外容器（大地电位）之间的绝缘和相间的绝缘。安装断路器，隔离开关等电器的空间用绝缘填衬固体绝缘物分开。这样就是发生事故也不会给别的电器带来不良的影响。

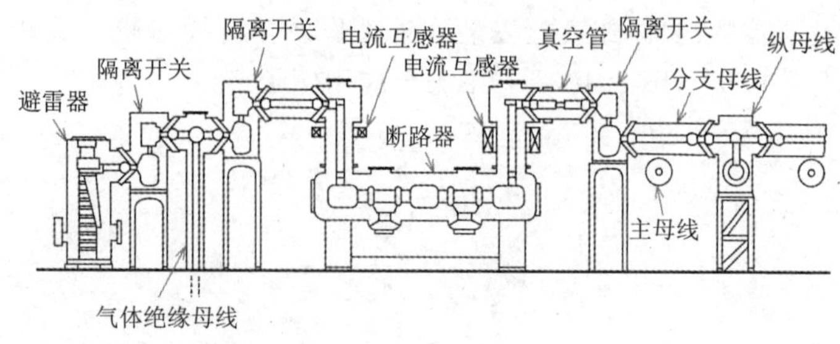

图 5.13　GIS 剖面图

图 5.14　GIS 外观图

550kV 超高压的 GIS，一般是各相的电路呈分离状态即各相独立型。但 275kV 以下也有把母线和电器组合在一起构成三相合一型，这种结构实现了装置的小型化。

5.4.2　气体绝缘开关装置的特点

与以前安装在大气中的电器相比，气体绝缘开关装置有以下特点：

① 设备体积缩小。SF_6 气体与空气相比，绝缘性能提高数倍，带电部分的绝缘距离可大幅度减小。缩小率大于电压高比例。所以，在最近都市人口密度进一步提高，变电所用地发生困难的情况下，采用该项技术有着很好的前景。与以前大气变电所相比的缩小率，大致如图 5.15 所示。

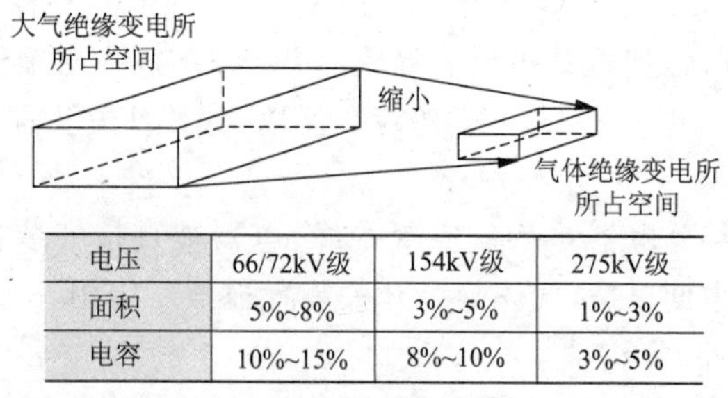

电压	66/72kV级	154kV级	275kV级
面积	5%~8%	3%~5%	1%~3%
电容	10%~15%	8%~10%	3%~5%

图 5.15　气体绝缘开关装置的缩小比例

② 安全性能好。因母线和开关电器被封装在金属容器内，所以不会受到感应雷的威胁也不会受到来自外部的冲击。另外，组成部分的材料为难燃材料，所以安全性中的不燃性能良好。

③ 省力。因开关电器体积小，单位部件可在工厂内组装好再进行搬

运及运输，安装简单，建设工期也会缩短。

5.4.3 其他开关装置

1. 固体绝缘开关装置

固体绝缘开关装置主要作为 6～36kV 的配电开关装置使用。把母线断路器(真空断路器)等的带电部分，用固体绝缘物组成一体化，在绝缘物的外表面设接地金属层，实现小型化，确保了安全性(图 5.16(a))。

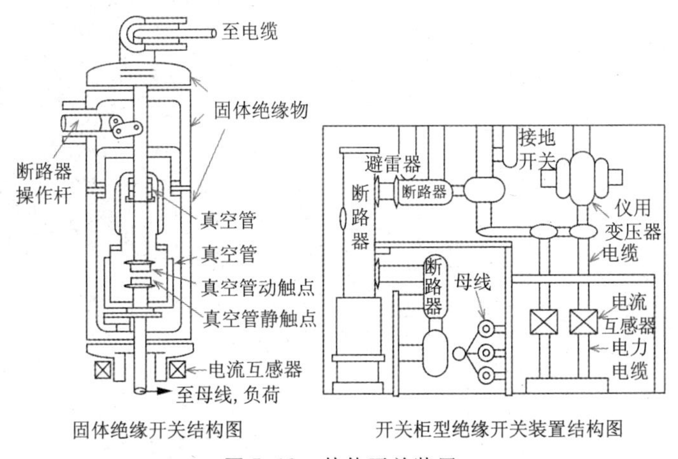

固体绝缘开关结构图　　开关柜型绝缘开关装置结构图

图 5.16 其他开关装置

2. 开关柜型绝缘开关装置

一般的 GIS 容器是圆筒状容器，但也有一些开关装置的容器是长方体的金属体，立体地安装开关电器，框体内充满约为 0.05MPa 的 SF_6 气体以保证绝缘，实现了小型化。这种开关装置被称为开关柜型绝缘开关装置，主要用于 22～66kV 的输配系统(图 5.16(b))。

5.5 供配电设备中的开关电器

5.5.1 供配电设备的组成

把电能从电厂传输到大楼，在工厂和大楼内安装有各种供配电设备，通常为了确保有效利用空间和安全运行，这些设备都被安装在供配电控制屏中。电器设备所使用的电源根据配电及保护的方式不同而有所不同。图5.17是其中一例，三相的三线用一线表示，电器设备分别用符号表示，并标注电器名称。在6.6kV的进线系统中，进线端装有开关保护设备，同时装有监视电功率和功率因数的电器设备。变电部分依靠变压器把6.6kV降成440V、220V和110V，再经过低压配电部分向负载供电。

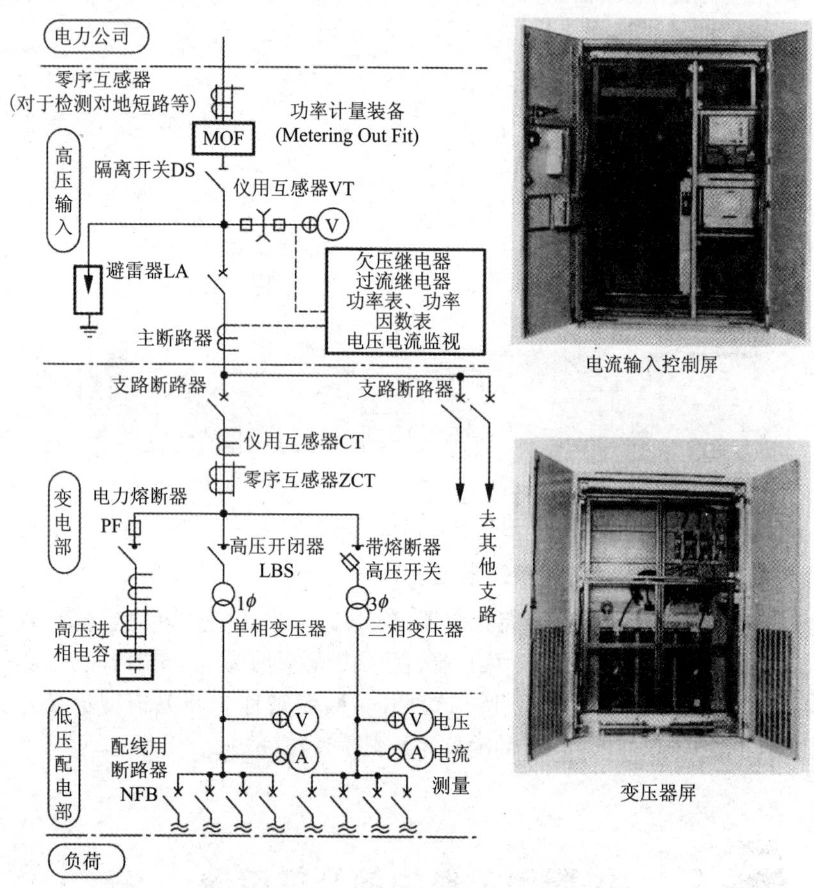

图5.17　供配电设备的组成

5.5.2 供配电设备中的开关电器

1. 断路器(CB)

被用于系统的主断路器或支路断路器。目前,66kV 系统真空断路器被大量使用(图 5.18)。

2. 隔离开关(DS)

当变压器、断路器等电器设备进行维修保养或者进行回路切换时,隔离开关起隔断电路的作用。

隔离开关操作 66kV 以上的高压系统一般采用远距离操作,但 6.6kV 系统采用钩棒操作、手动操作、电动操作或控制屏上的手动操作等各种操作方法(图 5.19)。

图 5.18 断路器

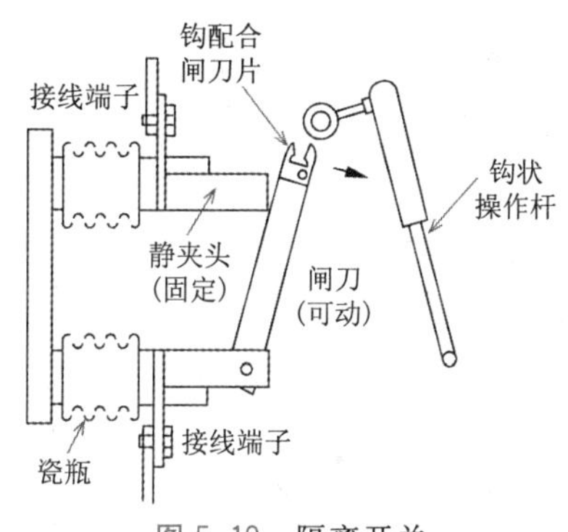

图 5.19 隔离开关

3. 负荷开关(LBS)

负荷开关用于负载电流、变压器的励磁电流、电容器电流等的开通与关闭,另外也有采用与熔断器组合,用熔断器切断短路电流的带熔断器负荷开关(图 5.20)。

图 5.20 带熔断器的高压负荷开关

4. 电力熔断器(PF)

熔断器一般因体积小、价格便宜,替代断路器用于切断事故电流。用熔断器切断事故电流,不需要机械动作，所以从事故发生到熔断动作时间短，过电流对电器的破坏影响小，这是熔断器的特点，但熔断器存在熔断容量问题，熔断时的过电压问题。熔断器除单独使用外还可与开关电器组合，安装在柱上变压器的一次侧，用于变压器保护切断装置等。

熔断器有限流型和非限流型，电力熔断器采用银或银铜合金的条状熔体，多股并联拉紧安装在耐热绝缘圆筒内，周围填充石英砂。密闭限流型熔断器用量很大(图5.21)。

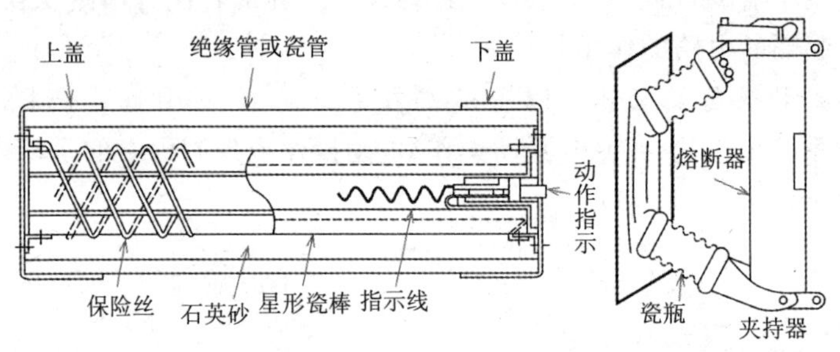

图5.21　电力熔断器

5.5.3　配电线用断路器

1. 无熔断器断路器(NFB)

NFB是100～400V低压配电系统中被广泛使用的开关电器。这种断路器是用耐热性能耐电弧性能良好的聚酯树脂、热可塑性树脂等进行合成树脂绝缘物压模封装，把各种装置组合成一体的空气断路器(图5.22)。有以额定电压600V、额定电流3～5000A、切断电流200kA为标准的多种规格。

带漏电保护功能

图5.22　无熔断器断路器的外形

① 操作。恒电流的开与关采用手动方式(也有远距离操作的产品)，当过电流通过时，自动分断动作。动作方式如表5.6所示。

② 触点。触点要求在高频开关动作时也能确保小的接触电阻和小的能耗，而且要求不熔，因此选用银钨合金等。

表 5.6　NFB 的过电流动作方式

动作方式分类	概　要
热动电磁型	当超过额定电流的过电流，长时间流过加热电阻，双金属片被加热弯曲，引起脱扣机构动作
完全电磁型	过电流流过线圈，如线圈的电磁力增大，使脱扣机构动作
电子式	用变流器 CT 检测过电流，CT 的二次输出增大，驱动断路器脱扣线圈，这种方式，改变额定电流和限时特性比较容易

③ 灭弧装置。切断电流时触点间产生电弧，要求开关在窄小的空间中迅速灭弧，灭弧室采用具有 V 形缺口的磁性板，相互绝缘安装成栅型灭弧室，电弧在磁场的作用下，被吸入到灭弧栅内，弧被拉长、切断、冷却，栅内的绝缘物在电弧的作用下，分解产生气体，可提高冷却效果。图 5.23 是灭弧原理和灭弧室结构图。

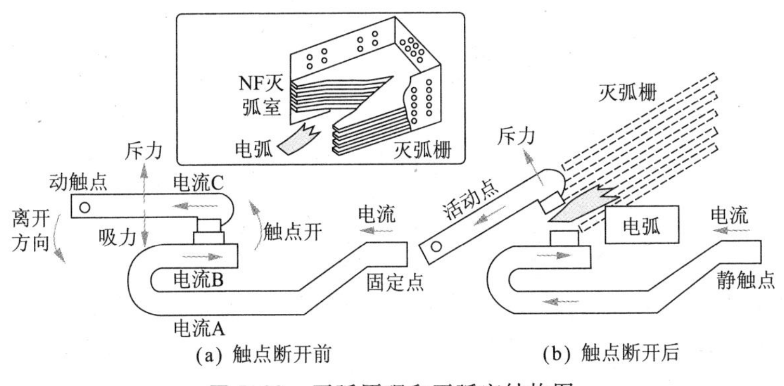

图 5.23　灭弧原理和灭弧室结构图

NFB 具有限流切断的功能，即事故电流从开始到最大值的过程中尽量快速切断电流，从而抑制电弧能量。从这一点看与熔断器很相似，但 NFB 在事故电流切断后，只要触点是完好的，就可以反复合闸使用，这也是 NFB 的长处。

2. 漏电断路器(CELCB)

你是否有过手触摸小型电动机外壳时所感受到的那种触电感似的经历。使用电器设备时，如接地不好或电器绝缘下降，在电路与大地之间就存在漏电流，人接触到这些电器，如有电流流过人体，就有触电的危险。而且如果漏电流增大还会造成漏电火灾，直至绝缘破坏造成短路。

为此应检测出这些微小的漏电流，切断电路，具有这种防事故于未然功能的电器称漏电断路器。漏电断路器除接地检测保护电路以外，其他结构与前述的NFB相同。

① 电流检测灵敏度。漏电流或接地电流的检测灵敏度与电气使用条件和环境相关联。对人体的影响因人而异，但如连续流过小于5mA的电流是没有危险的，高灵敏度的产品有额定灵敏电流为5～30mA（高灵敏度型），此外还有50～1000mA（中灵敏度型），3～20A（低灵敏度型）产品，在某灵敏度范围内灵敏度可调。另外，具有漏电流检测显示和报警功能。

② 电流检测与组成。漏电流采用零序电流互感器检测，取出电流互感器的输出信号，驱动断路器脱扣机构。脱扣方式有利用永磁钢的电磁式，有利用半导体放大，放大变流器输出信号，驱动脱扣机构的电子式。最近，以能实现快速动作的电子式为主。图5.24是漏电断路器的组成。

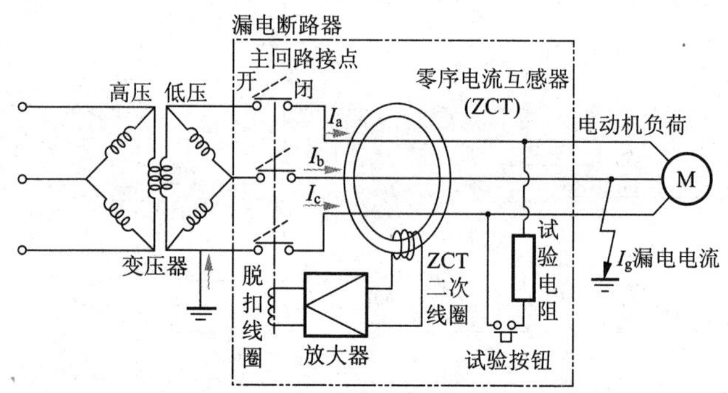

图5.24 漏电断路器的组成

漏电断路器的工作原理是电路正常运行时，三相电流对称，三相电流之和为0，零序电流互感器（ZCT）二次侧无输出电流，即 $I_a+I_b+I_c=0$。

当漏电流和接地电流 I_g 通过接地点时，$I_a+I_b+I_c=I_g$，ZCT检测到这一电流有信号输出。这个信号经放大，驱动可控硅使主电路触点断开，切断回路。

回路不接地时，通过电容接地检测出电流，检测绝缘，起到保护作用。

第6章

电动机

6.1 直流电动机的原理

1. 电动机的反电势

图 6.1 为直流电动机的原理，从中可以了解电动机是如何工作的。

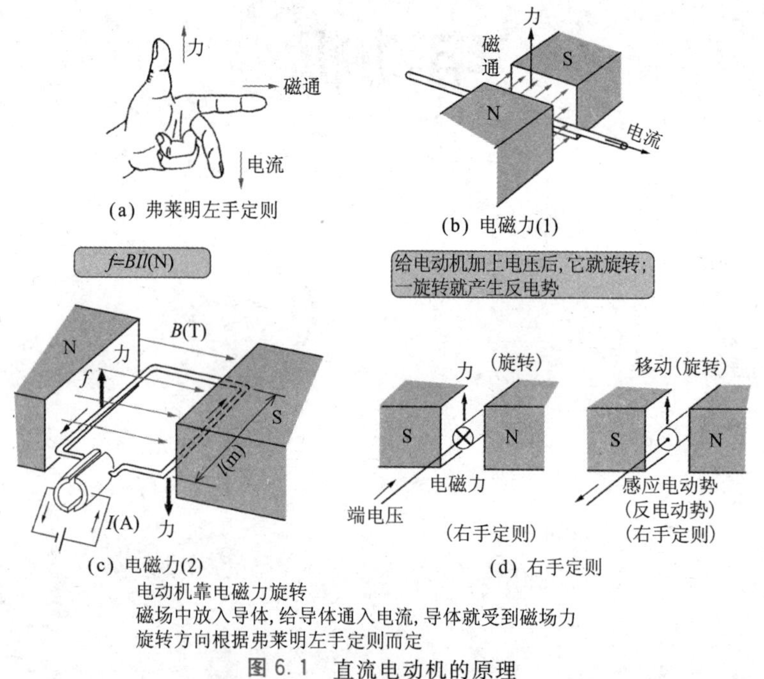

图 6.1 直流电动机的原理

电动机旋转时，电枢绕组切割磁通，因而产生感应电势。此电势的方向与加在电动机端子电压的方向相反，故称反电势。电动机旋转产生的反电势较端电压小(图 6.2)。

令，V(V)代表端电压；E(V)代表反电势(感应电势)；I_a(A)代表电枢电流；r_a(Ω)代表电枢绕组电阻；Φ(Wb)代表每极磁通；n(r/min)代表转速；K，K'代表比例常数。

如下式

$E=K\Phi n$(感应电势的大小)

$V-E=r_aI_a$(端电压和反电势之差等于绕组电阻的电压降)

$V=E+I_ar_a$

上式两边都乘以 I_a,则

$VI_a=EI_a+I_a^2r_a$

式中,VI_a 为电源供给电动机的功率;$I_a^2r_a$ 为电枢绕组的铜耗。另外,EI_a 意味着产生的动力,扣除机械损耗后,即成为电动机的输出功率。

2. 电动机的转速

$V=E+r_aI_a$

$V=K\Phi n+r_aI_a$

从而得

$$n=\frac{V-r_aI_a}{K\Phi}=\frac{E}{K\Phi}=K'\frac{E}{\Phi}$$

即电动机转速和反电势成正比,和磁通成反比。

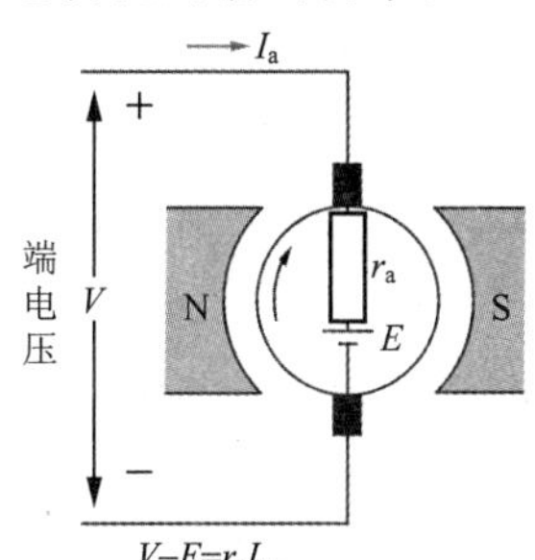

图 6.2　电动机的端电压和反电势

6.2 直流电动机的种类与特性

1. 直流电动机的种类

直流电动机可分为如图 6.3 所示的几类。

图 6.3　直流电动机的种类

2. 直流电动机的转矩

作用于一根导体的电磁力大小为

$f=BIl$(N)

从磁极到电枢的平均磁通密度(图 6.4)为

$$B=\frac{p\Phi}{\pi Dl}(\mathrm{T})$$

一根导体中的电流(图 6.5)为

$$I=\frac{I_a}{a}(\mathrm{A})$$

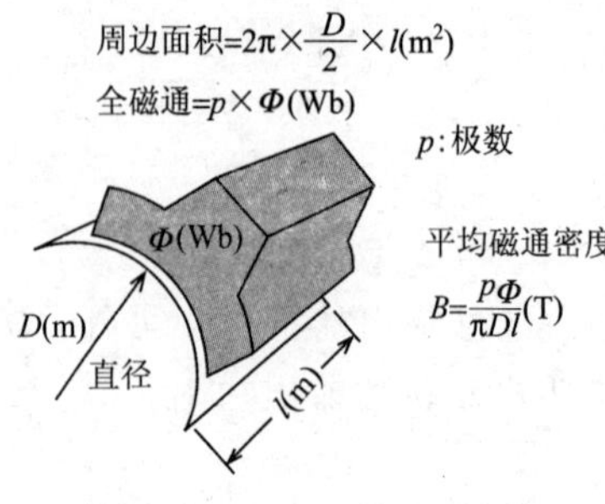

图 6.4　电动机的磁通密度

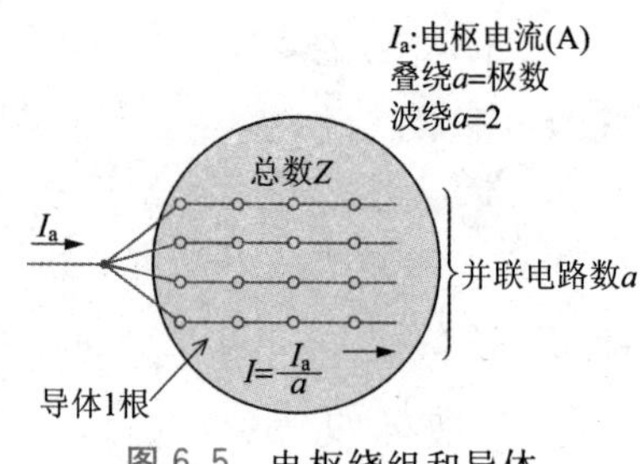

图 6.5　电枢绕组和导体

电枢总导体得到的电磁力为

$$F=f\times Z(\mathrm{N})$$

电枢旋转产生的转矩(图 6.6)为

$$\begin{aligned}T&=f\times\frac{D}{2}(\mathrm{N\cdot m})\\&=\frac{p\Phi}{\pi Dl}\times\frac{I_a}{a}\times l\times Z\times\frac{D}{2}\\&=\frac{pZ}{2\pi a}\Phi I_a=K\Phi I_a\left(K=\frac{pZ}{2\pi a}\right)\end{aligned}$$

由此可知,转矩与磁极发出的磁通及电枢电流成比例。

3. 直流电动机的输出功率

$$P=EI_a=\frac{Zp\Phi n}{a\times60}\times\frac{2\pi aT}{pZ\Phi}=\frac{2\pi nT}{60}=2\pi\ \frac{n}{60}T=\omega T$$

$$E=\frac{Z}{a}\times\frac{p}{60}\times\Phi n$$

$$I_a=\frac{2\pi a}{pZ\Phi}T$$

由此可知,电动机的输出功率可用角速度与转矩的乘积表示,其原理如图 6.7 所示。

4. 电动机的特性

直流电动机的特性包括转速特性和转矩特性。

① 转速特性。表示加在电动机端子上的电压不变时,负荷电流和转速的关系。

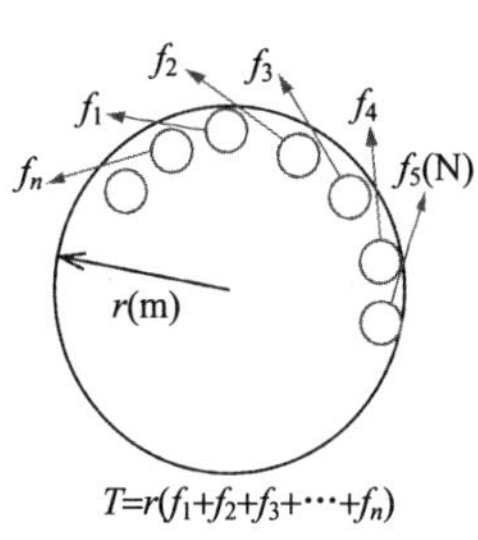

图 6.6 电枢各导体产生的转矩

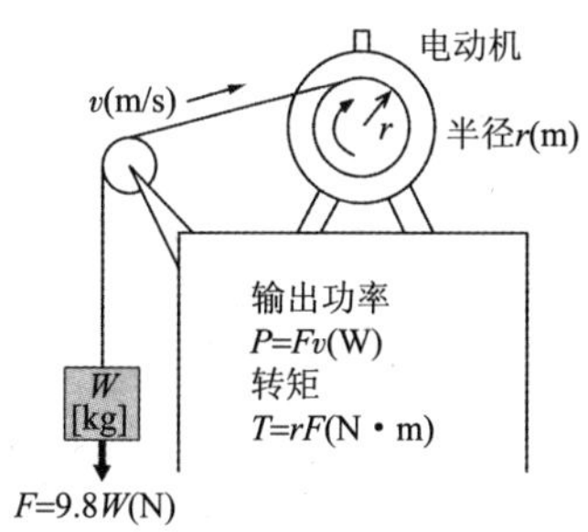

图 6.7 电动机输出功率的原理图

② 转矩特性。表示加在电动机端子上的电压不变时，负荷电流和转矩的关系。

• 并励电动机。电动机的速度以下式表示：

$$n=\frac{V-I_aR_a}{K\Phi}$$

因 R_a 很小，即使由于负荷原因 I_a 变大，n 值也不变化，即为恒速电动机。但由于断线等原因，I_f(流入并励绕组的励磁电流)变为零时，因 Φ 趋于零，n 将过大，遂导致异常高速旋转。并励电动机的接线图和特性曲线如图 6.8 所示。

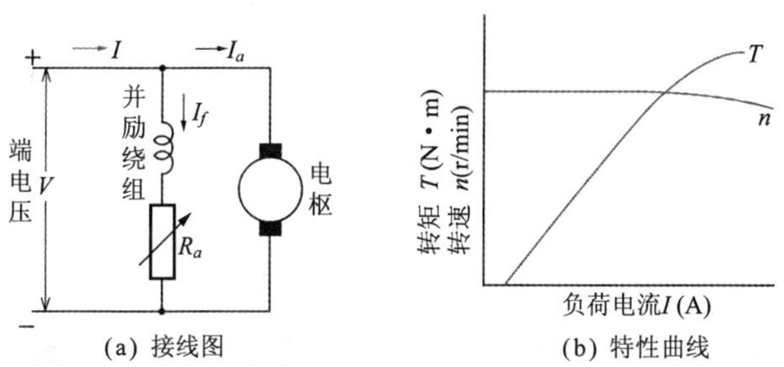

图 6.8 并励电动机的接线图和特性曲线

因转矩与电枢电流和磁通成比例，故若磁通不变，则转矩与负荷电流成比例。与三相感应电动机特性相似，除非有特殊情况，一般很少使用。

• 串励电动机。励磁绕组与电枢绕组串联 $I_a=I_f=I_o$，由于磁通和负荷电流成正比，故转速大体与电流成反比。它是变速电动机，空载时将为无约束速度，很危险。串励电动机的接线图和特性曲线如图6.9所示。当 I 较小时，转矩与 I^2 成正比，较大时则与 I 成正比。

• 复励电动机。复励电动机一般用积复励，其接线图和特性曲线如图 6.10 所示。

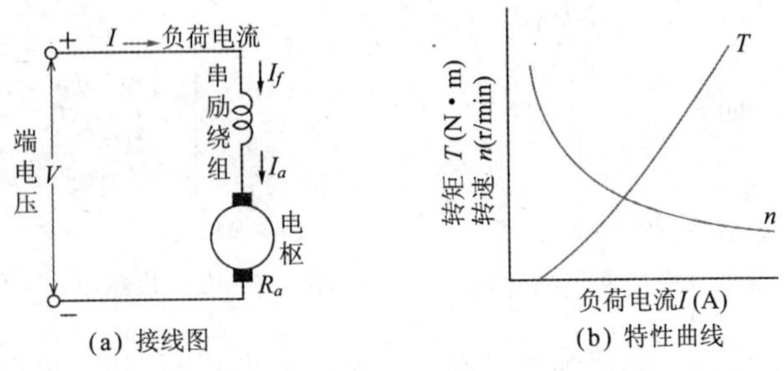

(a) 接线图　　(b) 特性曲线

图 6.9　串励电动机的接线图和特性曲线

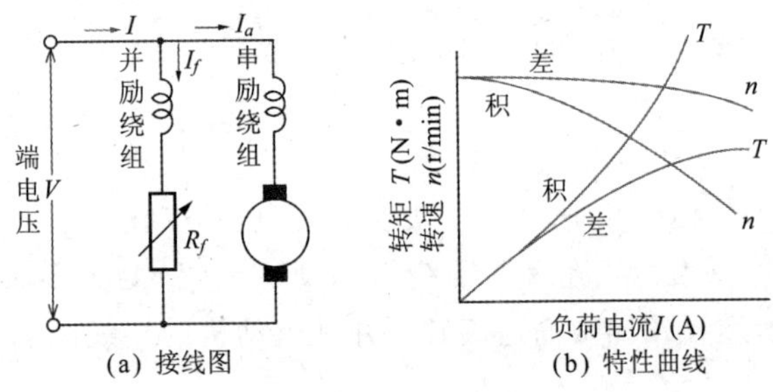

(a) 接线图　　(b) 特性曲线

图 6.10　复励电动机的接线图和特性曲线

因为有并励绕组，故即使空载也不会有危险的转速。虽然差复励电动机的速度不变，但启动转矩小，运行时不易稳定，故几乎不用。

积复励电动机的启动转矩大，适用于负荷转矩不变的情况。

6.3 直流电动机的速度控制和规格

1. 直流电动机的启动

直流电动机的电枢电流 I_a，根据 $V=E+I_aR_a$，有

$$I_a=\frac{V-E}{R_a}$$

因启动瞬间反电势 $E=0(\text{V})$，故 $I_a=V/R_a$，即电枢电流很大。为了把启

动电流限制到额定电流值左右而使用的电阻称为启动器，如图 6.11 所示。图 6.12 为直流电动机的端子符号。

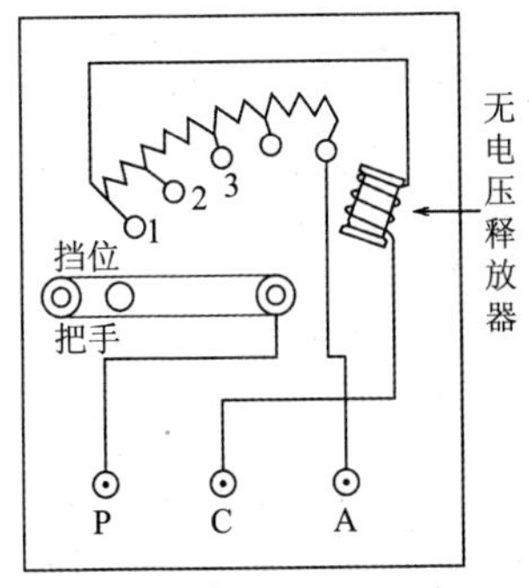

图 6.11 启动电阻器

	高电位	低电位
电 源	P(+)	N(−)
电 枢	A	B
并励绕组	C	D
串励绕组	E	F
附加极绕组	G	H
补偿绕组	GC	HC
他励绕组	J	K

图 6.12 直流电动机的端子符号

直流电动机的启动顺序如下：

① 将励磁电阻值调到最小值（I_f→大）。

② 接上电源，将操作把手旋到最初挡位，如图 6.13 所示，全启动电阻与电枢串联，励磁电路中串入的无电压释放器成为电磁铁，做好能够保持把手位置的准备，使启动电流接近额定电流，电动机旋转。

③ 用把手推进电阻挡位，而无电压释放器保持把手新的位置（电动机旋转起来后，电流变小，与电枢串联的启动电阻可以去除，电枢直接接于电源，而启动电阻串联接于励磁电路）。

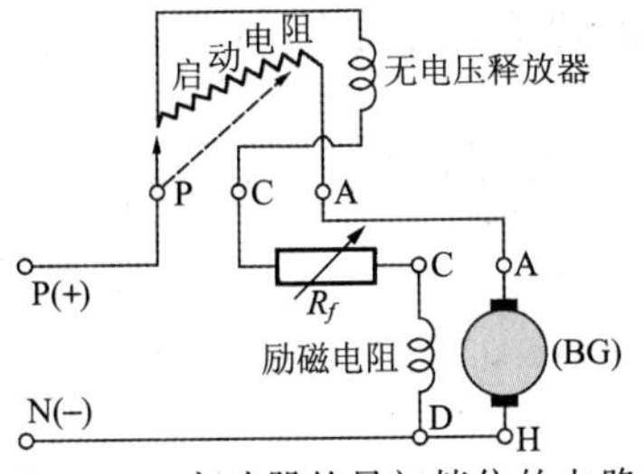

图 6.13 启动器的最初挡位的电路

2. 直流电动机的调速

直流电动机的转速 n 为

$$n=K\frac{V-r_a I_a}{\Phi}\text{(r/min)}$$

由上式知，为了改变 n 值，改变 Φ、I_a、V 中任意一值都可以。

① 改变励磁的调速法。这是用于并励电动机、他励电动机和复励电动机的方法，如图 6.14 所示。改变励磁电路电阻的大小，使磁通变化，从而进行调速。

② 改变电枢电路的电阻。这是用于串励电动机的方法，如图 6.15 所示，在电枢电路中串入电阻，使电枢电流变化，从而进行调速。

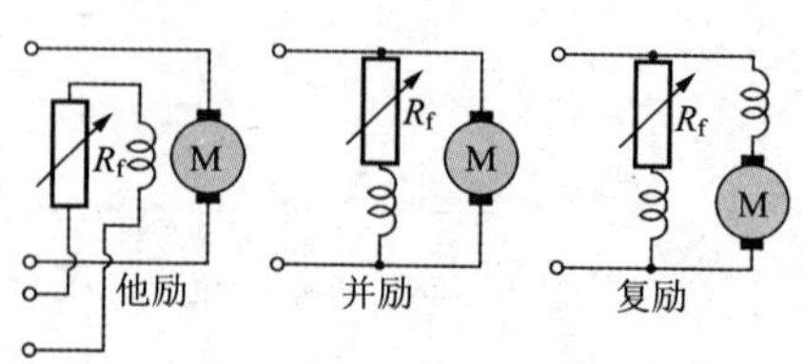

图 6.14 改变励磁的调速

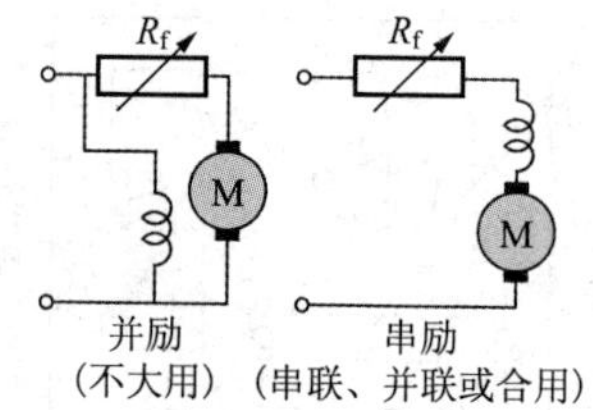

图 6.15 电枢电路接入电阻的调速

③ 改变电枢电压的调速法。主要用于串励电动机，偶数台电动机或串或并，使加于一台电动机的电压得到调整，从而进行调速，如图 6.16所示。此法用于他励电动机时，电枢电压由他励发电机供给，该发电机由另一台电动机驱动。这时可进行广范围和细微的调速。用于卷扬机、压延机和高级电梯等地方。驱动用三相感应电动机和他励发电机之间装有飞轮，使负荷变化少，可进行广范围和精密的调速，如图 6.17所示。

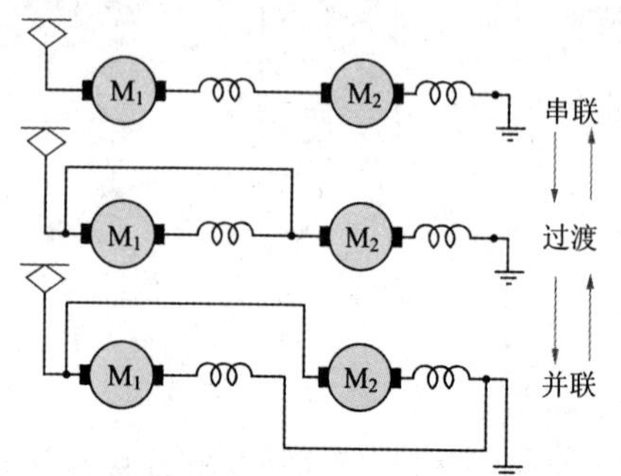

图 6.16 电动机的串并联电压控制

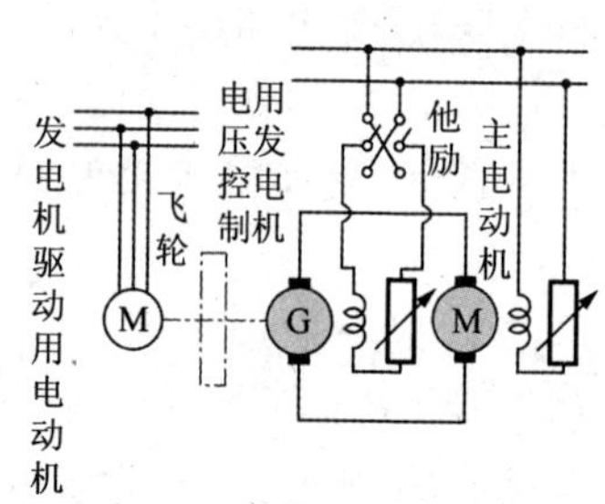

图 6.17 改变电枢电压的调速

3. 制 动

制动方法分机械制动和电制动(图 6.18)，电制动方法中又有以下两种。

① 发电制动。将运转中的电动机电源切除，接上制动电阻，电动机作为发电机工作，制动电阻作为负荷，产生焦耳热，这样起到制动作用。在电动机高速运转的场合，这种方式有制动效果。

② 再生制动。把电动机变为发电机这一点和发电制动相同，但本方法是将产生的电势返还给电源而得到制动。为此，必须使感应电势比加

于电动机的电压还高。因此必须采取增加励磁电流等方法。

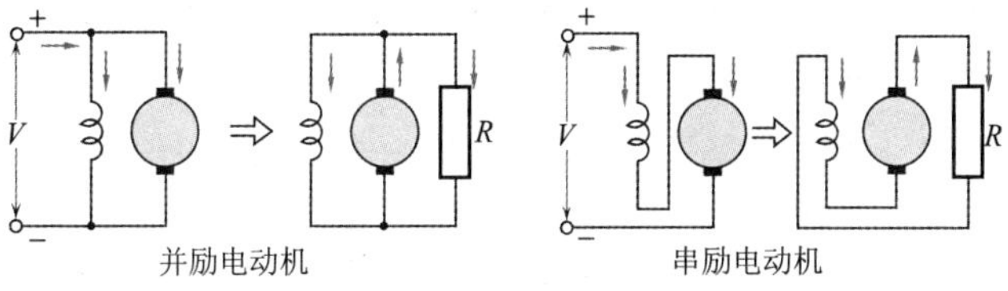

图 6.18 电制动

4. 反向旋转

为使电动机反向旋转,原理上电枢端子或励磁电路反接就可以。一般是以改变电枢电流方向来使电动机反转。

5. 直流电动机的规格

① 直流电动机的额定输出功率。电动机的额定输出功率是指在额定转速和额定电压下的机械输出功率,其值以 W 或 kW 表示,这与发电机相同。

② 效率。

$$\eta=\frac{\text{输入功率}-\text{损耗}}{\text{输入功率}}\times 100(\%)$$

输入功率为端电压乘以电流,损耗和发电机情况相同。

③ 转速变化率。

$$\Delta n=\frac{n_0-n_N}{n_N}\times 100(\%)$$

式中,n_N 为额定转速;n_0 为空载转速(保持额定转速时的励磁不变)。

先在额定电压和额定负荷下调好额定转速,再去掉负荷。一旦电动机空载,其转速就上升,这时的转速即 n_0。

6.4 三相感应电动机的原理

1. 线圈随着磁铁转动方向旋转

图 6.19 中磁铁向右转,我们认为这和内侧的线圈相对向左转是一样的。现用右手定则,移动方向向下,磁通方向从右至左,电势方向从前(书

面)到后。电流将沿线圈形成环流。这一环电流和磁铁作用产生的电磁力为,当电流由前到里,磁通从左到右,力的方向应向上。就是说,线圈跟着磁铁转动的方向而转动。

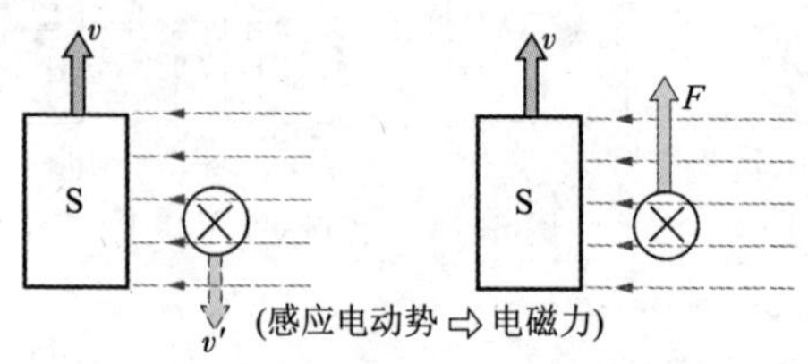

图 6.19 线圈跟着磁铁转动的方向而转动

2. 不用转动磁铁的方法使磁场旋转

感应电动机的工作原理是不用转动磁铁而使磁场旋转,这和使磁铁转动的作用是一样的,如图 6.20 所示。图 6.21 所示的原理图是以两极为例的情况。该图表示对应 t_0、t_1、t_2、t_3…时刻,磁场旋转的情况。t_0 时磁场指向右,t_3 时指向下,t_6 时指向左,t_9 时指向上,t_{12}时又回到 t_0 时的位置,即转了一圈。两极时一周期转一回。

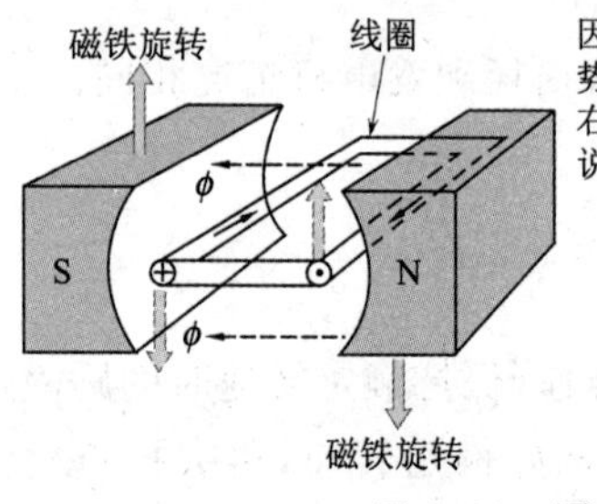

图 6.20 原理图

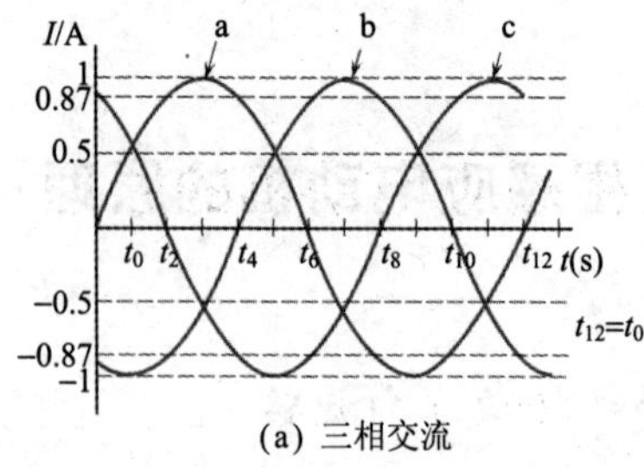

图 6.21 产生旋转磁场的方法(两极)

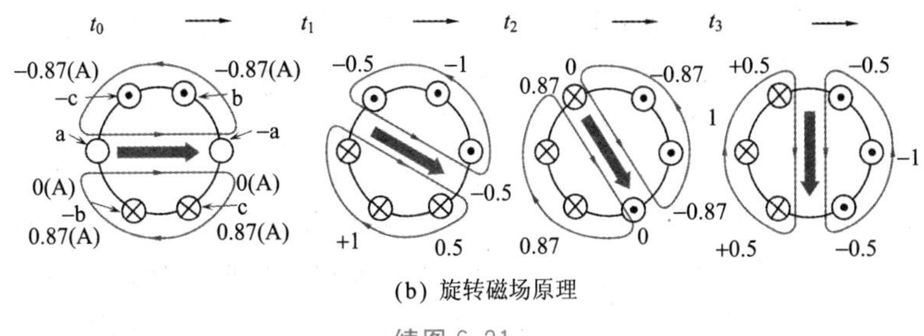

(b) 旋转磁场原理

续图 6.21

3. 感应电动机的定子和转子

感应电动机中能够有旋转磁场是靠将定子绕组接上三相交流电源而实现的。定子绕组的旋转磁场使转子导体(线圈)因电磁感应而产生电势,沿线圈有环电流流通。转子感应出的电流和旋转磁场之间的电磁力作用使转子旋转。

6.5 三相感应电动机的结构

1. 三相感应电动机的定子

三相感应电动机的结构如图 6.22 所示。

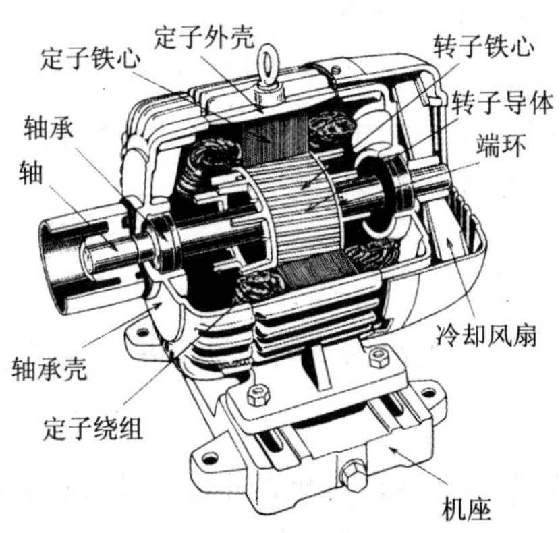

图 6.22　三相感应电动机的结构

定子和转子的构成如图 6.23 所示。作为感应电动机的定子是用来产生旋转磁场的，它由定子铁心、定子绕组、铁心外侧的定子外壳、支持转子轴的轴承等组成。

铁心用厚 0.35～0.5mm 的硅钢片叠成。在铁心内圆有用以嵌放定子绕组的槽。四极时为 24 或 36 槽，一个槽一般嵌入两层线圈。定子绕组如图 6.24 所示。

- 定子(一次侧)
  定子外壳、轴承、定子铁心、定子绕组
- 转子(二次侧)
  铁心、转子
  i 笼型转子:端环(短路环)、斜槽
  ii 绕线型转子:滑环和电刷、轴、风道

图 6.23　定子和转子的构成

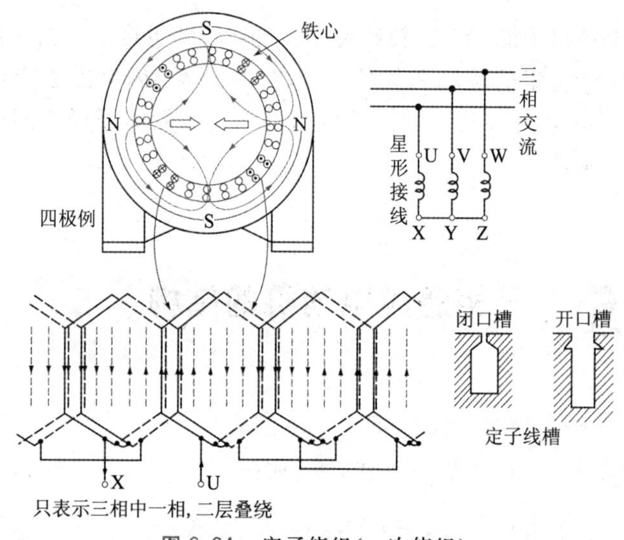

图 6.24　定子绕组(一次绕组)

绕组各相的接线采用每相电压负担小的星形连接法。极数越多，旋转磁场的转速越慢。旋转磁场的转速为

$$n_s = \frac{60f}{p}(\mathrm{r/min})$$

式中，f 为频率(Hz)；p 为极数；n_s 为同步转速。

2. 笼型转子

笼型转子(绕线型转子和直流机的电枢一样，在铁心上装有线圈)如果去掉铁心，只看电流流通的部分(导(铜)条和端环)，它的外形就像一个笼子，由此而得名，如图 6.25 所示。

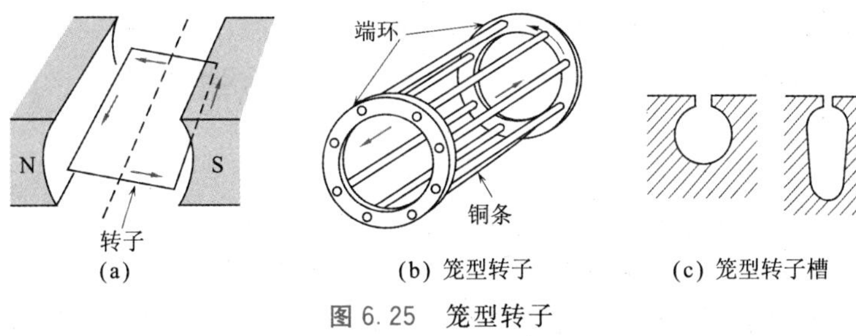

(a)　(b) 笼型转子　(c) 笼型转子槽

图 6.25　笼型转子

① 转子铁心。冲裁定子铁心硅钢片剩下的部分，可用于制作转子铁心，转子铁心由冲槽的硅钢片叠成。

② 转子导条（没有绕组，恰似笼型导条）。先在铁心槽内嵌入铜条，在其两端接上称为端环的环状铜板。由感应电势而生的电流在铜条和端环间循环，这一电流和旋转磁场作用而产生的电磁力使转子旋转起来。

③ 斜槽转子（图 6.26）。笼型感应电动机的缺点之一是启动转矩小，扭斜一个槽位就可容易启动。

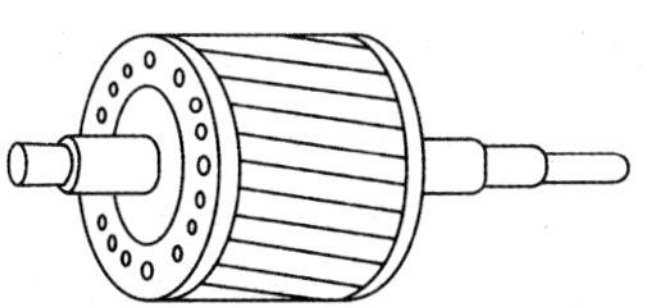
图 6.26　斜槽转子

④ 铸铝转子。小功率感应电动机的铜导条和端环改用铝浇铸，形成铝导条和端环。

这里，因为铝比铜电导率小，故需做大一点。这种铸铝转子正大量生产，连冷却风扇也能同时铸造出来。

3. 绕线型转子

① 绕线型转子。这与由导条和端环做成的笼型转子不同，如直流机一样，在铁心上嵌有线圈，如图 6.27 所示。

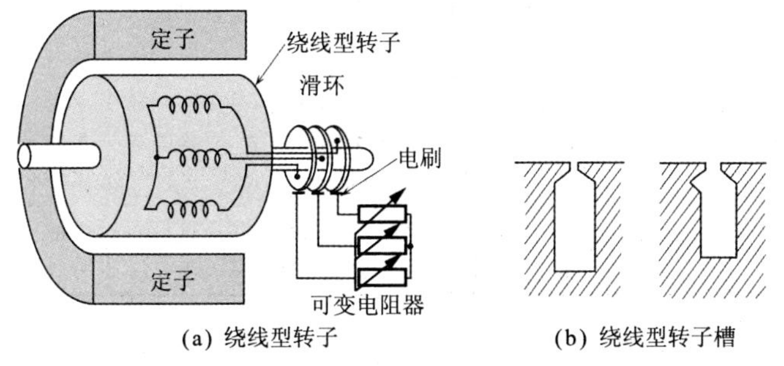

(a) 绕线型转子　(b) 绕线型转子槽

图 6.27　绕线型转子

② 转子铁心。由硅钢片叠成,铁心圆周上冲有半闭口槽。三相绕组的排放要做到使转子极数与定子极数相同,其槽数也应选定。

③ 转子绕组。小容量电动机的转子绕组与定子绕组相同,可以采用双层叠绕方法;大容量时电流大,导线常采用棒状、方形等的铜线。槽内先嵌入铜线,然后把它们连接起来,绕线方法一般采用双层波绕。

④ 滑环。绕线型和笼型的差别之一是,笼型的导条在转子内构成闭合回路,与此相反,绕线型绕组中各相的一端在电气上与静止部分的可变电阻器连接,并形成闭合电路。旋转部分与静止部分在电气上连通是靠转子上的滑环(集电环)和电刷。

4. 感应电动机的种类与结构

目前使用的感应电动机,有使用多相电源的多相感应电动机和使用单相电流的单相感应电动机。多相感应电动机以三相为主,按转子绕组的种类进行分类。单相感应电动机因不能自行启动,有各种启动方式,所以一般按启动方式进行分类,表6.1列出了感应电动机的种类和概要。

正如上所述,感应电动机有很多种类,三相感应电动机占80%,而大部分为笼型感应电动机,下面介绍一下三相笼型感应电动机的结构。

图6.28是中容量笼型感应电动机(四极300kW)的结构剖面图,用箭头指示的部件是电动机的主要部件,具有表6.2所示的主要功能,该表同时列出了这些部件的适用材料。

表6.1　**感应电动机的种类和概要**

<table>
<tr><th>大分类(按电源种类分类)</th><th colspan="2">小分类
三相:按转子绕组分类
单相:按启动方式分类</th><th>概　要</th><th>备　注</th></tr>
<tr><td rowspan="3">三相感应电动机</td><td rowspan="2">笼型</td><td>普通笼型</td><td>转子绕组由导体和短路环构成笼型转子</td><td>导体形状的集肤效应低</td></tr>
<tr><td>特殊笼型</td><td>为了改善启动特性,采用特殊导体截面形状的电动机,有双笼型和深槽型等</td><td>电动机输出功率在数kW以上,都属特殊笼型</td></tr>
<tr><td colspan="2">绕线式</td><td>转子绕组为三相绕组,通过滑环和电刷,把转子绕组端子外引</td><td>电源容量较小时有效,可调速</td></tr>
</table>

续表 6.1

<table>
<tr><th>大分类(按电源种类分类)</th><th colspan="2">小分类
三相:按转子绕组分类
单相:按启动方式分类</th><th>概　要</th><th>备　注</th></tr>
<tr><td rowspan="3">单相感应电动机</td><td rowspan="2">分相型</td><td>电容分相型</td><td rowspan="2">有一次主绕组(运行绕组)和辅助绕组(启动绕组),辅助绕组串电容或电阻进行分相,产生启动转矩的电动机</td><td rowspan="2">一般标准电动机的功率小于 750W</td></tr>
<tr><td>电阻分相型</td></tr>
<tr><td colspan="2">整流子电机</td><td>• 转子绕组与直流电机的电枢相同,有换向器,电刷安装在产生启动转矩的位置,启动时绕组被电刷短路
• 启动后,换向器全被短路</td><td>最近被电容分相电机替代</td></tr>
</table>

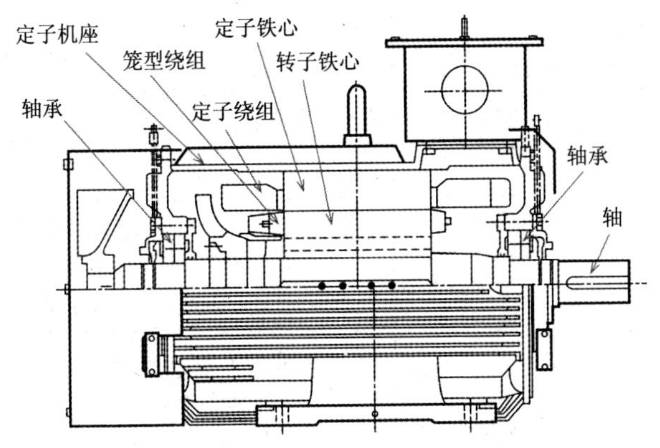

图 6.28　笼型感应电动机的结构剖面图

下面讨论电动机中最重要的铁心与绕组的制作过程。图 6.29 是定子铁心。如图所示的定子铁心,铁心的内径侧开槽,用 0.5mm 硅钢片叠成,高压电机采用开口槽型。

图 6.30 是绕组端部经绝缘处理,加工完成的高压用龟形迭绕组,绕组嵌入图 6.29 所示的铁心槽中。

表6.2 三相笼型感应电动机的主要功能和构成要素

主要功能	主要构成要素		使用材料		备注
	名称	主要功能			
把电能变换成机械能	定子铁心	作为交变磁路的一部分	一般采用0.5mm厚的硅钢片(参照图6.29)		定子铁心外径超过1.2m,采用扇形硅钢片组合
	定子绕组(参照图6.31、6.32)	产生旋转磁场	高压电机	绝缘的扁导线	电压等级有3kV、6kV等
			低压电机	漆包线	600V以下称低压,作为电动机的电压等级有200V、400V等
	转子绕组(笼型绕组)	产生转矩	中小容量电动机(数百kW以下)	铸铝(参照图6.34)	一般是高压铸造方法。采用新的铸造方法,使铸铝工艺能生产的电机其电机功率增大
			大容量电动机	铜或铜合金(参照图6.35)	短路环选材一般为铜
传递转矩	轴		碳钢		电源短路或电源切换时会产生过大的扭矩,加于轴上
承受转矩的反作用力,承受电动机的静态质量和动态质量	定子机座		中小容量电动机	铸铁或一般结构钢	也有在机座上装风扇的电动机
			大容量电动机	一般结构钢	有装有冷却交换器的电动机
支撑转子	轴承		中小容量电动机	滚珠轴承	润滑方式采用润滑脂、润滑油润滑
			大容量电动机	导轨轴承	有圆轴承,双圆弧轴承,斜面轴承

图 6.29 定子铁心

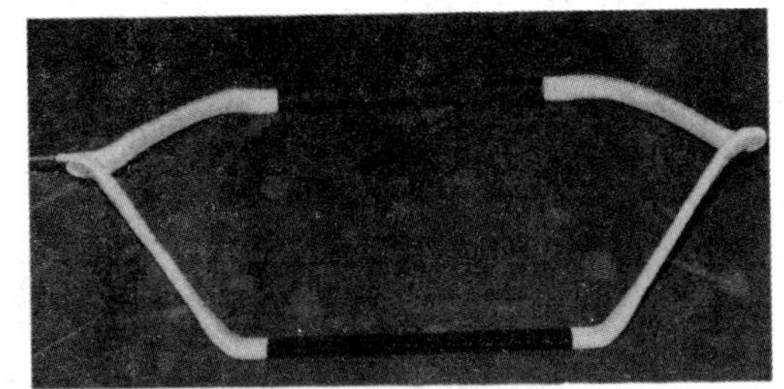

图 6.30 迭绕组(迭绕组元件)

图 6.31 表示高压线圈嵌入铁心槽的过程，这是双层绕组例，下层绕组边嵌放在槽的底部，上层绕组边嵌放在槽的上部。低压电动机用漆包线绕制绕组，按每槽数根嵌入经对地绝缘处理的半闭槽，小容量电动机，绕线、嵌线一般都用自动绕线机和自动嵌线机完成。

嵌完绕组的定子铁心，高压电机采用真空加压浸漆工艺，浸树脂漆(现在采用环氧树脂漆)，图 6.32 是浸完漆后的定子。低压电机的浸漆处理，除特殊场合，一般采用常压浸漆方式(浸漆式或滴漆式，图 6.33)。

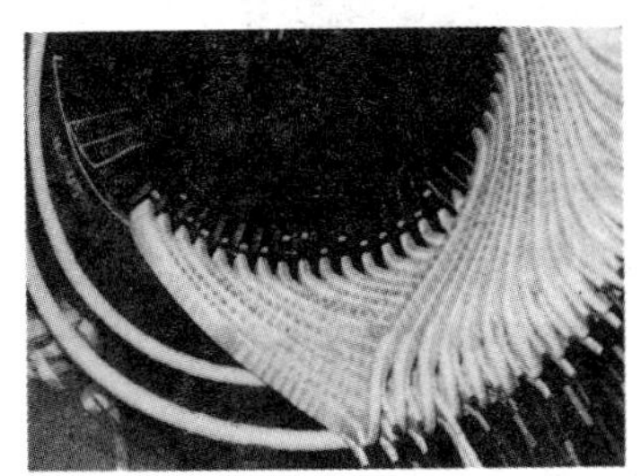

图 6.31 嵌线(高压电机)

图 6.32 浸完漆的定子

图 6.33 低压电机的浸漆(浸漆方式)

转子铁心也和定子铁心一样，是由开槽的硅钢片迭制而成，中小容量电动机用铸铝浇制笼型转子绕组。大容量电动机，用铜棒或铜合金棒插入转子槽内，加端环焊接制造转子绕组。图 6.34 和图 6.35 是完成后的转子。

图 6.34 铸铝的笼型转子

图 6.35 端环采用焊接方法的笼型转子

6.6 三相感应电动机的性质

1. 转差率

感应电动机是由于旋转磁场切割转子绕组而旋转的，正因如此，转子转速总是略低于同步转速。旋转磁场的转速(同步转速，图 6.36)n_s 和转子转速 n 之差为转差，转差和同步转速之比称为转差率，如图6.37所示。

转差率 $s=\dfrac{n_s-n}{n_s}$，由此得转子转速为 $n=(1-s)n_s$。

电动机空载时 $s\to0$，启动前停止状态时 $s=1$。小型机的转差率约为5%～10%，大型机约为3%～5%。

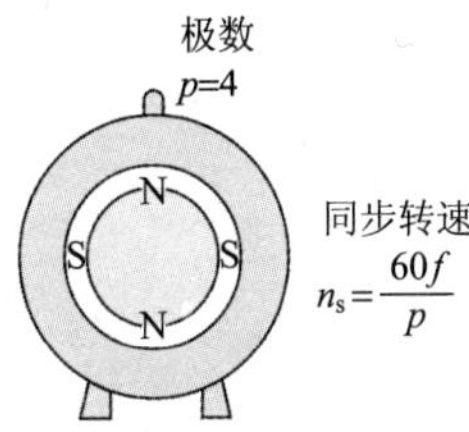

图 6.36 三相感应电动机的同步转速

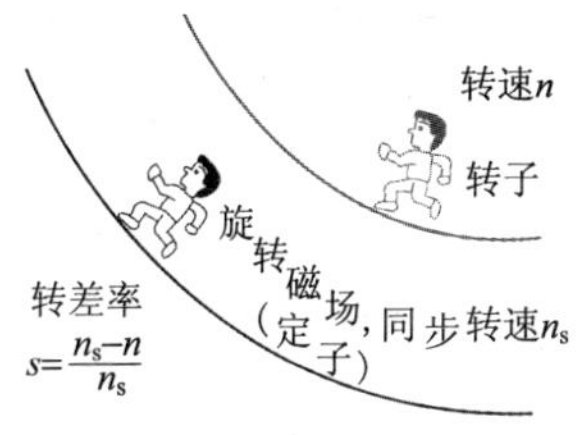

图 6.37 同步转速和转差率

2. 感应电动机和变压器的相似性

① 变压器。在变压器一次侧施加交流电压后会有以下情况：

- 在一次绕组中有励磁电流。
- 在铁心中产生交变磁通。
- 在二次绕组感应电势。
- 二次侧若有负荷，则二次绕组中有电流。
- 由于电磁感应的作用，一次绕组中的电流为励磁电流加负荷电流。

② 感应电动机。输入端加上三相交流电源后就会有以下情况：

- 在定子绕组中有励磁电流。
- 旋转磁势使铁心中产生磁通。
- 转子绕组感应电势。
- 在闭合的转子绕组中有感应电流流通，转子转动，加上机械负荷时转子电流增加。
- 由于电磁感应作用，定子电流也增加。

由以上比较可以看出，感应电动机和变压器有相似的性质，如图6.38所示。把感应电动机的定子绕组称为一次绕组，转子绕组称为二次绕组。如变压器一样，对感应电动机也可画出一个等效电路。

3. 感应电势和电流

① 感应电势。给定子(一次)绕组每相施加电源电压 V_1，则励磁电流 I_0 随之流通，旋转磁场使定子(一次)绕组及转子绕组(二次)各相产生一次感应电势 E_1 及二次感应电势 E_2，如图 6.39 所示。

② 漏电抗。励磁电流产生的磁通大部分成为主磁通，一部分成为漏磁通，如图 6.40 所示。只和二次绕组交链的磁通，才在二次绕组感应电势，并作为二次绕组的电压降起作用。二次绕组的情况是这样，一次绕组

的情况也如此。

③ 即将启动之前(停止)的二次电流。

$$I_{2s}=\frac{E_2}{\sqrt{r_2^2+x_2^2}}$$

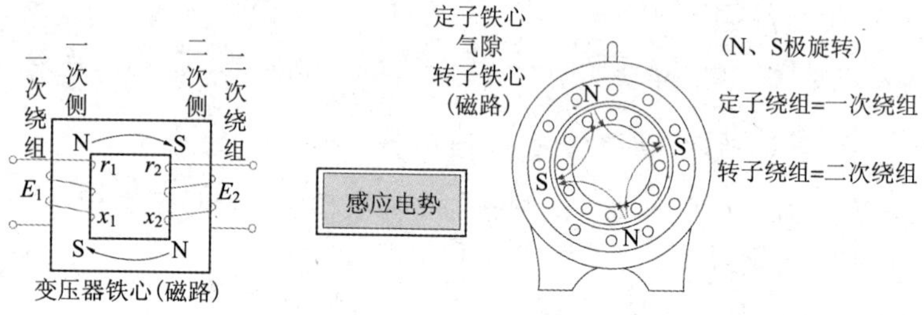

图 6.38 感应电动机与变压器的相似性

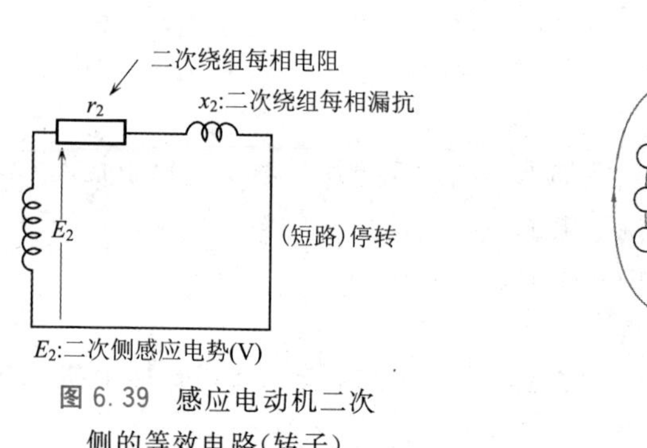

图 6.39 感应电动机二次侧的等效电路(转子)

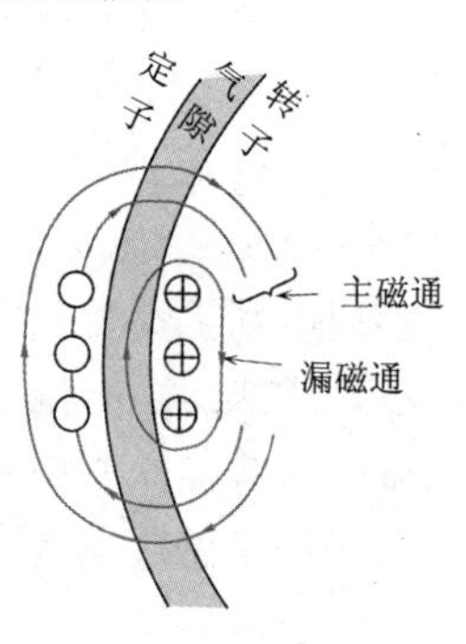

图 6.40 漏电抗

二次功率因数为

$$\cos\theta_{2s}=\frac{r_2}{\sqrt{r_2^2+x_2^2}}$$

式中,r_2 为二次绕组每相电阻值,因二次绕组为铜条或方铜线,故电阻值很小。由上二式可知,启动时二次电流值很大,功率因数很差。

4. 运行中的二次电流

① 二次感应电势和频率。电动机以转差率 s 旋转时,因转差为 $n_s-n=s$,故旋转磁场的磁通切割二次绕组的量是即将启动前($s=1$)时的 s 倍。

二次感应电势 $E_{2s}=sE_2$(V)

二次感应电势的频率 $f_2=sf_1$(Hz)

式中，f_1 为一次侧供给电源的频率。

② 二次绕组的漏电抗和阻抗。因电抗 $x=2\pi fL$，故 f 若变为 sf，则 x 也变为 sx。

二次绕组每相漏电抗　$x_{2s}=sx_2(\Omega)$

二次绕组每相阻抗　$z_{2s}=\sqrt{r_2^2+(sx_2)^2}(\Omega)$

③ 二次电流和二次功率因数。由上式可求出电流和功率因数，即

二次电流　$I_2=\dfrac{E_{2s}}{Z_{2s}}=\dfrac{sE_2}{\sqrt{r_2^2+(sx_2)^2}}(\mathrm{A})$

二次功率因数　$\cos\theta_2=\dfrac{r_2}{\sqrt{r_2^2+(sx_2)^2}}$

④ 等效电路。等效电路如图 6.41 所示。

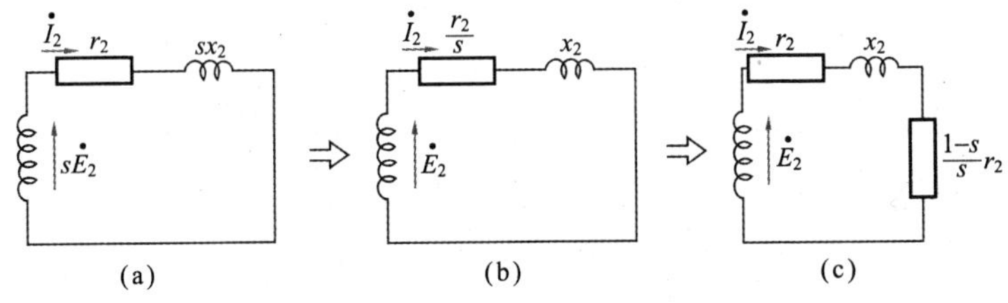

图 6.41　等效电路(二次侧)

6.7 三相感应电动机的特性

表 6.3 是三相感应电动机的特性表。

转差率与转速的关系如图 6.42 所示。

1. 输入、输出和损耗的关系

输入、输出和损耗的关系如图 6.43 所示。

2. 转矩和同步功率

角速度用 ω(rad/s)、转速用 n(r/min)、转矩用 T(N・m)、二次输出功率(机械功率)用 P_0(W)表示，则

$$P_0=\omega T=2\pi nT/60(\mathrm{W})$$

表 6.3 三相感应电动机的特性表

类型	额定输出功率/kW	极数	同步转速/(r/min)		全负荷特性				空载电流 I_0/A	启动电流 I_n/A
			50Hz	60Hz	转差率 s/%	效率 η/%	功率因数 pf/%	电流 I_1/A		
低压笼型	0.75	4	1500	1800	7.5	75 以上	73.0 以上	3.8	2.5	23 以下
	1.50	4	1500	1800	7.0	78.5 以上	77.0 以上	6.8	4.1	42 以下
	3.7	4	1500	1800	6.0	82.5 以上	80.0 以上	15	8.1	97 以下
	3.7	6	1000	1200	6.0	82.0 以上	75.5 以上	16	9.9	105 以下
低压绕线型	7.5	4	1500	1800	5.5	83.5 以上	79.0 以上	23	12	42 以下
	22	6	1000	1200	5.0	86.5 以上	82.0 以上	85	36	155 以下
	30	6	1000	1200	5.0	87.5 以上	82.5 以上	114	48	210 以上
	37	8	750	900	5.0	87.0 以上	81.5 以上	143	59	220 以上

注：额定电压 200V，电流为各相平均值。

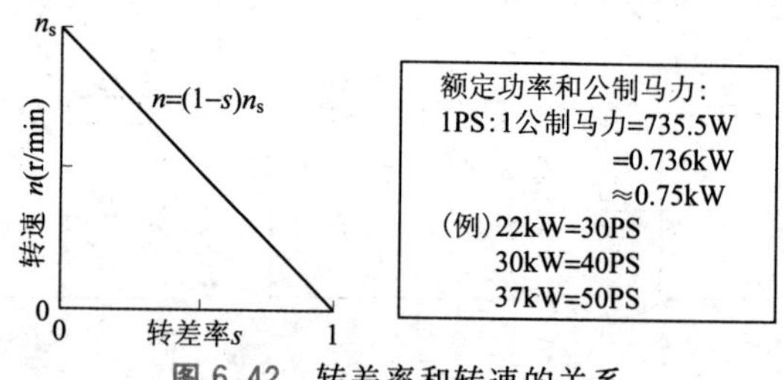

图 6.42 转差率和转速的关系

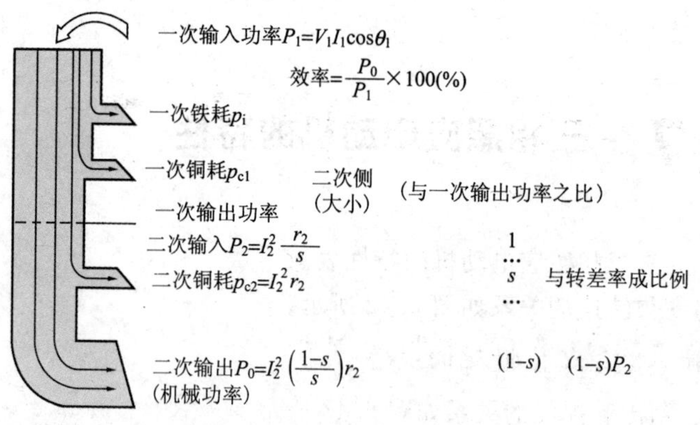

图 6.43 输入、输出和损耗的关系

$$T=\frac{60P_0}{2\pi n}(\text{N}\cdot\text{m})$$

因为 $P_0=P_2(1-s)$ 和 $n=n_s(1-s)$，故

$$T=\frac{60P_2(1-s)}{2\pi n_s(1-s)}=\frac{60}{2\pi n_s}P_2(\mathrm{N\cdot m})$$

这表示转矩和二次输入功率成正比，转矩可用二次输入功率表示。二次输入功率 P_2 又称为电磁功率。

3. 转速特性曲线

图 6.44 的横坐标表示转差率，也即转速；纵坐标表示转矩、一次电流、功率、功率因数和效率等。

该图表示在输入端施加额定电压时，随着转差率的改变，各量如何变化。其中极为重要的是转差率和转矩的关系。

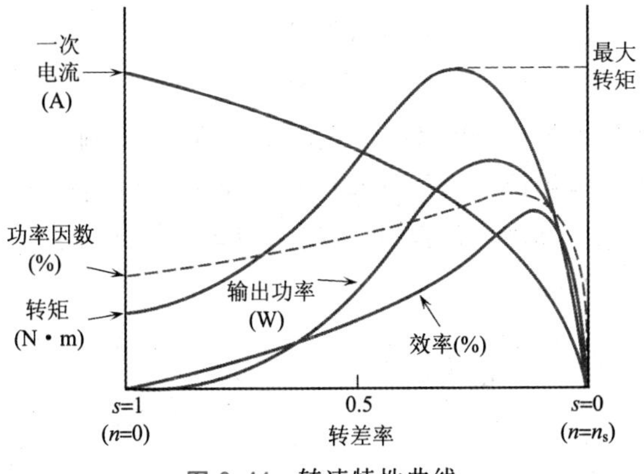

图 6.44　转速特性曲线

4. 转矩的比例推移

$$T=\frac{60}{2\pi n_s}\frac{sE_2^2r_2}{r_2^2+(sx_2)^2}$$

分子、分母都除以 s^2，得

$$T=\frac{60}{\pi n_s}=\frac{E_2^2\left(\dfrac{r^2}{s}\right)}{\left(\dfrac{r_2}{s}\right)^2+x_2^2}$$

因为除 r_2 和 s 外，式中其他各量皆为定值，故若 r_2/s 不变，T 应为同一值。就是说，若二次电阻 r_2 增了 m 倍，转差率 s 也增加 m 倍，则 T 保持同一值，如图 6.45 所示。

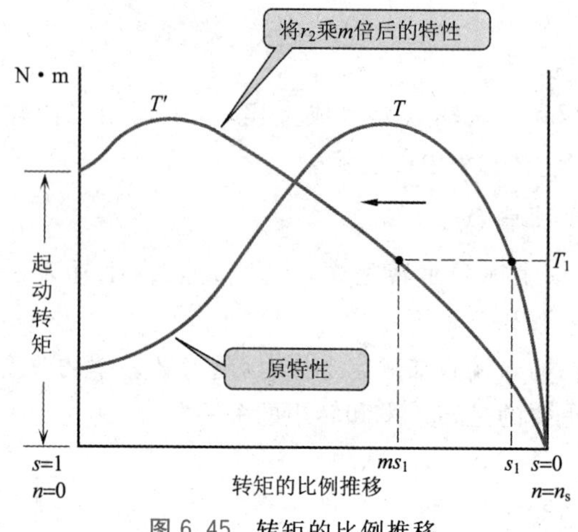

图 6.45 转矩的比例推移

为了得到同一转矩，转差率应根据二次电阻按比例变化（比例推移）。

对二次电阻能够改变的绕线型感应电动机可以利用比例推移原理。利用比例推移这一原理，就能够提高启动转矩或进行调速。

5. 最大转矩

$$T=\frac{60}{2\pi n_s}\cdot\frac{E_2^2\left(\dfrac{r_2}{s}\right)}{\left(\dfrac{r_2}{s}\right)^2+x_2^2}=\frac{60}{2\pi n_s}\cdot\frac{E_2^2x_2}{\dfrac{r_2^2}{s}+sx_2^2}$$

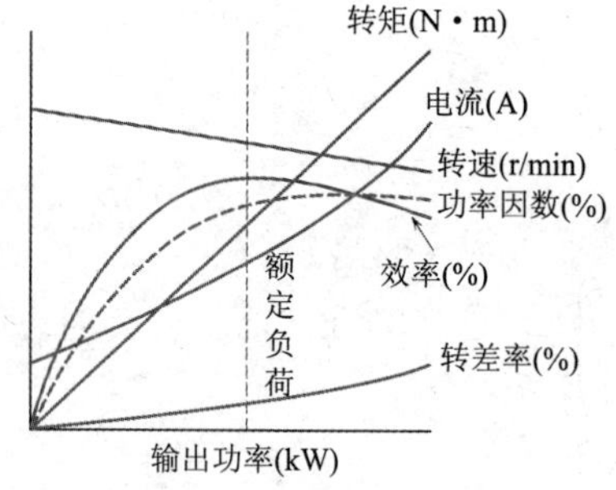

图 6.46 输出功率曲线

除 s 以外，其他各参数皆为常数，故 $r_2^2/s+sx_2^2$ 为最小时的转矩最大。

设 $\frac{r_2^2}{s}\times sx_2^2=r_2^2x_2^2$ 为定量，则由 $\frac{r_2^2}{s}=sx_2^2$ 得

$$s=\frac{r_2}{x_2}$$

6. 输出功率特性曲线

图 6.46 的横坐标表示输出功率。纵坐标表示功率因数、效率、转矩、一次电流、转速和转差率。

① 额定负荷（额定输出功率）附近的功率因数和效率有最大值。

② 由于转速几乎不变，所以具有恒速特性。

③ 因感应电动机磁路有间隙，故功率因数较变压器差。

6.8 三相感应电动机的启动和运行

1. 启动方法

图 6.47 为三相感应电动机的各种启动方法，表 6.4 示出了其相应的方法及特征。

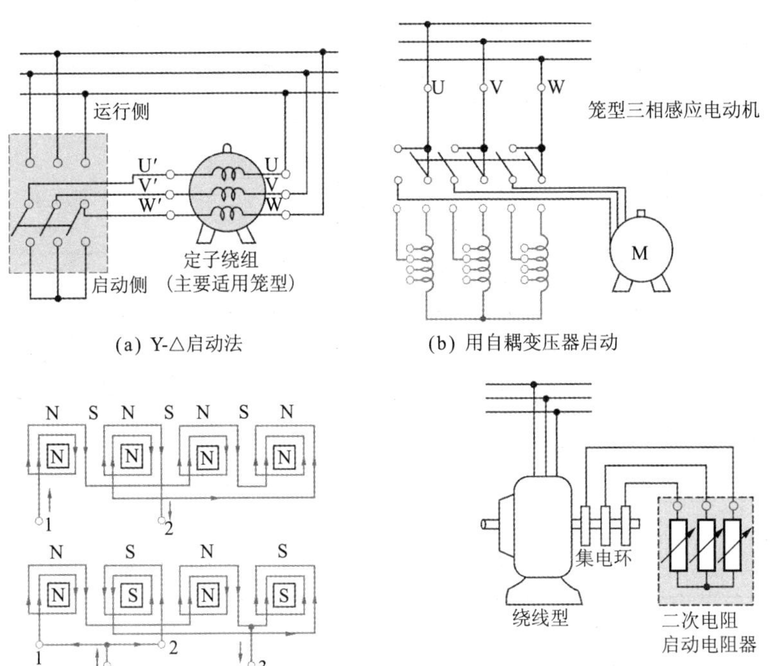

图 6.47 各种启动方法

2. 调 速

感应电动机全负荷时转差率约为百分之几，从这种电动机的转速特性来看，调速较难。除了改变绕线式感应电动机二次电阻以外，别的方法可以说都是特殊的，如表6.5所示。

表6.4 三相感应电动机启动方法及特征

启动方法	转子类型	方 法	特 征
全电压启动	笼型3.7kW以下	也称自接入启动，直接施加全电压	启动电流为全负荷时的数倍
Y-Δ启动	笼型5.5kW左右	开始按星形接线，启动后改为三角接线，启动时绕组每相电压为运行时的$1/\sqrt{3}$倍	启动电流和转矩为全电压启动时的$\frac{1}{3}$倍
启动用自耦变压器	笼型15kW以上	用三相自耦变压器降低电压启动，启动后立即切换为全电压	能限制启动电流
机械启动	笼型小型电机	用液力式或电磁式离合器将负荷接于空载的电机	有离合器等设备的特殊场合
用启动电阻器启动	绕线型75kW以下	利用启动转矩比例推移原理使二次电阻增至最大	启动电流小，还可以调速
启动电阻器＋控制器	75kW以上	启动器和速度控制器分别设置	

表6.5 感应电动机调速方法及特征

种 类	方 法	特 征	应用实例
改变电源频率的方法	根据$n_s=60f/p$，同步转速随电源频率而变化	需要有独立可变频率电源	压延机、机床、船舶
改变极数的方法	同一槽内嵌放不同极数绕组，改变定子绕组接线	用于笼型多速电动机	机床、升降机、送风机
改变二次电阻的方法	利用转矩的比例推移原理，二次电阻和转差率成正比	二次铜耗大、效率差负荷变化时速度不稳定	卷扬机、升降机、起重机

6.9 特殊笼型三相感应电动机

1. 特殊笼型比普通笼型的启动性能好

笼型的优点包括牢固，操作简单，便宜，比绕线型的运行特性好，故障少，不要滑环。绕线型的优点包括启动性能好，容易调速。特殊笼型是一方面持有笼型，另一方面力求得到启动性能好这一绕线型的优点，图 6.48 为特殊笼型的分类和功率。

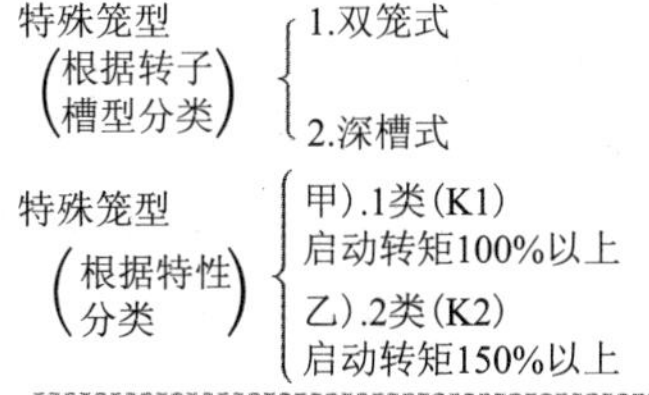

图 6.48 特殊笼型的分类和功率

特殊笼型按转子槽形的不同分为（甲）双笼型和（乙）深槽式，如图 6.49 和图 6.50 所示。

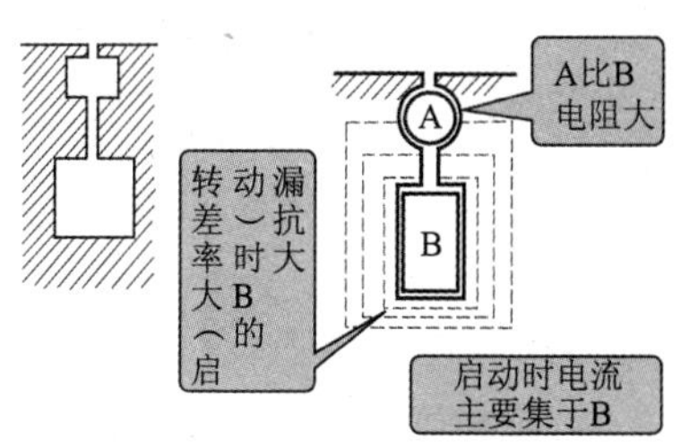

图 6.49 双笼转子的槽型

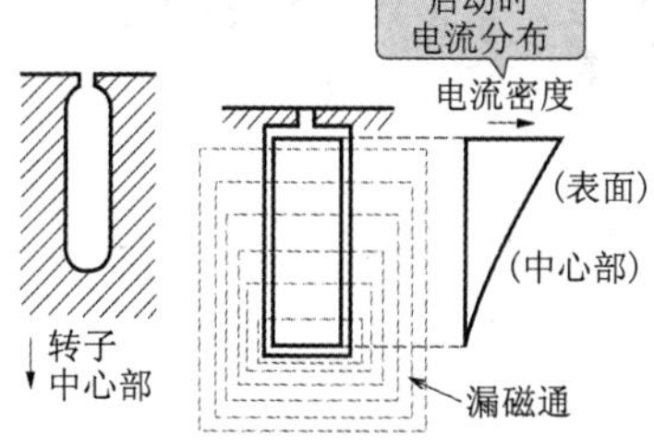

图 6.50 深槽式转子的槽型

2. 双笼三相感应电动机

转子（二次侧）导体条为双层笼状，外侧导体条的电阻比内侧的大，如图 6.51 所示。内侧导体条的漏电抗远比外侧的大。

启动时二次侧频率和电源频率相近，转速提高后，频率下降。根据电抗 $x=2\pi fL$ 可知启动时电抗大。因此，启动时电流集中在电阻大的外侧导体条。由于二次侧电阻变大，故启动转矩变大，如图 6.52 所示。

转速增加，电流集中到电阻小的内侧导体条，转矩也增大。

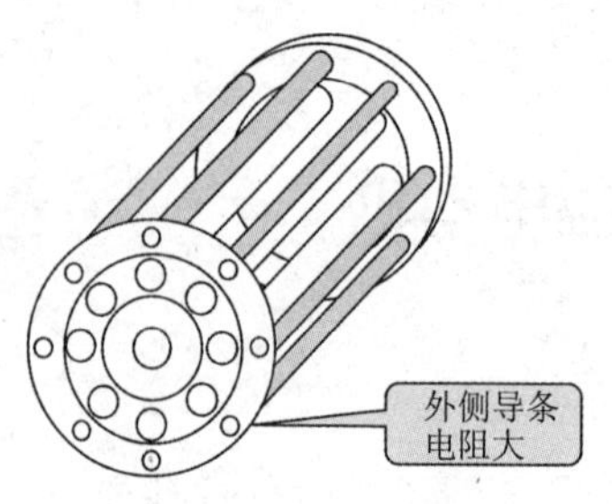

图 6.51 双笼型转子

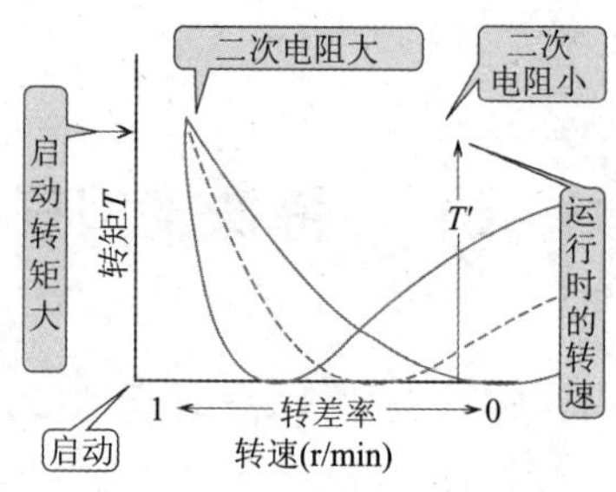

图 6.52 二次电阻和转矩的关系

3. 深槽式笼型三相感应电动机

因为启动时二次侧频率高，所以槽内导条离中心近的部分漏电抗变得很大，启动时电流分布很不均匀，离中心近的部分和表面附近的电流分布差别很大，电流向外侧偏离。因此，二次电阻变大，启动转矩增加。转速提高时，电流分布趋于均匀，具有普通笼型的特性。

6.10 单相感应电动机

6.10.1 旋转原理

给单相感应电动机的一次绕组施加交流电压时，绕组产生一个脉振磁通，如图 6.53 所示。这一脉振磁通可以分解成两个幅值皆为$\frac{\Phi_m}{2}$，转速都为 ω，转向相反的旋转磁场。

这两个旋转磁通中，顺时针转的以 Φ_a 表示，反时针转的为 Φ_b。这就可以想象为两台感应电动机串接起来，一个有旋转磁通 Φ_a 的向右转，另一个有旋转磁通 Φ_b 的向左转，图 6.54 是其转矩-转速的特性。

向右转和向左转的二台单相感应电动机的转矩 T_a、T_b 合成后的转矩-转速的关系曲线如图 6.55 所示。

因启动转矩为零，最初如不在任意方向给予转矩，电动机就不会旋转。

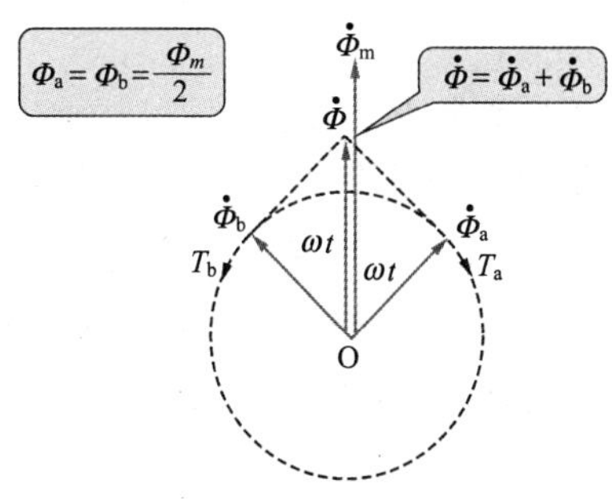

图 6.53 脉振磁通的分解

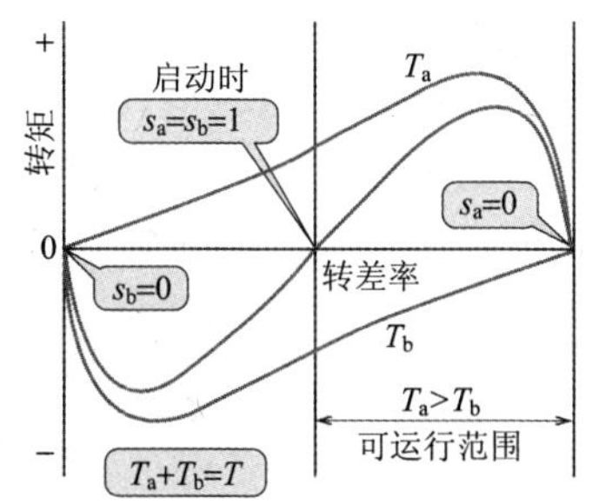

图 6.54 转速特性

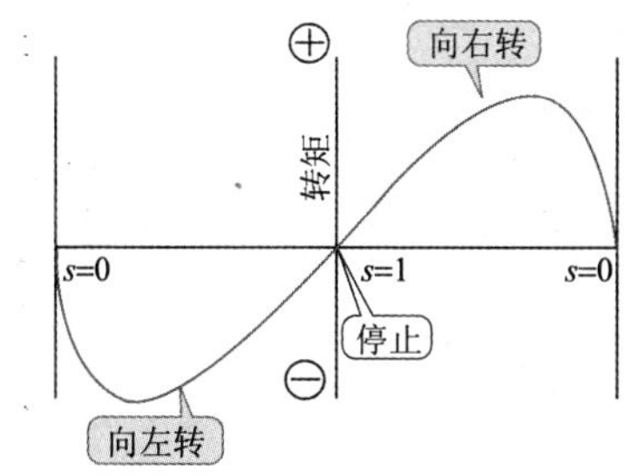

图 6.55 转矩-转速曲线

根据使电动机产生启动转矩的方法不同,可划分为不同类型的单相感应电动机,如表 6.6 所示。

表 6.6 **感应电动机种类和用途**

分相启动感应电动机	缝纫机、钻床、浅井泵、办公用设备、台扇
电容启动单相感应电动机	泵、压缩机、冷冻机、传送机、机床
电容运行电动机	电扇、洗衣机、办公设备、机床
电容启动电容运行电动机	泵、传送机、冷冻机、机床
串励启动感应电动机	泵、传送机、冷冻机、机床
罩极单相感应电动机	电扇、电唱机、录音机

由以上说明可知,若使单相感应电动机产生一定启动转矩,它就旋转。旋转中的三相感应电动机,一相熔丝熔断后,仍作为单相感应电动机继续旋转就是例证。

6.10.2 各种单相感应电动机

1. 分相启动式单相感应电动机

在定子上另装一个与主绕组 M 在空间上相垂直的启动绕组 A,如

图 6.56所示。

启动绕组 A 匝数少，电抗小，但用细线绕成，故电阻大。

若给这两个绕组施加电压 V，则主绕组中电流相位较电压相位滞后很多。但因启动绕组电阻大，电抗小，故其电流较电压滞后不多。

在这两个电流 $\dot{I}_A$ 和 $\dot{I}_M$ 间产生相位差 θ，两个绕组就会在气隙中形成一个椭圆形旋转磁场，这样转子就开始旋转，如图 6.57 所示。

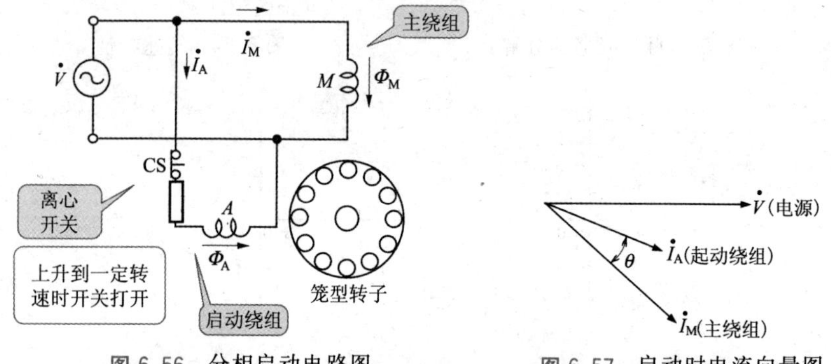

图 6.56　分相启动电路图　　图 6.57　启动时电流向量图

转速达到 70%～80%同步转速时，离心开关 CS 动作，启动绕组自动从电源断开，以减少损耗。图 6.58 为其转矩-转速曲线。

2. 电容启动单相感应电动机

在启动绕组 A 回路中串联接入一个电容 C_s，就成为分相启动的又一种形式，电路如图 6.59 所示。

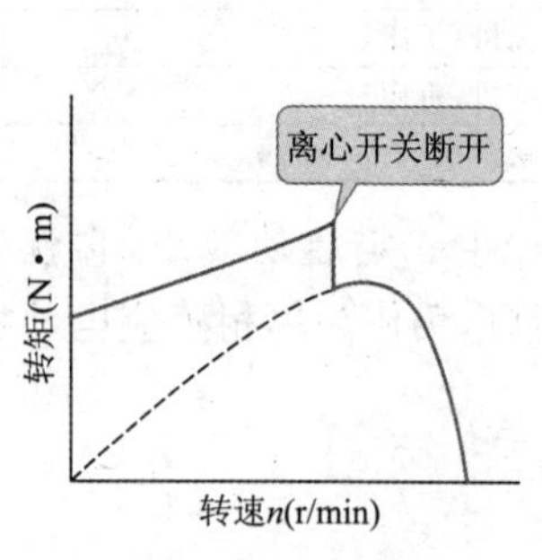

图 6.58　转速-转矩曲线

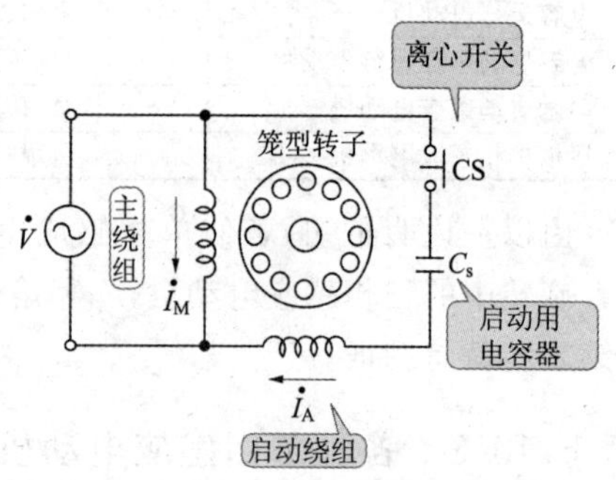

图 6.59　电容启动电路图

主绕组电流 I_M 和启动绕组电流 I_A 的相位差约为 90°，在气隙中将形成一个接近圆形的旋转磁场。

启动转矩大启动电流小，可做到 400W。运行中，启动绕组一直串着电容器不断开，此单相感应电动机叫电容运行电动机。电容运行电动机运行特性好，功率因数约达 90%。

3. 串励启动的单相感应电动机

定子只有主绕组，转子如直流电动机，带有换向器的绕组，电路如图 6.60所示。

运行中靠离心力将换向器短路，电刷 2 个 1 组，用粗线短路。图 6.61 为其转矩-转速特性曲线。启动时，单相电动机具有直流串励特性，启动转矩大。

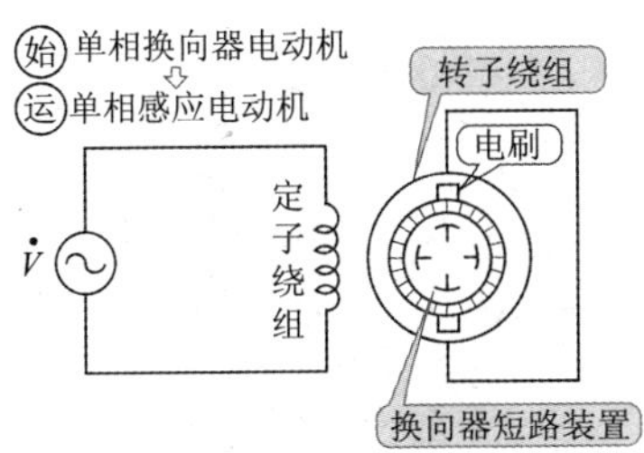

图 6.60 串励启动的电路图

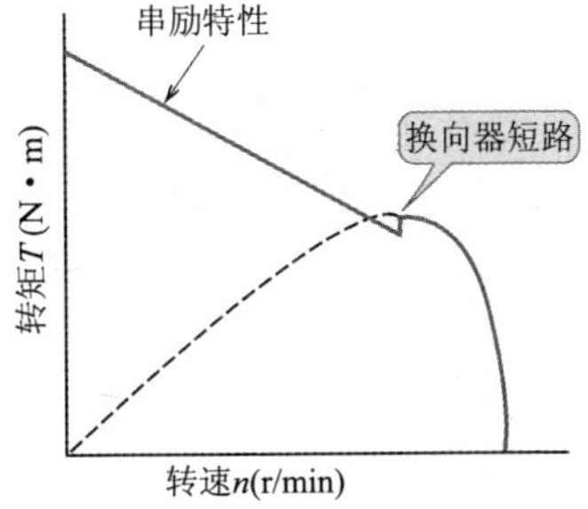

图 6.61 转矩-转速特性

到达 70%～80%同步转速时换向器自动短路，作为单相感应电动机运行。缺点是体积大，价格高。

4. 罩极式单相感应电动机

定子一部分做成凸极状，在磁极端部边上装有线圈，这称为罩极线圈，其电路如图 6.62 所示。因结构简单，故可作为极小的电动机应用。缺点是损耗大，效率差。

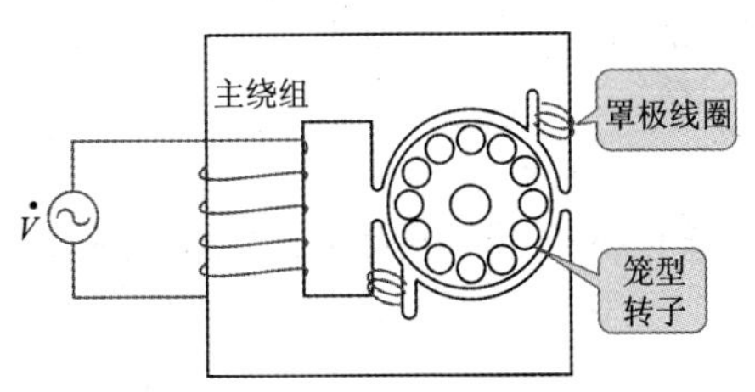

图 6.62 罩极式电动机的电路图

6.11 单相串励整流子电动机

1. 原　理

直流电动机和单相整流子电动机的原理示意如图 6.63 所示。

根据左手定则可知，电流和磁场方向同时改变时，力的方向不变。将直流串励电动机的电源极性对换，因电枢电流和励磁电流同时改变，故旋转方向不变。就是说，即使加交流电压，该电机仍能作为电动机运行，如图 6.64 所示。

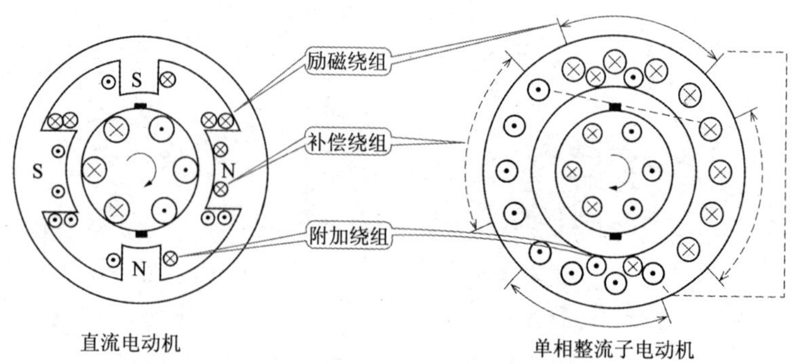

图 6.63　直流电动机和单相整流子电动机

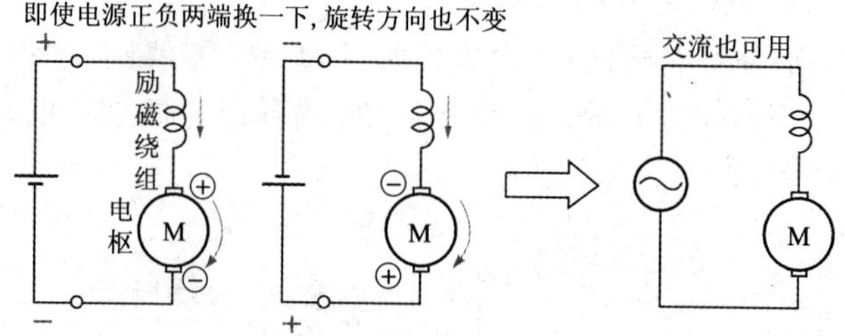

图 6.64　单相串励整流子电动机的原理

2. 结　构

① 因磁通变化，铁损增加，故励磁磁路是硅钢片叠成的铁心。

② 因绕组电抗使功率因数下降，故励磁绕组匝数应减少。

③ 为了补偿磁绕组匝数减少而使转矩减小，故增加电枢绕组匝数。

④ 为了减少因电枢绕组匝数增加而引起的电枢反应，故装补偿绕组。

⑤ 由于脉振磁通的作用，使电刷产生的短路电流增大，整流作用困难，故增大电刷部分的电阻等。

3. 特　性

① 因为电抗的作用，使加在电枢上的有效电压减小，在相同电流下，交流机比直流机转速低。

② 小功率时，交流、直流都可使用的电机称为交直流两用机。

③ 速度受负荷影响，为变速特性，如图 6.65 所示。

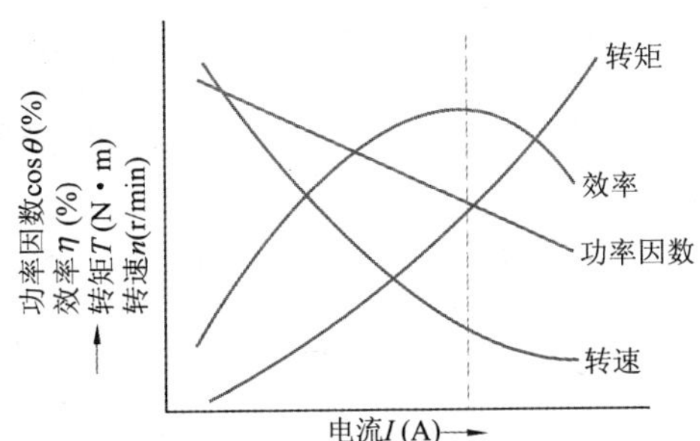

图 6.65　单相串励整流子电动机的特性

4. 用　途

家庭用电吸尘器、缝纫机、电钻、果汁搅拌机、电动卷门、交流电机车、放映机。

6.12 伺服电动机

1. 伺服电动机

自动控制系统及其他伺服装置中用的小型电动机叫伺服电动机，如图 6.66 所示。按照输入信号进行启动、停止、正转和反转等过渡性动作，

图 6.66　伺服电动机的外观

操作和驱动机械负荷，广泛用于多关节机器人，如图 6.67 所示。图 6.68 为伺服电动机的种类。

2. 直流伺服电动机

直流伺服电动机的原理和一般的直流电动机相同，作为伺服电动机来考虑，有以下几点：

① 与直径相比，电枢较长。

② 为了减少不规则转矩的出现，电枢做成斜槽的。

③ 为了防止涡流，励磁铁心和磁轭都是硅钢片叠压成的。

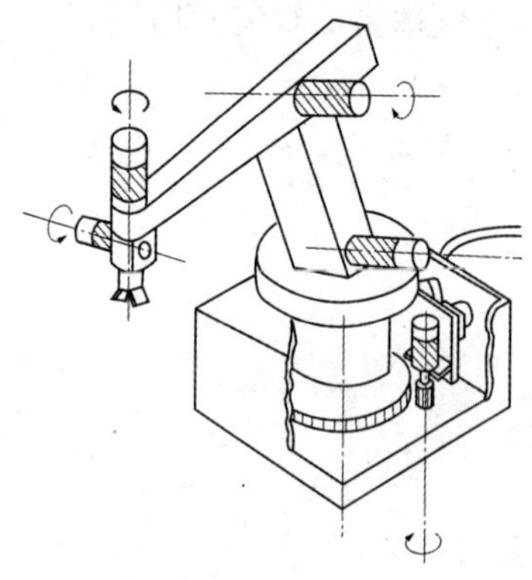
图 6.67　多关节机器人中的应用

(1)直流伺服电动机
　并励直流电动机
　励磁极性可变的
　直流电动机
(2)交流伺服电动机
　单相感应电动机
　三相感应电动机
(3)特殊伺服电动机
　脉冲电动机
　转矩电动机

图 6.68　伺服电动机的种类

3. 交流伺服电动机

常用的两相伺服电动机和感应电动机原理相同，如图 6.69 所示。

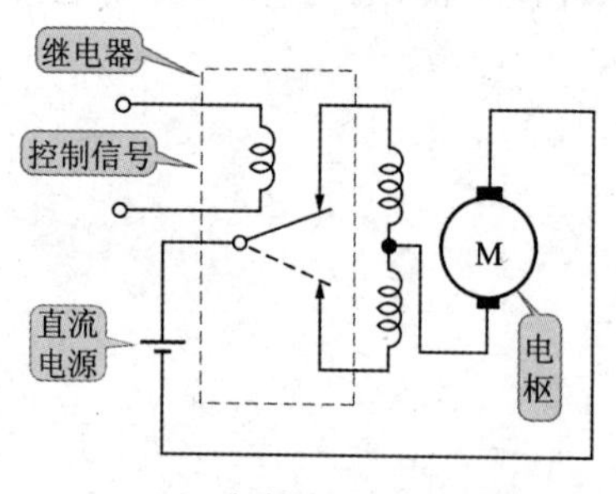

(a) 励磁极性可变的直流电动机

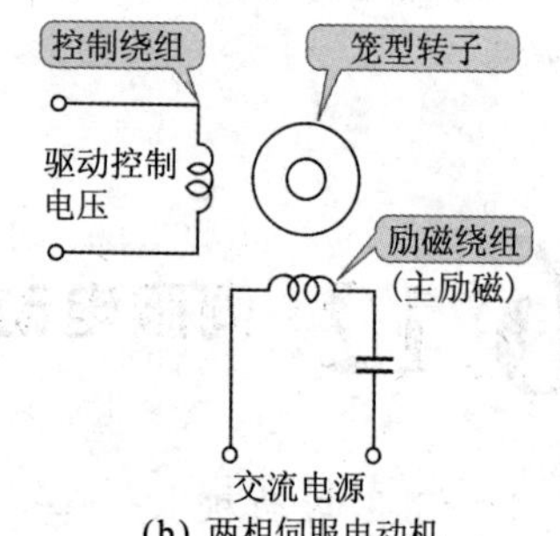

(b) 两相伺服电动机

图 6.69　直流串励电动机电枢控制方式

和直流伺服电动机一样,电枢细长,转子做成斜槽。频率为 50Hz、60Hz、400Hz,功率多在 10W 以下。

4. 用　途

工业用机器人、机床、办公设备、各种测量仪器、计算机关联设备(打印机、绘图仪、磁带卷取装置)等都使用伺服电动机。图 6.70 示出了伺服电动机在位置控制系统中的应用。

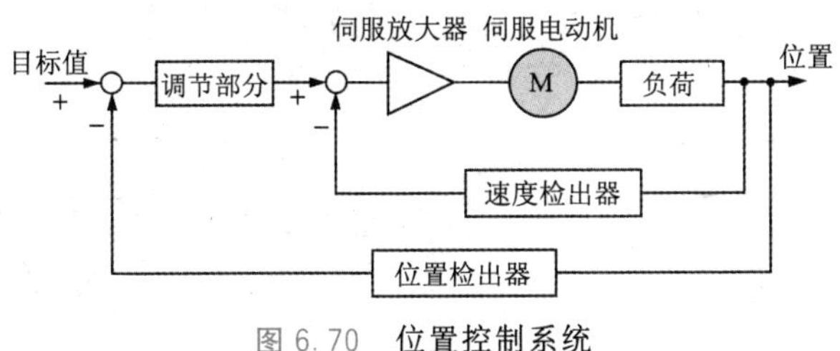

图 6.70　位置控制系统

6.13 微型电动机

1. 微型电动机

微型电动机是超小型电动机的总称。袖珍电动机或电唱机用的唱机电机输入功率在 3W 以下,最大尺寸在 50mm 以内。图 6.71 所示为微型电动机的特性。

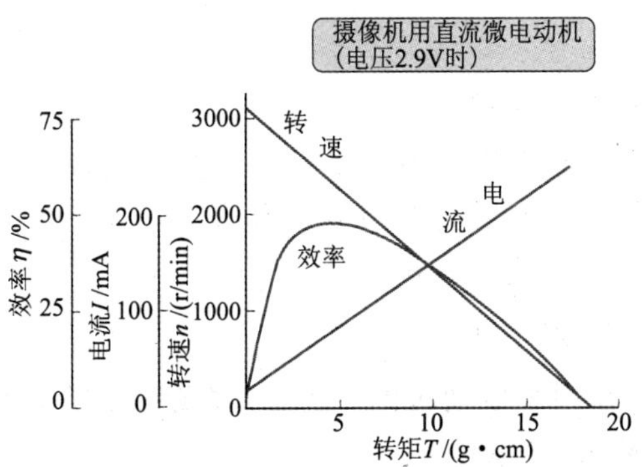

图 6.71　微型电动机的特性

2. 微型电动机的种类

直流用包括直流微型电动机(图 6.72)和直流无刷电动机(图 6.73)。

交流用包括单相罩极式感应电动机,电容运行电动机,单相磁滞电动机(图 6.74)。

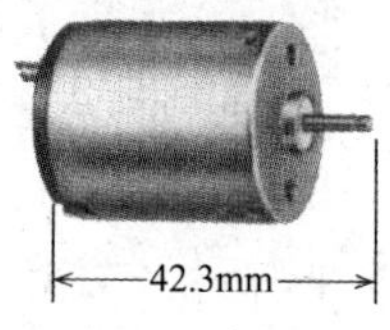

电　　压:12V
转　　速:5200r/min
额定负荷:20g·cm
额定电流:160mA

图 6.72　直流微型电动机

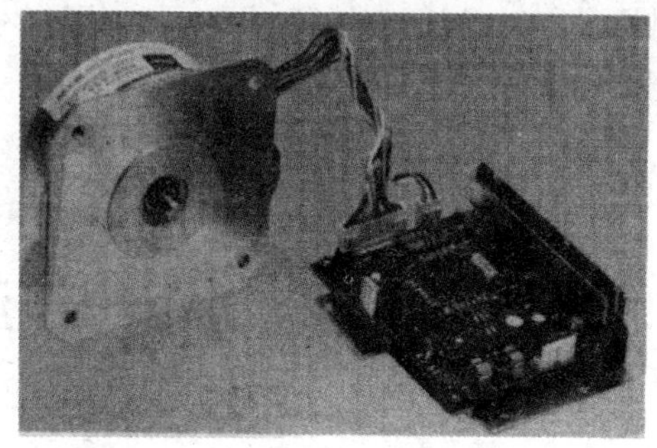

图 6.73　直流无刷电动机

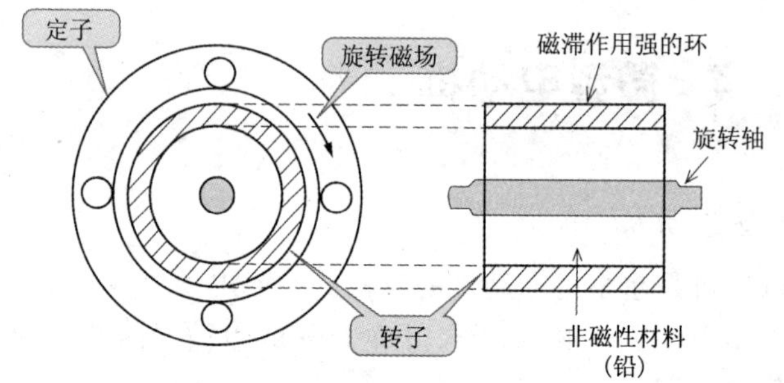

图 6.74　磁滞电动机的原理图

3. 直流微型电动机

原理与直流电动机相同,励磁磁极使用永久磁铁。电枢铁心用波莫合金或纯铁片叠成,磁极数为 2,使用电压多为 1.5~4V。无刷电动机电压为直流,原理与同步电动机接近。

4. 交流微型电动机

磁滞电动机是同步电动机的一种,定子旋转磁场使转子滞后磁化。转子就由旋转磁场牵着旋转。

6.14 脉冲电动机(步进电动机)

1. 脉冲电动机概述

脉冲电动机是由脉冲信号驱动的电动机。给这种特殊电动机的定子绕组施加直流电源,它产生的电磁力吸引转子并使其旋转。通过顺序切换输入电流的定子绕组,转子每次转一个角度。可根据正比于脉冲数的角度转动,或根据正比于脉冲频率的速度旋转,这也称为步进电动机。

2. 脉冲电动机的种类

① 可变磁阻式。用电磁软钢等材料做成齿轮形的转子,被定子绕组的电磁力吸引而旋转,如图 6.75 所示。

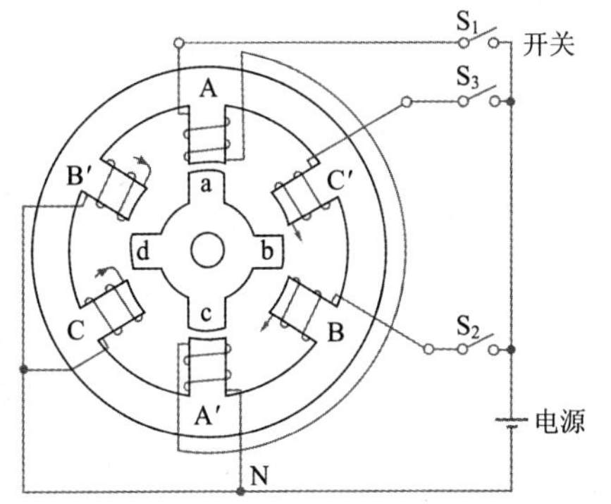

动作顺序

①开关 A极←a	S_1→ON
②S_1→OFF B极←b	S_2→ON
③S_2→OFF C极←c	S_3→ON
④S_3→OFF A极←d	S_1→ON

图 6.75 脉冲电动机原理图(可变磁阻式)

② 永磁式。转子使用永久磁铁,定子绕组的电磁力吸引转子旋转,如图 6.76 所示。

③ 复合式。可变磁组式和永磁式的组合。

3. 脉冲电动机的驱动

为了顺序切换施于各相的电源,需要有开关电路,如图 6.77 所示。包括信号电路用于脉冲振荡、停止,频率变换,反转信号发生。逻辑电路用于施于各相绕组的信号分配。放大电路用于将电流放大到电动机可以旋转。

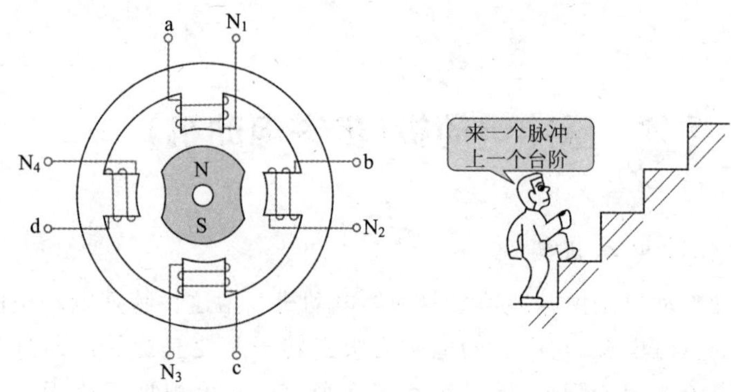

图 6.76　脉冲电动机原理图(永磁式)

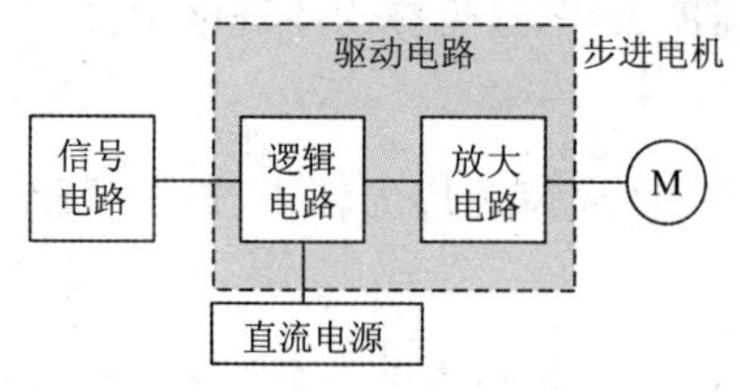

图 6.77　驱动电路的构成

4. 用　途

打印机进纸和托架移动，软盘移动，卡片机卡片移动，磁带记录仪磁带移动，复印机纸数控制，绘画机的 X、Y 轴驱动，机床的 X、Y 轴驱动等。

6.15 电动机的拆卸

电动机在拆卸前，要事先清洁和整理好场地，备齐拆装工具。做好标记，以便装配时各归原位。应做的标记有标出电源线在接线盒中的相序；标出联轴器或皮带轮与轴台的距离；标出端盖、轴承、轴承盖和机座的负荷端与非负荷端；标出机座在基础上的准确位置；标出绕组引出线在机座上的出口方向。

1. 电动机的拆卸步骤

电动机的一般拆卸步骤如图 6.78 所示。

① 拆下皮带轮或联轴器。

② 拆下前轴承外盖。

③ 拆下前端盖。

④ 拆下风罩。

⑤ 拆下风叶。

⑥ 拆下后轴承外盖。

⑦ 拆下后端盖。

⑧ 拆下转子。

⑨ 拆下前后轴承和前后轴承的内盖。

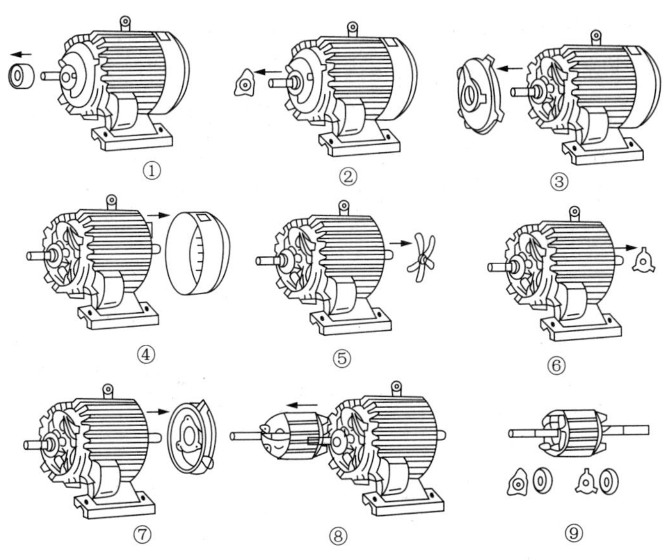

图 6.78　电动机的一般拆卸步骤

2. 电动机线头的拆卸

电动机线头的拆卸如图 6.79 所示。切断电源后拆下电动机的线头。每拆下一个线头，应随即用绝缘带包好，并把拆下的平垫圈、弹簧垫圈和螺母仍套到相应的接线桩头上，以免遗失。如果电动机的开关较远，应在开关上挂“禁止合闸”的警告牌。

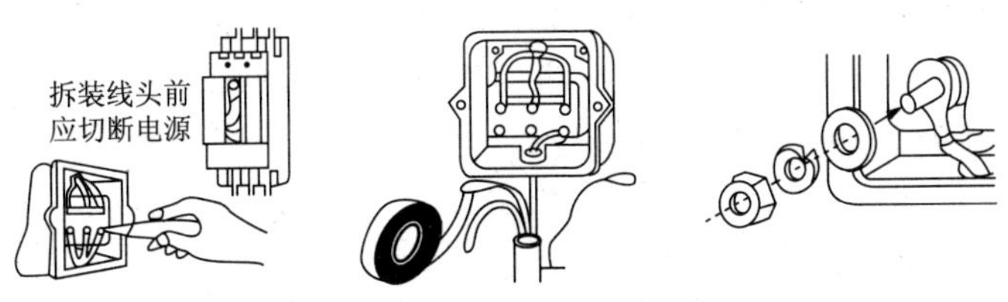

图 6.79　电动机线头的拆卸

3. 皮带轮或联轴器的拆卸

皮带轮或联轴器的拆卸如图 6.80 所示。首先用石笔或粉笔标示皮带轮或联轴器与轴配合的原位置，以备安装时照原来位置装配[图 6.80(a)]。然后装上拉具(拉具有两脚和三脚的两种)，拉具的丝杆顶端要对准电动机轴的中心[图 6.80(b)]。用扳手转丝杆，使皮带轮或联轴器慢慢地脱离转轴[图 6.80(c)]。如果皮带轮或联轴器锈死或太紧，不易拉下来时，可在定位螺孔内注入螺栓松动剂[图 6.80(d)]，待数分钟后再拉。若仍拉不下来，可用喷灯将皮带轮或联轴器四周稍稍加热，使其膨胀时拉出。注意加热的温度不宜太高，防免轴变形，拆卸过程中，手锤最好尽可能减少直接重重敲击皮带轮或联轴器的次数，以免皮带轮碎裂而损坏电机轴。

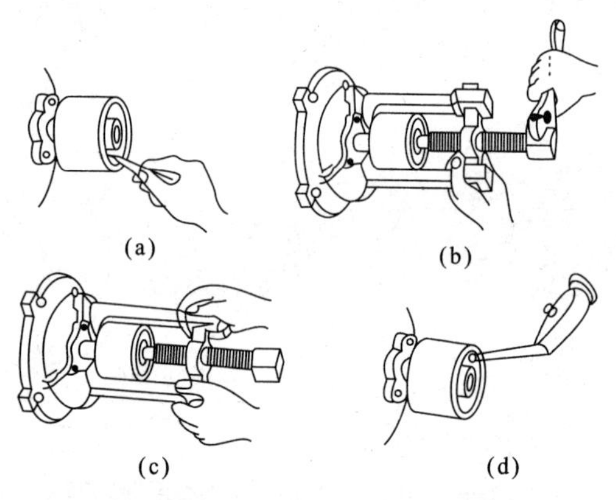

图 6.80　电动机皮带轮的拆卸

4. 轴承外盖和端盖的拆卸

轴承外盖和端盖的拆卸如图 6.81 所示。拆卸时先把轴承外盖的固定螺栓松下，并拆下轴承外盖，再松下端盖的紧固螺栓[图 6.81(a)]。为了组装时便于对正，在端盖与机座的接缝处要做好标记，以免装错。然后，用锤子敲打端盖与机壳的接缝处，使其松动。接着用螺丝刀插入端盖紧固螺丝襻的根部，把端盖按对角线一先一后地向外扳撬。注意不要把螺丝刀插入电动机内，以免把线包撬伤[图 6.81(b)]。

5. 转子的拆卸

电动机的转子很重，拆卸时应注意不要碰伤定子绕组。对于绕线转子异步电动机，还要注意不要损伤集电环面和刷架等。

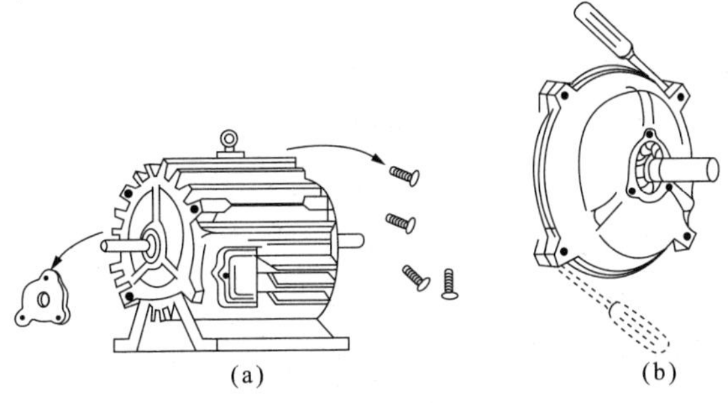

图 6.81 电动机轴承外盖和端盖的拆卸

拆卸小型电动机的转子时，要一手握住转轴，把转子拉出一些，随后，用另一手托住转子铁心，渐渐往外移，如图6.82所示。

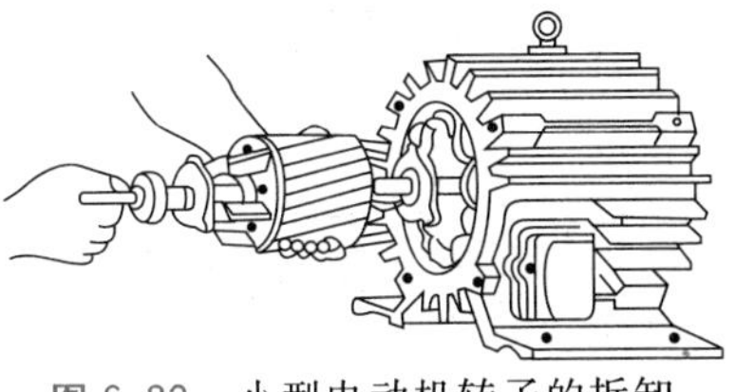

图 6.82 小型电动机转子的拆卸

对于大型电动机，转子较重，要用起重设备将转子吊出，如图 6.83 所示。先在转子轴上套好起重用的绳索[图 6.83(a)]，然后用起重设备吊住转子慢慢移出[图 6.83(b)]，待转子重心移到定子外面时，在转子轴下垫

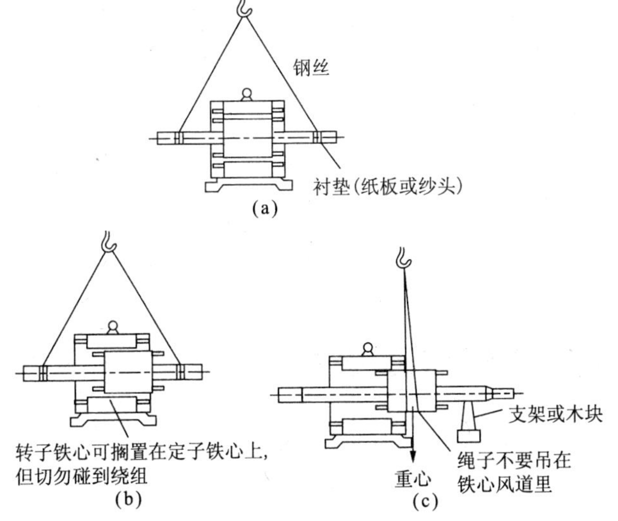

图 6.83 大型电动机转子的拆卸

一支架，再将吊绳套在转子中间，继续将转子抽出[图 6.83(c)]。

6. 轴承的拆卸

电动机轴承的拆卸，首先用拉具拆卸。应根据轴承的大小，选好适宜的拉具，拉具的脚爪应紧扣在轴承的内圈上，拉具的丝杆顶点要对准转子轴的中心，扳转丝杆要慢，用力要均匀，如图 6.84 所示。

在拆卸电动机轴承中，也可用方铁棒或铜棒拆卸，在轴承的内圈垫上适当的铜棒，用手锤敲打铜棒，把轴承敲出，如图 6.85 所示。敲打时，要在轴承内圈四周的相对两侧轮流均匀敲打，不可偏敲一边，用力要均匀。

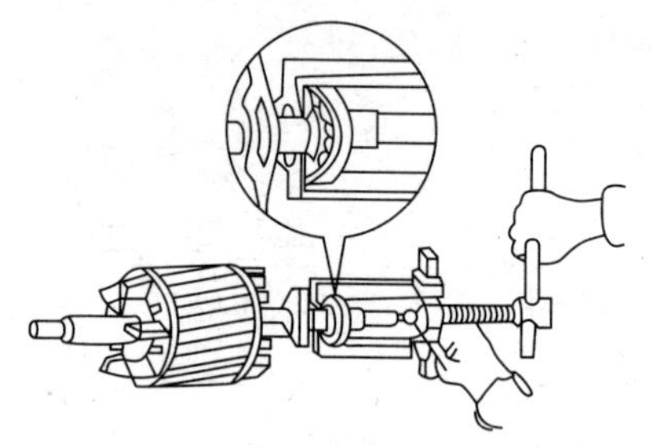

图 6.84　用拉具拆卸轴承

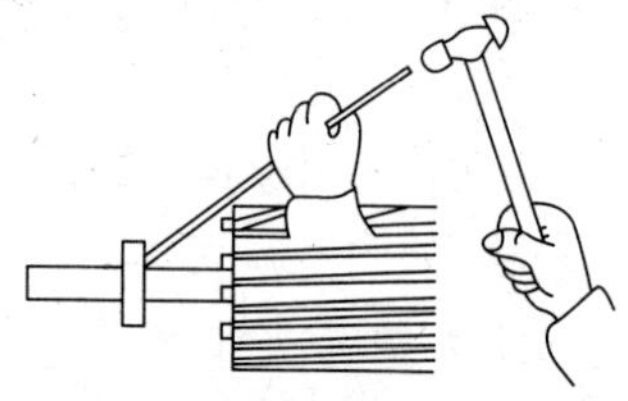

图 6.85　用铜棒拆卸轴承

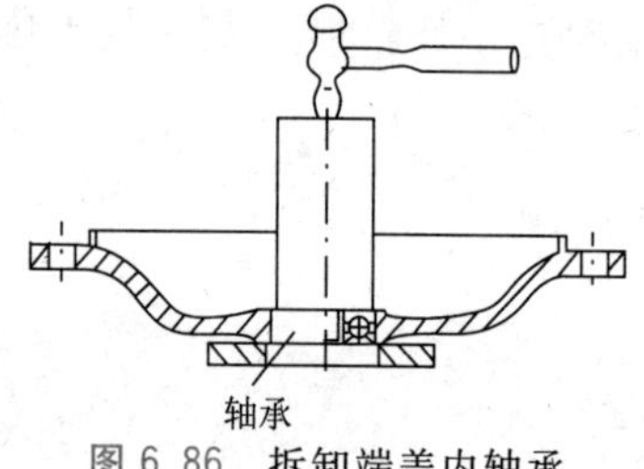

图 6.86　拆卸端盖内轴承

在拆卸电动机时，若轴承留在端盖轴承孔内，则应采用图 6.86 所示的方法拆卸。先将端盖止口面向上平稳放置，在端盖轴承孔四周垫上木板，但不能抵住轴承，然后用一根直径略小于轴承外沿的套筒，抵住轴承外圈，从上方用锤子将轴承敲出。

6.16 电动机的装配

电动机的装配程序与拆卸时的程序相反。

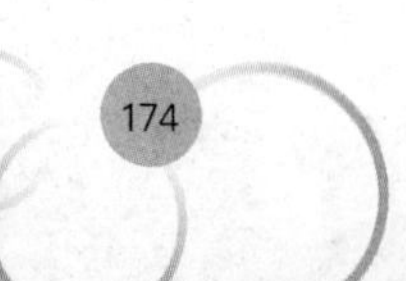

1. 轴承的装配

装配前应检查轴承滚动件是否转动灵活而又不松旷。再检查轴承内圈与轴颈,外圈与端盖轴承座孔之间的配合情况和光洁度是否符合要求。在轴承中按其总容量的 1/3～2/3 的容积加足润滑油,注意润滑油不要加得过多。将轴承内盖油槽加足润滑油,先套在轴上,然后再装轴承。为使轴承内圈受力均匀,可用一根内径比转轴外径大而比轴承内圈外径略小的套筒抵住轴承内圈,将其敲打到位,如图 6.87(a)所示。若找不到套筒,可用一根铜棒抵住轴承内圈,沿内圈圆周均匀敲打,使其到位,如图 6.87(b)所示。如果轴承与轴颈配合过紧,不易敲打到位,可将轴承加热到 100℃左右,趁热迅速套上轴颈。安装轴承时,标号必须向外,以便下次更换时查对轴承型号。

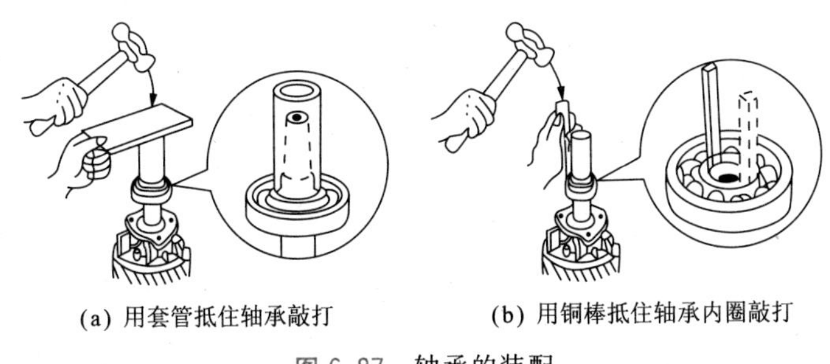

(a) 用套管抵住轴承敲打　　(b) 用铜棒抵住轴承内圈敲打

图 6.87　轴承的装配

2. 端盖的装配

轴承装好后,再将后端盖装在轴上。电动机转轴较短的一端是后端,后端盖应装在这一端的轴承上。装配时,将转子竖直放置,使后端盖轴承孔对准轴承外圈套上,一边缓慢旋转后端盖,一边用木锤均匀敲击端盖的中央部位,直至后端盖到位为止,然后套上轴承外盖,旋紧轴承盖紧固螺钉,如图 6.88 所示。按拆卸时所作的标记,将转子送入定子内腔中,合上后端盖,按对角交替的顺序拧紧后端盖紧固螺丝。

参照后端盖的装配方法将前端盖装配到位。装配前先用螺丝刀清除机座和端盖止口上的杂物和锈斑,然后装到机座上,按对角交替顺序旋紧螺丝,如图 6.89 所示。

3. 皮带轮或联轴器的装配

皮带轮或联轴器的装配如图 6.90 所示。首先用细砂纸把电机转轴的表面打磨光滑[图 6.90(a)]。然后对准键槽，把皮带轮或联轴器套在转轴上[图 6.90(b)]。用铁块垫在皮带轮或联轴器前端，然后用手锤适当敲击，从而使皮带轮或联轴器套进电动机轴上[图 6.90(c)]。再用铁板垫在键的前端轻轻敲打使键慢慢进入槽内[图 6.90(d)]。

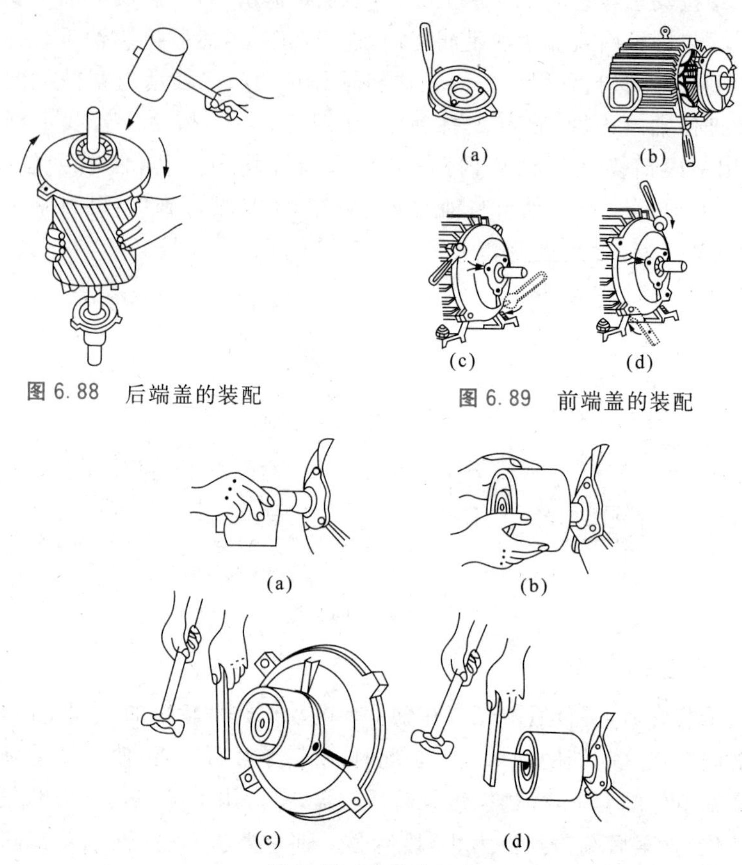

图 6.88　后端盖的装配

图 6.89　前端盖的装配

图 6.90　皮带轮的装配

第7章

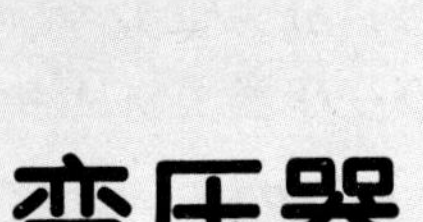

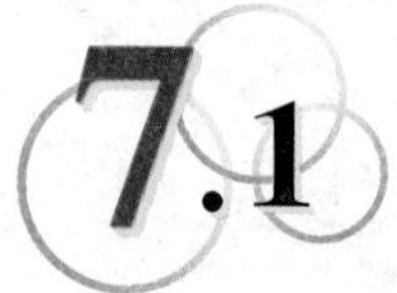

7.1 变压器的原理

1. 变压器的作用

变压器按照用途不同可以分为很多种，可以说是照明、电子设备、动力机械等的基础，作用很大(变压器实物见图 7.1)。

(a) 输配电用变压器

(b) 柱上变压器

图 7.1　各种变压器

2. 变压器的原理

如图 7.2 所示，变压器是铁心上绕有绕组(线圈)的电器，一般把接于电源的绕组称为一次绕组，接于负荷的绕组称为二次绕组。

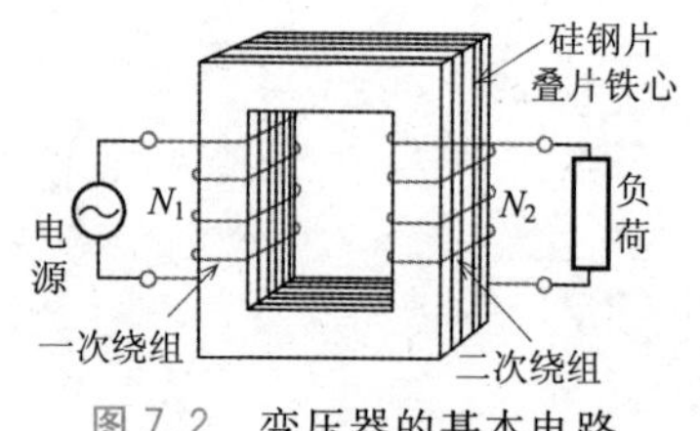

图 7.2　变压器的基本电路

图 7.3 中，给一次绕组施加直流电压时，仅当开关开闭瞬间，才使电灯亮一下。这因为仅当开关开闭时才引起一次绕组中电流变化，使贯穿二次绕组的磁通发生变化，靠互感作用在二次绕组中感应出电势(图 7.4)。

图 7.3(b)是一次绕组施加交流电压的情况，图 7.3(b)中交流电压大小和正负方向随时间而变化，故由此而生的磁通也随电压变化，这就在二次绕组不断感应出电势，使电灯一直发亮。

这样，在变压器一次绕组施加的电源电压，可感应出二次绕组。

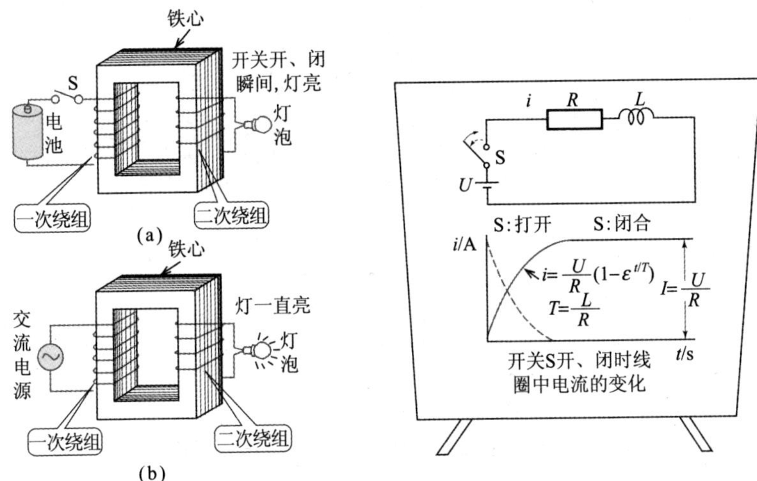

图 7.3 变压器的原理

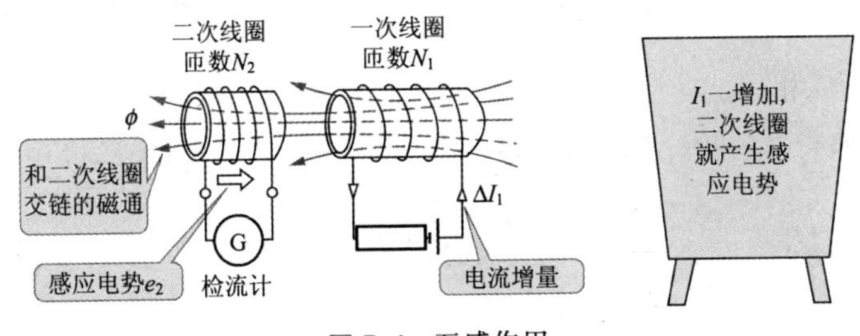

图 7.4 互感作用

3. 根据匝数比变压

图 7.5 中，铁心中磁通为 ϕ(Wb)(和 i_1 同相)，若在 Δt(s)时间间隔内磁通变化 $\Delta\phi$(Wb)，则根据与电磁感应有关的法拉第-楞次定律，在一次和二次绕组(匝数各为 N_1 和 N_2)感应的 e_1 和 e_2 都有阻止磁通变化的方向，如下式所示：

$$e_1=-N_1\frac{\Delta\phi}{\Delta t}(\mathrm{V})$$

$$e_2=-N_2\frac{\Delta\phi}{\Delta t}(\mathrm{V})$$

加于一次绕组的端电压 u_1 和一次绕组感应电势(一次感应电势)e_1 间的关系如下式所示：

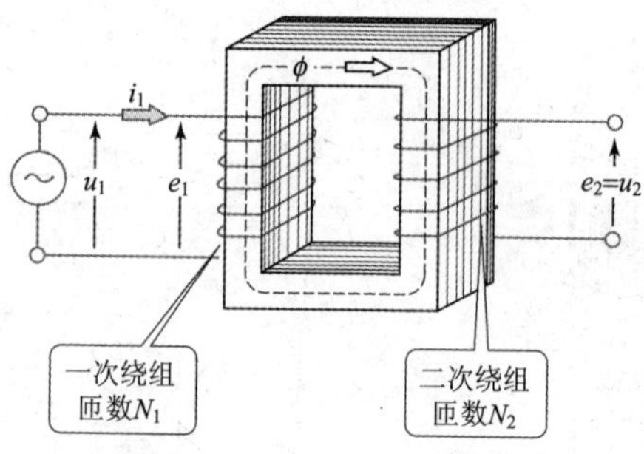

图7.5　变压器的基本电路

$$u_1=-e_1=N_1\frac{\Delta\phi}{\Delta t}(\mathrm{V})$$

出现于二次绕组的端电压 U_2 和二次绕组的感应电势 e_2 相同，表示为

$$u_2=e_2=-N_2\frac{\Delta\phi}{\Delta t}(\mathrm{V})$$

u_1 和 u_2 反相。

下面将 u_1 和 u_2 改用有效值 U_1 和 U_2 表示，U_1 与 U_2 之比如下式：

$$\frac{U_1}{U_2}=\frac{N_1\dfrac{\Delta\phi}{\Delta t}}{N_2\dfrac{\Delta\phi}{\Delta t}}=\frac{N_1}{N_2}=a$$

式中，a 等于一次侧匝数和二次侧匝数之比，故称 a 为匝数比。

设变压器没有损耗，认为二次侧输出的功率与一次侧输入的功率相等(图7.6)，那么将有如下关系：

$$P_1=P_2$$

$$U_1I_1=U_2I_2$$

$$\frac{U_1}{U_2}=\frac{I_2}{I_1}=\frac{N_1}{N_2}=a$$

式中，$\dfrac{U_1}{U_2}$称为变压比；$\dfrac{I_2}{I_1}$的倒数$\dfrac{I_1}{I_2}$称为电流比。

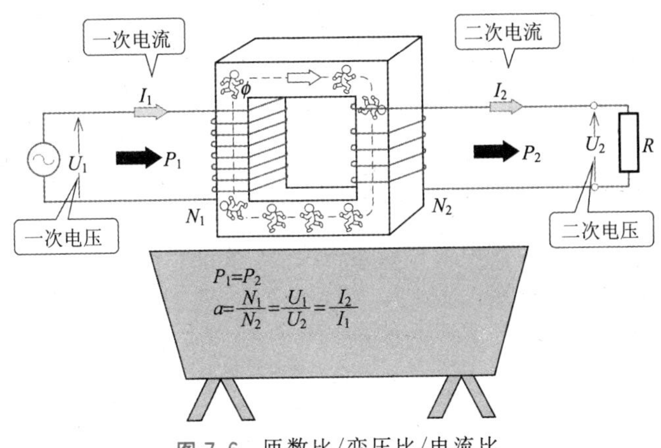

图 7.6 匝数比/变压比/电流比

7.2 变压器的结构

1. 按铁心和绕组的配置分类

变压器基本上由铁心和绕组组成,图 7.7 所示为铁心部分和绕组部分,图 7.8 所示为使用绝缘油的变压器的剖面图。按铁心和绕组的配置来分类,变压器可分为心式和壳式两种。

图 7.7 变压器的铁心和绕组

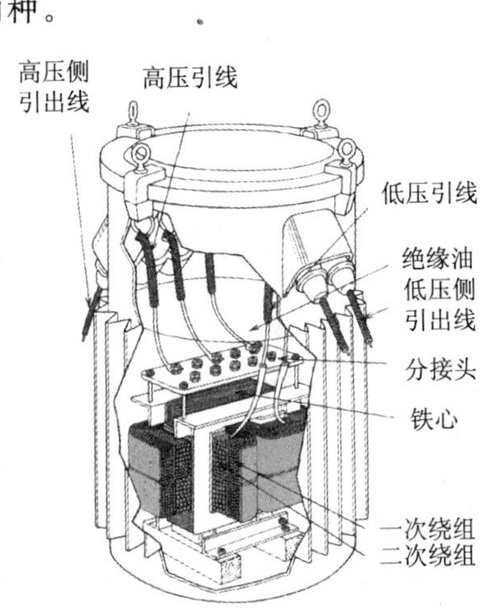

图 7.8 变压器剖面图

图 7.9(a)所示为心式铁心,结构特点是外侧露出绕组,而铁心在内侧,从绕组绝缘考虑,这种安置合适,故适用于高电压;图 7.9(b)所示为壳式铁心,在铁心内侧安放绕组,从外侧看得见铁心,它适用于低电压大电流的场合。

2. 铁　心

变压器铁心通常使用饱和磁通密度高、磁导率大和铁耗(涡流损耗和磁滞损耗)少的材料(图 7.10)。

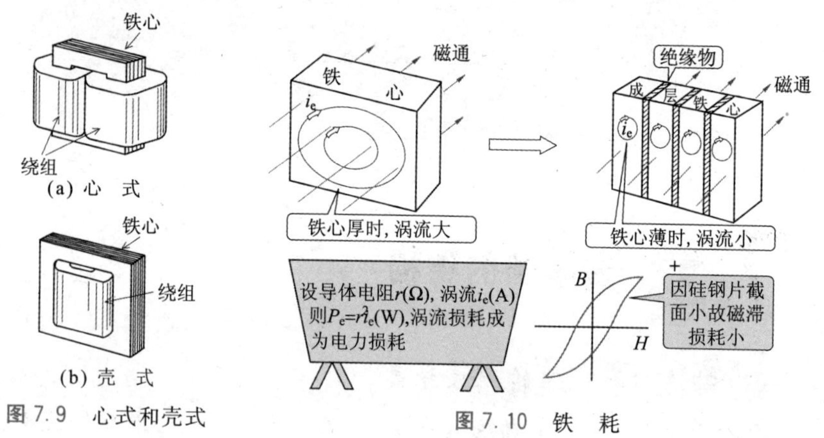

图 7.9　心式和壳式

图 7.10　铁　耗

硅含有率为 4%～4.5%的 S 级硅钢片是广为应用的材料。厚度为 0.35mm,为了减少涡流损耗,需一片一片地涂以绝缘漆,将这种硅钢片叠起来就成为铁心,称为叠片铁心。图 7.11 所示为硅钢片铁心装配过程。

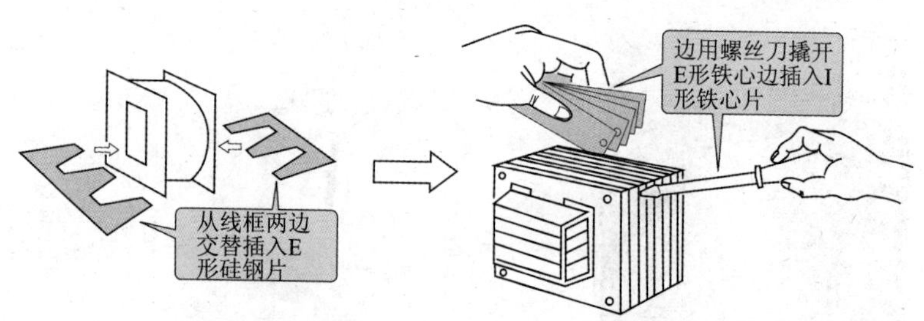

图 7.11　EI(壳式)铁心的装配

将硅钢片进行特殊加工,使压延方向的磁导率变大,这样处理后的硅钢片称为取向性硅钢片。沿压延方向通过磁通时,比普通硅钢片的铁耗小,磁导率也大。用取向性硅钢带做成的卷铁心变压器如图 7.12 所示,目的是使磁通和压延方向一致。卷铁心先整体用合成树脂胶合，再在两处切断，放入绕组后，再将铁心对接装好。图 7.13 所示为切成两半装好的卷铁心（又称对接铁心）。卷铁心通常用于如柱上变压器那样的中型变压器中。

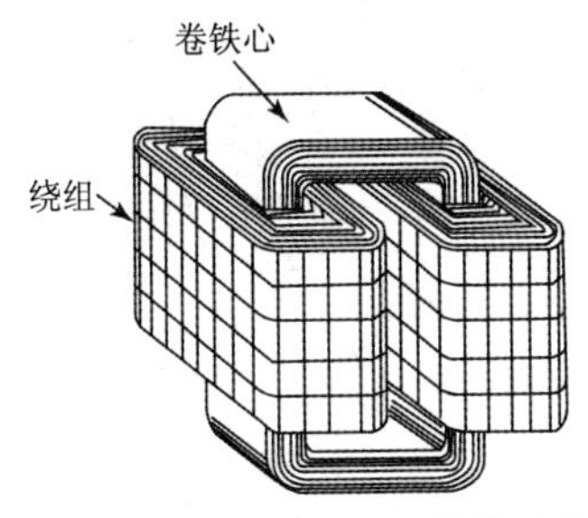

图 7.12 用取向性硅钢带做成的卷铁心变压器

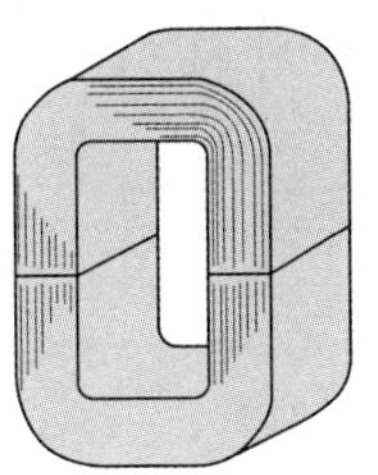

图 7.13 对接铁心

3. 绕 组

绕组的导线采用软铜线、圆铜线和方铜线（图 7.14）。

(a) 绕组绕制方法

(b) 铜线示例

图 7.14 绕组绕制方法和铜线示例

图 7.15 所示为中型、大型变压器的绕组情况，有圆筒式和饼式绕法。一次绕组、二次绕组和铁心之间的绝缘层采用牛皮纸、云母纸或硅橡胶带等。

4. 外套和套管

油浸变压器的外箱由于要安放铁心、绕组和绝缘物，故主要用软钢板焊接而成。

为了把电压引入变压器绕组，或从绕组引出电压，需将导线和外箱绝缘,为此要用瓷套管(图 7.16)。高电压套管常用充油套管和电容型套管。

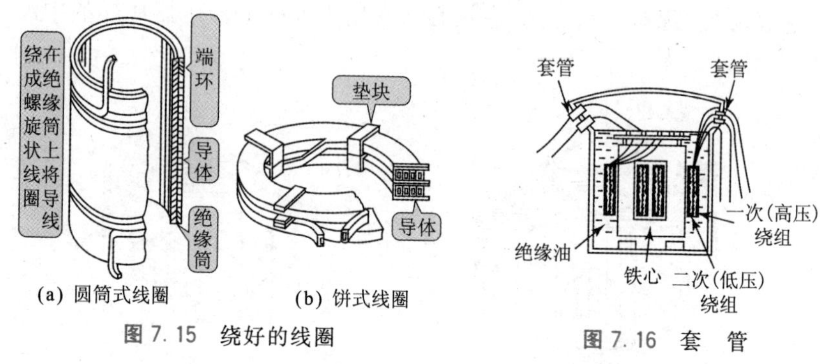

(a) 圆筒式线圈　(b) 饼式线圈

图 7.15 绕好的线圈

图 7.16 套 管

7.3 变压器的电压和电流

7.3.1 理想变压器的电压、电流和磁通

如在前面变压器原理中所介绍的那样,忽略了一次、二次绕组的电阻、漏磁通以及铁耗等,变压器就可称为理想变压器(图 7.17)。

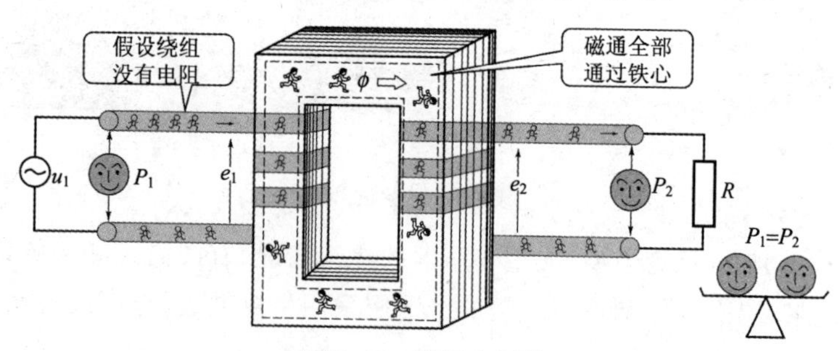

图 7.17 理想变压器

图 7.18 中,一次绕组施加交流电压 u_1(V),二次绕组两端开放称为空载。图中一次绕组中流过电流 i_0,铁心中就产生主磁通 ϕ,因而把 i_0 称为励磁电流。若忽略绕组电阻,则它只有感抗,故 i_0 及 ϕ 的相位滞后电源电压相位 $\pi/2$(rad)。另外,u_1 和一次、二次感应电势 e_1、e_2 的相位关系

是 $u_1=-e_1$，即为反相位，而 e_1 和 e_2 为同相位。以 e_1 为基准，它们的关系如图 7.18(b)所示，图 7.18(c)是向量图($\dot{U}_1$、$\dot{E}_1$、$\dot{E}_2$、$\dot{I}_0$、$\dot{\Phi}$ 为 u_1、e_1、e_2、i_0、ϕ 的向量)。

一次侧施加的交流电压频率为 f(Hz)，铁心中磁通最大值若以 ϕ_m(Wb)表示，则一次、二次感应电势 e_1、e_2 的有效值 E_1、E_2 将如下式所示：

$$E_1=4.44fN_1\phi_m\text{(V)}$$

$$E_2=4.44fN_2\phi_m\text{(V)}$$

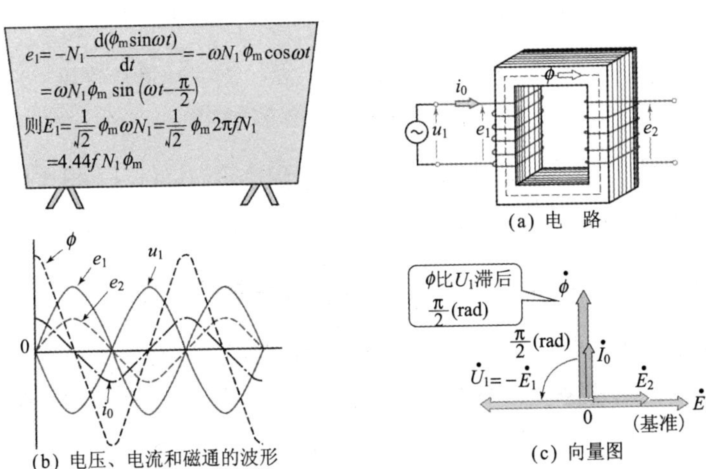

图 7.18 空载时的电路、波形和向量图

图 7.19 所示为二次绕组加上负荷，即变压器负荷状态的电路和向量图(图中，u_1，e_1，i_1，i_0 用向量 $\dot{U}_1$，$\dot{E}_1$，$\dot{I}_1$，$\dot{I}_0$ 表示)。二次绕组 N_2 中的负荷电流为

$$\dot{I}_2=\frac{\dot{E}_2}{\dot{Z}}$$

由于 $\dot{I}_2$ 的作用，二次绕组产生新的磁势 $N_2\dot{I}_2$，它有抵消主磁通的作用。为了使主磁通不被抵消，一次绕组将有新的电流流入，使一次绕组产生磁势 $N_1\dot{I}_1'$，$N_2\dot{I}_2+N_1\dot{I}_1'=0$，称 $\dot{I}_1'$为一次负荷电流。

这样，有负载时一次全电流 $\dot{I}_1$ 将为：

$$\dot{I}_1 = \dot{I}_1' + \dot{I}_0$$

图 7.19(b)用向量图表示了上述关系。

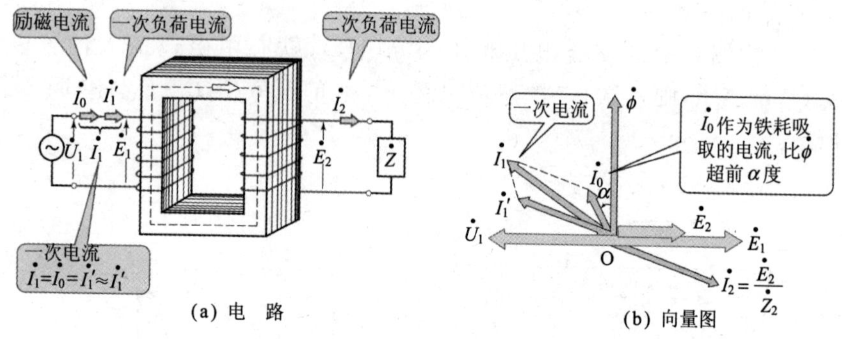

图 7.19　负荷时的电路和向量图

一般来说，二次负荷电流 $\dot{I}_2$ 大时，励磁电流 $\dot{I}_0$ 与 $\dot{I}_1$ 相比很小，只占百分之几，因此，可以认为一次电流 $\dot{I}_1$ 和一次负荷电流 $\dot{I}_1'$近似相等。

7.3.2　实际变压器有绕组电阻和漏磁通

实际变压器中，一次、二次绕组有电阻，铁心中有铁耗。另外，一次绕组电流产生的磁通，并不是全部交链二次绕组，会产生漏磁通 ϕ_{11} 和 ϕ_{12}(图 7.20)。

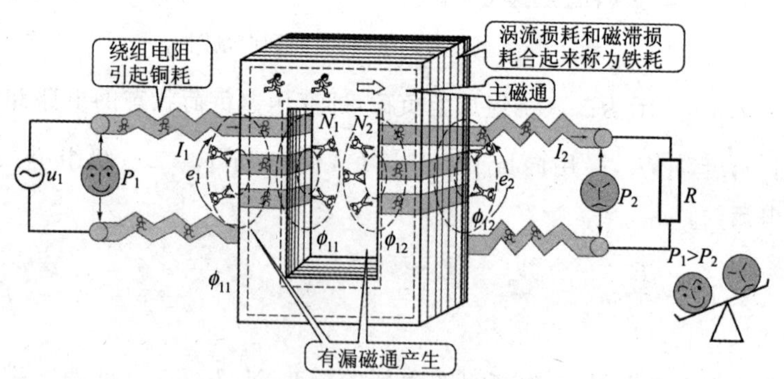

图 7.20　实际的变压器

若实际变压器中，一次、二次绕组电阻为 r_1、r_2，则在 r_1、r_2 上的铜耗产生电压降。这里，ϕ_{11}只交链一次绕组，只在一次绕组中感应电势，只在一次绕组中产生电压降。同样，ϕ_{12}只在二次绕组产生电压降。

因此，实际变压器可用一次、二次绕组电阻 r_1、r_2 分别和一次漏电抗 x_1、二次漏电抗 x_2 相串联的电路来表示，如图 7.21(a)所示，图中 $\dot{U}_1{}'$ 称为励磁电压，且 $\dot{U}_1{}' = -\dot{E}_1$。图 7.21(b)为该电路的电压电流关系的向量图。

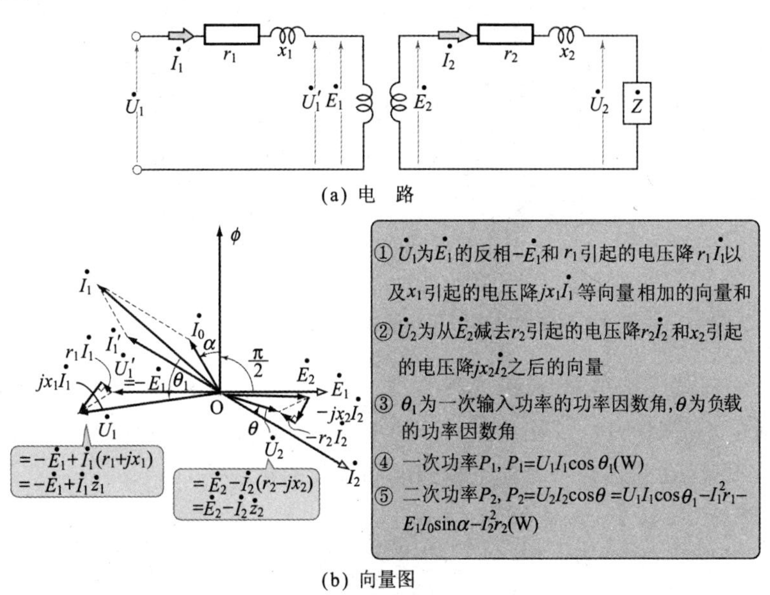

(a) 电 路

(b) 向量图

图 7.21 实际变压器的电路和向量图

7.4 规格和损耗

7.4.1 使用变压器时要注意规格

变压器有使用上的限度，即额定值。额定值包括功率、电压、电流、频率和功率因数等，这些都表示在附于变压器箱体上的铭牌中(图 7.22)。

额定容量(也称额定输出功率)，是指在标牌中的额定频率及额定功率因数一般为 100％情况下，二次侧输出端得到的视在功率，即

额定容量＝(额定二次电压)×(额定二次电流)

单位用伏安(V·A)、千伏安(kV·A)或兆伏安(MV·A)。

图 7.22　变压器的铭牌

7.4.2　铜耗、磁滞损耗和涡流损耗

变压器无旋转部分，因此无摩擦等机械损耗，但有铁心产生的铁耗，还有电流流过一次、二次绕组而产生的铜耗(图 7.23)。根据变压器是否带有负荷，这些损耗可分为空载损耗和负荷损耗。

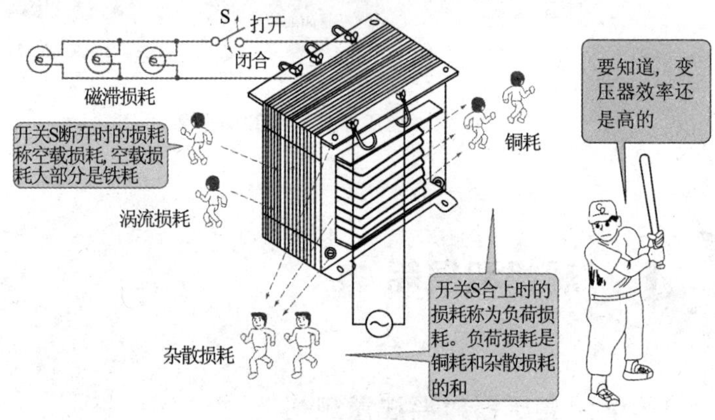

图 7.23　变压器的损耗

1. 空载损耗

在低压侧施加额定电压，高压侧不接负荷，处于开路状态，从低压侧电路供给的功率全部成为变压器的损耗，这种损耗称为空载损耗。图 7.24 是空载损耗测量电路，低压侧施加额定频率的正弦波额定电压；电

流表读数为空载电流；功率表读数为空载损耗。

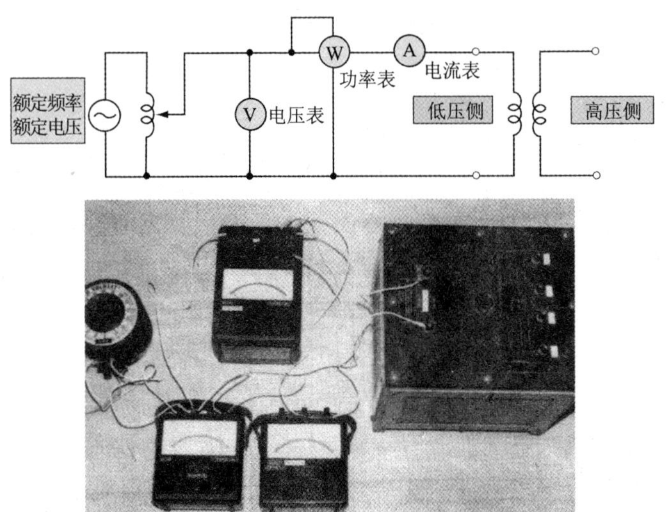

图 7.24 空载损耗的测量电路

空载损耗大部分是铁耗，铁耗为磁滞损耗和涡流损耗之和。这两种损耗可用下式求得：

磁滞损耗 $p_h = k_h f B_m{}^2$ (W/kg) (7.1)

涡流损耗 $p_e = k_e (t k_f f B_m)^2$ (W/kg) (7.2)

式中，k_h、k_e 为取决于材料的常数；t 为钢片厚度；f 为频率；B_m 为最大的磁通密度；k_f 为波形因数（正弦波时为 1.11）。

由式(7.2)可知，由于涡流损耗 p_e 与钢片厚度 t 的平方成正比，故铁心用薄钢片叠成为好。还有，在同一电压下磁滞损耗与频率成反比，而涡流损耗与频率无关系（由 $U_1 = 4.44 f N_1 \phi_m = 4 k_f f N_1 A B_m$，能解出 B_m 代入式(7.1)和式(7.2)）。

因此，60Hz 用的变压器若用于 50Hz，铁耗将增至 1.2 倍。所以说一般 60Hz 用的变压器不能用于 50Hz，但 50Hz 用的电力变压器却可用于 60Hz。

2. 负荷损耗

由负荷电流在变压器中产生的损耗，称为负荷损耗。

图 7.25 是测量负荷损耗的电路。该电路中低压侧短路，使低压侧有额定频率的额定电流，功率表读数即为负荷损耗。因为绕组电阻随温度

而变化，所以必须把实测值修正为电气设备试验用的基准温度 75℃ 的值，这种将低压短路进行的试验称为短路试验。

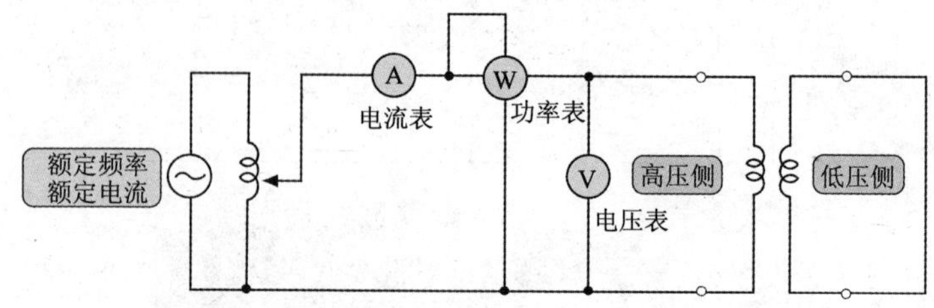

图 7.25　负荷损耗的测量电路

负荷损耗是由于负荷电流在一次、二次绕组产生的铜耗和杂散损耗之和。这里所说的杂散损耗是指负荷电流在变压器中产生漏磁通，引起外箱和固紧螺钉等金属部分有涡流，从而产生损耗。小型变压器杂散损耗与铜耗之比一般极小，但大型变压器却是一个不能忽略的值。

图 7.26 所示为空载损耗和负荷损耗的测量值。

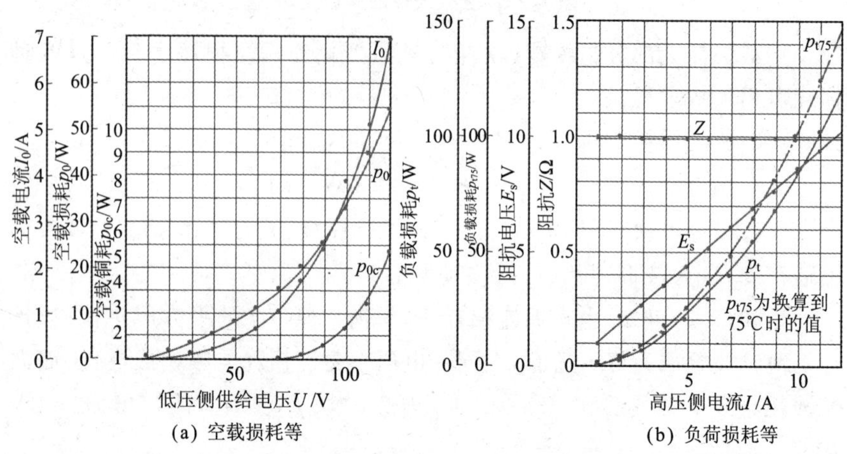

图 7.26　空载损耗和负荷损耗的测量值

7.5 效率和电压调整率

7.5.1 变压器的效率

发电机把机械能变换为电能，电动机进行相反的变换。然而变压器是电能自己的变换，因此，结构简单，损耗小，效率在 95%以上，非常高(图 7.27)。变压器效率的表示方法有以下几种。

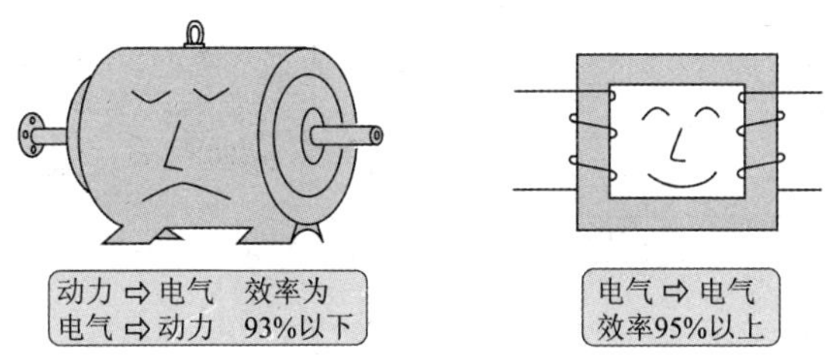

图 7.27 变压器的效率高

1. 实测效率

只说效率二字，是指实测效率。给图 7.28 所示的实测电路接上负荷，测出二次和一次功率，然后算出二者之比就可以了。最大效率理论上是指铁耗和铜耗相等时，实际变压器从 1/2 负荷到额定负荷都几乎接近最大效率值。图 7.29 是效率实测示例。

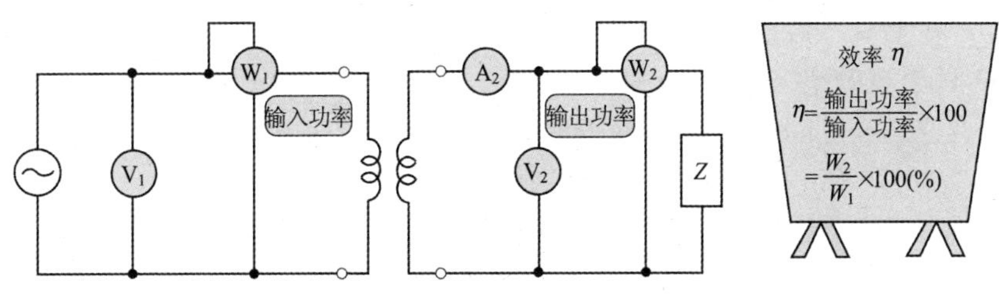

图 7.28 实测效率的测量电路

2. 规约效率

变压器容量大时，实测效率的测量准备工作很难。于是，进行空载试验和短路试验求出损耗，然后，用损耗和输入功率或输出功率表示效率，称为规约效率，如下式：

$$规约效率\ \eta=\frac{输出功率(kW)}{输出功率(kW)+损耗(kW)}\times100(\%)$$

$$=\frac{输入功率(kW)-损耗(kW)}{输入功率(kW)}\times100(\%)$$

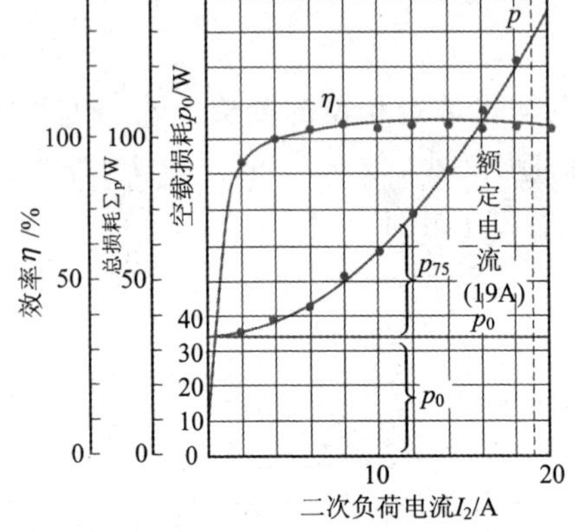

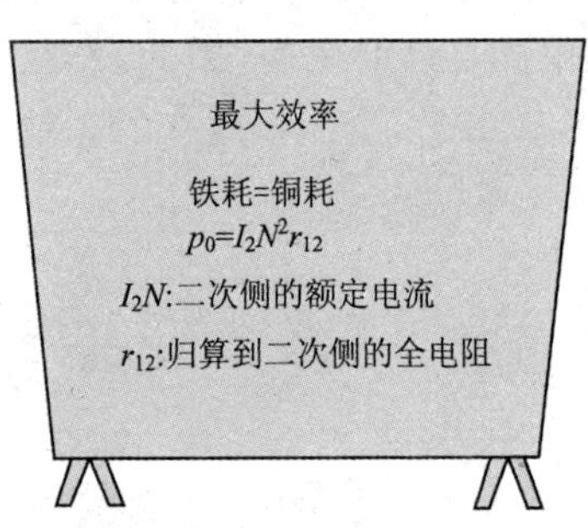

图 7.29　效率实测示例

这里若令变压器容量为 W(kV·A)，铁耗为 p_i(kW)。额定负载铜耗为 p_c(kW)，负载功率因数为 $\cos\theta$，则额定负载时效率为

$$额定负载效率\ \eta=\frac{W\cos\theta}{W\cos\theta+p_i+p_c}\times100(\%)$$

3．全日效率

柱上变压器等，一天中很少带不变的负荷，因此需要计算一天总计效率，即全日效率。

$$全日效率\ \eta_d=\frac{日输出电量}{日输入电量}\times100(\%)$$

由于空载损耗大，故全日效率较实测效率低。配电用柱上变压器的全日效率在 3/5 负荷附近有最大的效率。

7.5.2　电压调整率

日常使用的电力负荷一般是恒压方式的，故电压若变化，对负荷就会有影响。例如 100V 的白炽灯，电压降至 90V 时，光束约降至 70%，变暗。电风扇和洗衣机等设备的电容运行电动机，由于转矩与电压的平方成正比，故电压下降时转矩减小更快。

变压器二次侧端电压随着负荷增减而变化，变化的值越小越好。电压变化的比率称为电压调整率。因 7.30 是电压调整率的测量电路。首先在额定频率、额定功率因数和额定二次电流条件下，调节一次电压 U_1，使二次电压保持为额定电压 U_{2N}。然后，保持 U_1 不变，把二次负荷去掉，变成空载，二次端电压变为 U_{20}，电压调整率如下式所示：

$$\text{电压调整率}\ \varepsilon=\frac{U_{20}-U_{2N}}{U_{2N}}\times 100(\%)$$

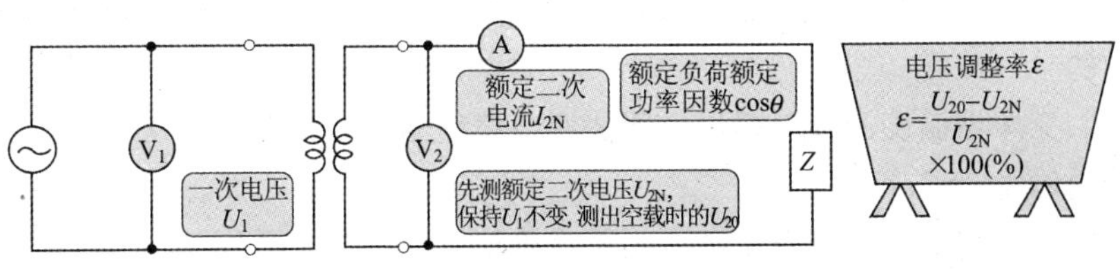

图 7.30 电压调整率的测量电路

电压调整率约为 1.5%～5%，容量越大，电压调整率越小。图 7.31 所示为容量和电压调整率的关系。

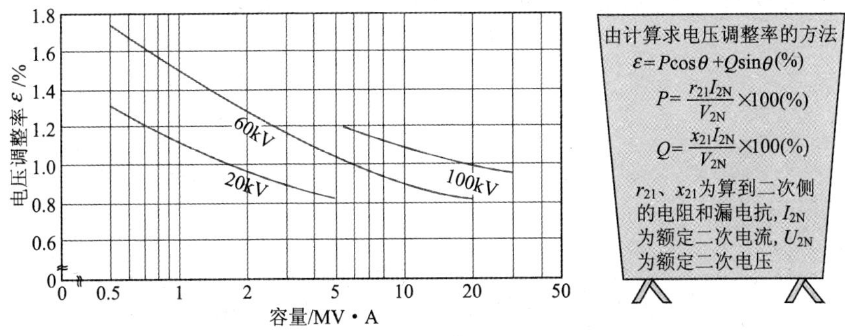

图 7.31 电压调整率

7.6 变压器温升和冷却

7.6.1　温升和温度测量

变压器运行中铁心中的铁耗，绕组中的铜耗，都会变为热而使变压器温度上升，如图 7.32(a)所示。变压器温度升高时，其中的绝缘物就会变质劣化，绝缘抗电强度、黏度、燃点都下降，因此变压器温度应不超过绝缘物的允许温度。

变压器温度测量包括用电阻法测量绕组温度和用温度计法测量油和铁心温度。

用电阻法测量绕组温度是用下式求得：

$$绕组温度\ t_2 = \frac{R_2 - R_1}{R_1}(235 + t_1) + t_1(℃)$$

式中，t_1 为试验开始时变压器绕组的温度(℃)；R_1 为 t_1 时变压器绕组的电阻(Ω)；R_2 为 t_2 温度时同一绕组的电阻(Ω)。

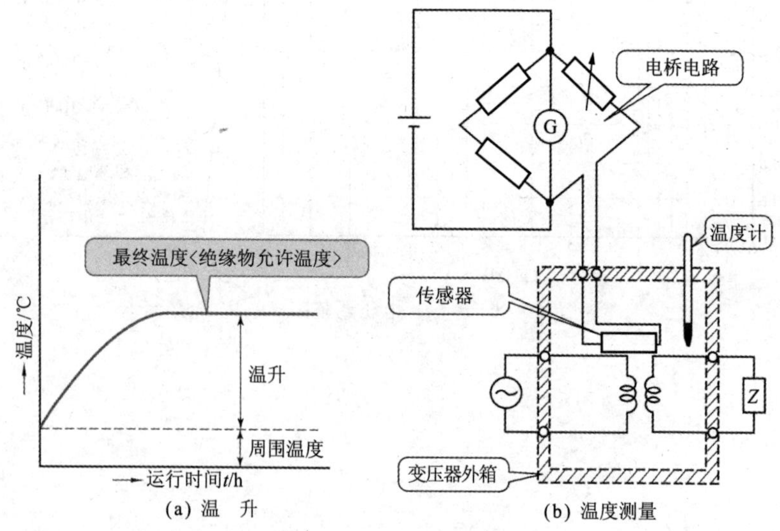

(a) 温　升　　(b) 温度测量

图 7.32　温升和温度测量

图 7.32(b)所示为使用水银温度计或酒精温度计等温度计测量的场合。另外，在大型变压器中用传感器来测量，用电桥测量铜线的电阻值，如图 7.32 所示，由铜线电阻值可知温度。

用上述方式测量的温度上限应在表 7.1 所列值以下。

表 7.1 温升上限

<table>
<tr><th colspan="2">变压器部位</th><th>温度测量方法</th><th>温升上限</th></tr>
<tr><td colspan="2">绕 组</td><td>电阻法</td><td>55</td></tr>
<tr><td rowspan="2">油</td><td>本体内的油直接与大气接触</td><td rowspan="2">温度计法</td><td>50</td></tr>
<tr><td>本体内的油不直接与大气接触</td><td>55</td></tr>
</table>

7.6.2 冷却方法

为了使变压器长时间安全运行，必须把各部位温度降到规定限值以下，表 7.2 列出了变压器的冷却方法和用途(图 7.33)。

表 7.2 变压器的冷却方法和用途

<table>
<tr><th colspan="2">分 类</th><th>冷却方法</th><th>用 途</th><th>示意图</th></tr>
<tr><td rowspan="2">干式</td><td>自冷式</td><td>靠和周围空气自然对流和辐射把热散发出去</td><td>小容量变压器，测量用互感器</td><td></td></tr>
<tr><td>风冷式</td><td>用送风机强制周围空气循环</td><td>中型电力变压器，H 类绝缘变压器</td><td></td></tr>
<tr><td rowspan="5">油浸式</td><td>自冷式</td><td>靠和周围空气自然对流和辐射把热散发出去</td><td>小型配电用柱上变压器</td><td>图 7.33(a)，(b)</td></tr>
<tr><td>风冷式</td><td>用送风机强制周围空气循环</td><td>中型以上电力变压器</td><td>图 7.33(c)</td></tr>
<tr><td>水冷式</td><td>箱体内装有冷却水管，靠冷却水循环把油冷却</td><td>同上</td><td>图 7.33(d)</td></tr>
<tr><td>强制油循环风冷式</td><td>箱体外装有冷却管，用泵把箱内的油打到箱外冷却管，形成强制油循环，箱外冷却管用送风机冷却</td><td>同上</td><td>图 7.33(e)</td></tr>
<tr><td>强制油循环水冷式</td><td>箱体外装有冷却管，用泵把箱内的油打到箱外冷却管，形成强制油循环，箱外冷却管用冷却水冷却</td><td>同上</td><td>图 7.33(f)</td></tr>
<tr><td colspan="2">充气式</td><td>使用化学稳定的碳氟化合物做冷却剂，利用液体的汽化热来冷却</td><td>同上</td><td></td></tr>
</table>

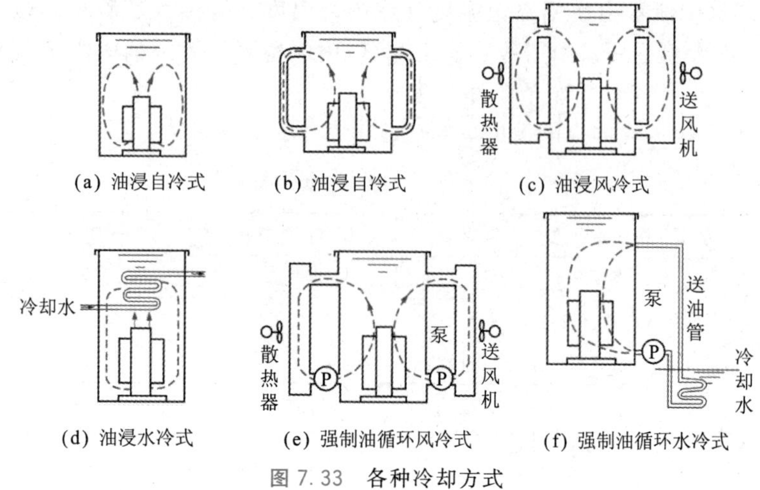

图 7.33　各种冷却方式

7.6.3　变压器油和防止油劣化

变压器一般使用品质良好的矿物油,为了防止火灾,也可用不燃性合成绝缘油。变压器油除了把变压器本体浸没,使绕组绝缘变好以外,同时还有冷却作用,防止温度上升。

变压器油需具备以下条件:

① 为了能起绝缘作用,耐电强度应高。

② 为了发挥对流冷却作用,油热膨胀系数要大,黏度要小,为了增加散热量,比热要大,凝固点要低。

③ 化学稳定,高温下也无化学反应。

油浸变压器中油的温度随负荷变化而升降,油不断进行膨胀和收缩,这使得变压器内的空气反复进出。因此,大气中的湿气会进入油中,不仅会引起耐电强度降低,而且和油面接触的空气中的氧气会使油氧化,从而形成泥状沉淀物。

为了防止上述油劣化,采用了图 7.34 所示的储油箱(俗称油枕),油膨胀和收缩引起的油面上下变化,只在储油箱内进行,油的污染变少,沉淀物可以排出清除。为了除去大气中的湿气,在储油箱上装有吸湿呼吸器,其内放入活性铝矾土吸湿剂。

图 7.34 储油箱

7.7 变压器层间短路的检测

变压器的故障可以分为内部故障与外部故障,如图 7.35 所示。故障的表面现象及对策示于表 7.3。层间短路也叫局部短路,是变压器绕组层与层之间的绝缘破坏,使绕组短路所致。层间短路可以使变压器过热,甚至烧坏。

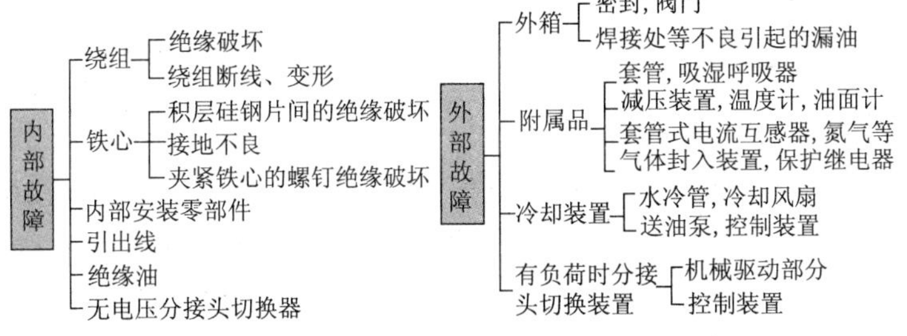

图 7.35 变压器的故障示例

1. 层间短路的检测

如果测量一台变压器的二次电流,有层间短路的变压器与正常的变压器大不相同。这是因为有层间短路的变压器在短路点流过的电流与励磁电流相加的缘故,因此变压器有无短路可以用二次电流的大小来判断,如图 7.36 所示。二次电流的频率特性示于图 7.37,可看出它与有无层间短路无关,在某个频率下电流为最小。

表 7.3　**小容量变压器的故障原因及对策**

现象及原因		对　策
一般故障(大部分伴有烧损)	二次配线短路引起的烧损	安装容量适当的断路器,按颜色区别,配线要整齐
	过载引起的烧损	配置容量适合于负荷的变压器,安装双金属片式烧损防止器
	绝缘物老化引起的烧损	按计划定期维护可延长寿命
	绝缘油老化引起的烧损	更换新的绝缘油(可防止冷却效果及绝缘耐力降低)
	套管事故	保持套管清洁
	雷击引起的烧损	避雷器设备
局部短路（这是主题）	浸水	检查套管有无裂缝,铁板有无锈孔
	分接头不良	更换正确的分接头
	落下金属片等异物	切换分接头时及检查内部时防止工具坠落
	雷击	安装避雷器
	过载	负荷管理
断　线	绕组与引线之间断线	制造不良,应严格质量管理
	分接头或螺钉松动	充分紧固
	雷击	安装避雷器

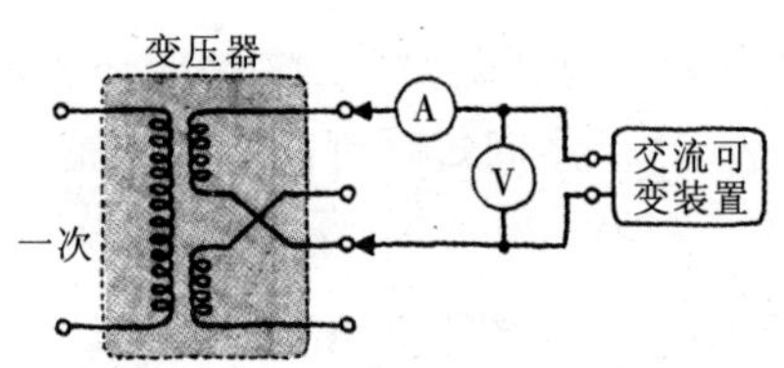

图 7.36　变压器二次电流的测定

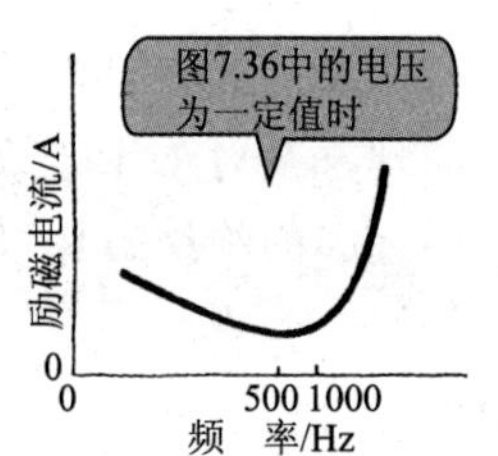

图 7.37　二次电流的频率特性

2. 判断有无层间短路

① 准备。将测试器的开关置于“局部短路”的位置。短接测试用的端子,按下判断按钮。如果红灯亮,蜂鸣器响;打开测试用的端子,如果红灯灭,蜂鸣器不响,说明功能正常。

打开变压器的一次及二次断路器,可防止触电及高空作业时出现坠落事故。环境黑暗时应准备作业照明。

② 测定。将测试引线接到变压器的二次侧,如图 7.38 所示。测试器的切换开关置于“局部短路”的位置,按下判断按钮。如果红灯亮,蜂鸣器响就是层间短路,否则就是没有层间短路。所加的电压是 10V、400Hz,判断是否合格的基准电流是 0.5A。

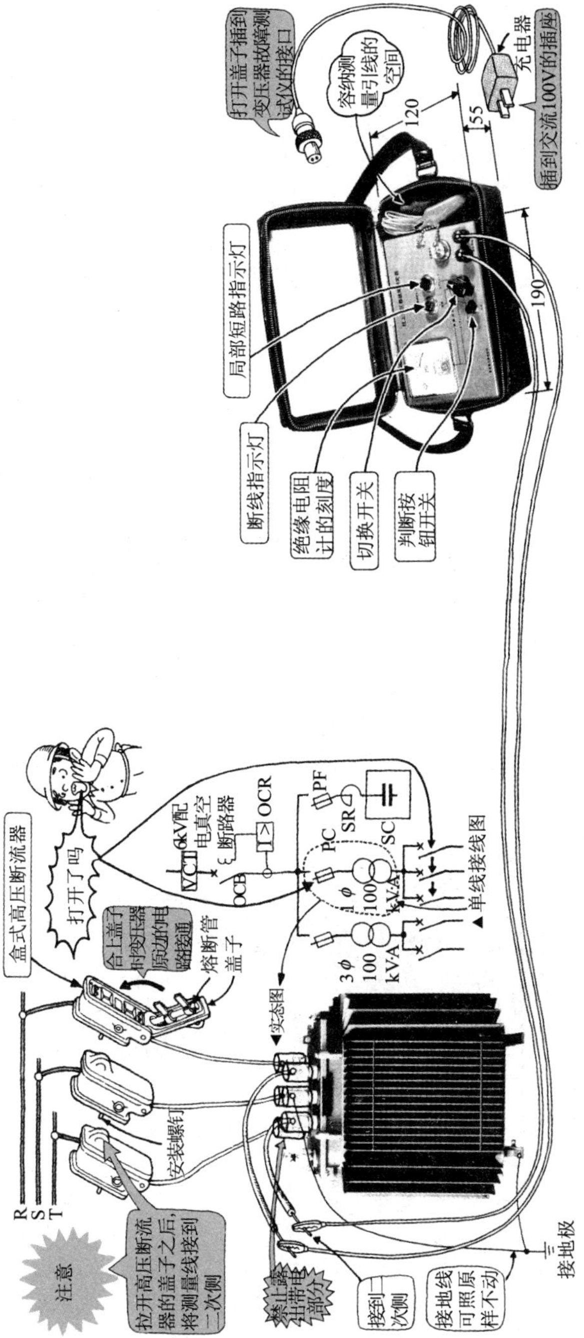

图 7.38 变压器故障测试仪的使用方法

3. 判断是否断线及测量绝缘电阻

在变压器绕组的“断线”中，有导线完全断开的，有即将断开的，也有因接触不良使接触电阻增大的，都必须检测出来。

把测试电压加在一次侧或二次侧的端子，过10s后根据电流的大小自动计算出直流电阻是否达到500Ω以上。达到500Ω以上即可判断为断线，此时红灯亮，蜂鸣器响。

此外，绝缘电阻也是判断变压器好坏的重要因素。在30～100MΩ的范围就是“良好”，在刻度盘的绿色区显示。

如果变压器的绝缘电阻很低，应使用1000V或2000V的绝缘电阻计，以提高判断的精度。

7.8 变压器的安装和预防性维护

变压器在安装前应该检查一下是否有输送过程中可能造成的物理损伤(图7.39)。要特别检查以下几点：

① 在变压器外壳上是否有过度的凹陷。

图7.39 配电变压器

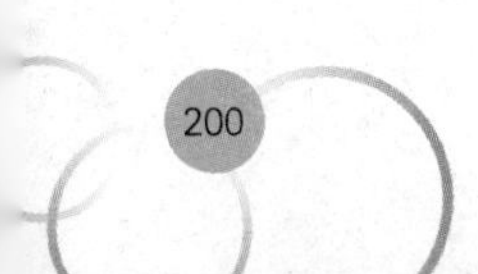

② 螺母、螺栓和零件是否松懈。

③ 凸出部分如绝缘物、计量器和电表是否损坏。

如果变压器是液体冷却，需要检查冷却剂液位。如果冷却剂液位低，检查液体罐上是否有泄漏的迹象并确定漏液的精确位置。如果超过了正常液位，则在正常情况下冷却剂产生的热量就会导致漏液。为了检测到超过正常冷却剂液位时的漏液情况，应该用惰性气体如氮气等将液体罐压力从 3psi 增加到 5psi。将溶解的肥皂水或冷水涂在可疑的对接处或焊接处，如果在该处液体有泄漏现象，就会出现细小的气泡。

如果变压器是新安装的设备，则需要检查变压器铭牌上的名词术语，以确保符合安装的 kV·A、电压、阻抗、温升和其他安装要求。

通过合适的维护可以增加变压器寿命。因此应该建立检修维护计划来增加设备的使用期限。变压器检修的频率取决于工作条件。如果变压器处于干净而且比较干燥的地方，每年检修一次就足够了。在有灰尘和化学烟雾的恶劣环境下，就需要更频繁的检修。一般来说变压器厂商对于每个已售出的特定类型的变压器会推荐一种预防性维修程序。在检修过程中需要检查和保养的项目包括：

① 应该清除绕组或绝缘套上的污垢和残渣，从而使空气自由流通并能降低绝缘失效的可能性。

② 检查破损或有裂痕的绝缘套。

③ 尽可能地检查所有的电力连接处及其紧密度。连接松动会导致电阻增加所产生的局部过热。

④ 检查通风道的工作状态，清除障碍物。

⑤ 测验冷却剂的介电强度。

⑥ 检查冷却剂液位，如果液位过低要增加冷却剂的量。但不要超过液位标准面。

⑦ 检查冷却剂压力和温度计。

⑧ 用兆欧表或高阻计进行绝缘电阻检测。

变压器可以安装在室内也可以安装在室外。由于某些类型的变压器存在潜在危险，因此如果把这些变压器安装在室内就要遵守特定的安装要求。一般情况下，变压器和变压器室应在专业人员维修时易于进入而限制非专业人员接近的位置。

变压器室有两个作用，首先它可以使非专业人员远离存在潜在危险的电气零件;其次它还可以承受由于变压器故障而引起的火灾和燃烧。

7.9 各种常用的变压器

7.9.1 测量用互感器

在输配电系统的高电压、大电流电路中,很难用一般的仪表直接测量电压和电流。因此,需要变成可以测量的低电压和小电流。用于这一目的的测量专用的特殊变压器称为测量用互感器,有电压互感器和电流互感器。

1. 电压互感器

电压互感器(PT)是将高电压变成低电压的变压器,与一般电力变压器没有不同;但为了减小测量误差,绕组电阻和漏电抗也相对要小一些。图 7.40 是其外观图。油浸式用于高压,干式用于低压。电压互感器的接线如图 7.41 所示,一次侧接一般的电压指示表计。还应指出,电压互感器额定二次电压为 100V。

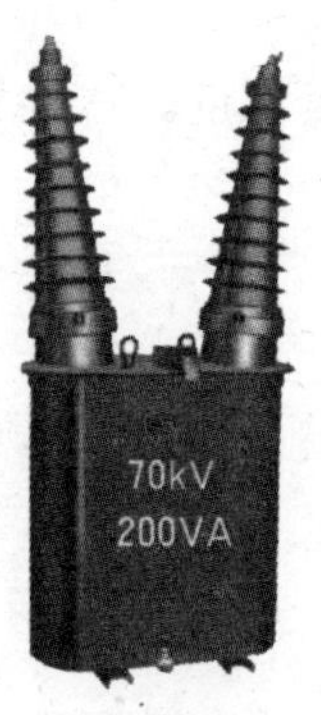

(a) 油浸式

(b) 干式模制式

图 7.40 测量用电压互感器的外观

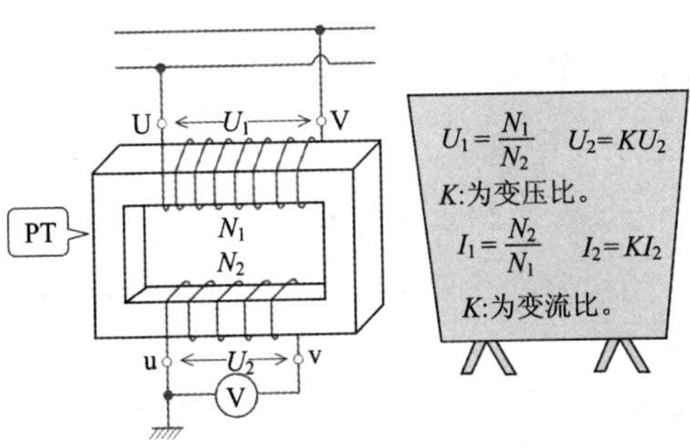

图 7.41 电压互感器的接线

2. 电流互感器

电流互感器(CT)是将大电流变成小电流的变压器,为了使励磁电流小,铁损耗要小,故采用磁导率大的优质铁心。电流互感器的接线如图 7.42 所示,电流互感器的一次侧接测量电路,额定二次电流为 5A。也应指出,一次侧若有电流时将二次侧开路,将会产生很高的电压绕组或仪表将烧坏,同时将会危及人的安全,所以其二次侧绝不允许开路。图 7.43 是其外观图。油浸式用于高压,干式用于低压电路。

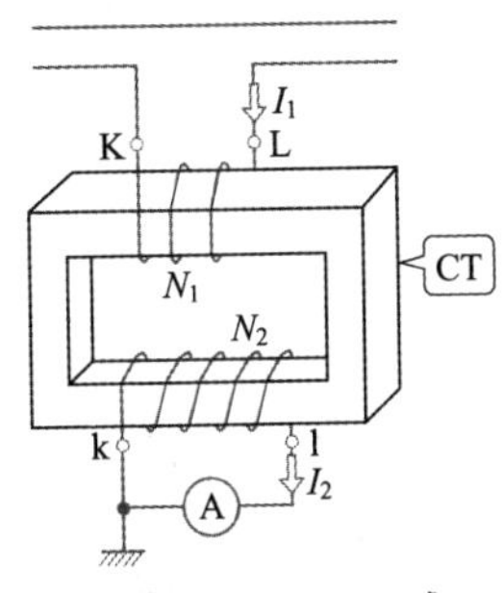

图 7.42 电流互感器的接线

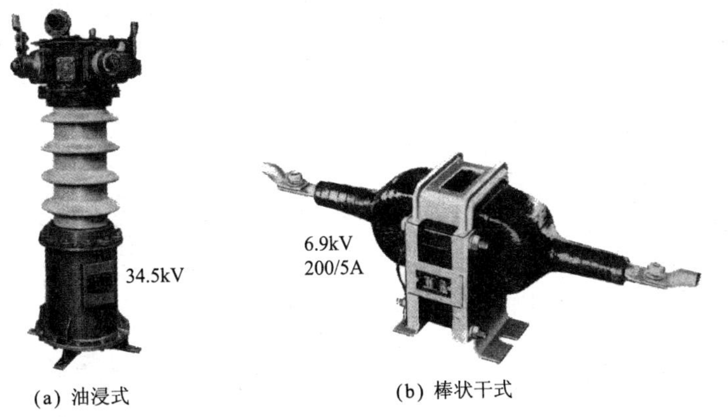

(a) 油浸式

(b) 棒状干式

图 7.43 电流互感器的外观

7.9.2　自耦变压器

自耦变压器作为变压器的一种，其自身只有一个线圈。自耦变压器没有隔离功能，仅当不需要隔离的时候才会用到。这种变压器主要用于电压匹配。如果一个 240V 交流电压要加在一台 208V 的设备上，可以采用自耦变压器来降低电压。在大多数情况下，安装一个自耦变压器比安装一个为设备定制的降压器的成本低得多。图 7.44 所示为升压和降压自耦变压器的工作原理图。图 7.45 示出了一个电压适配自耦变压器。

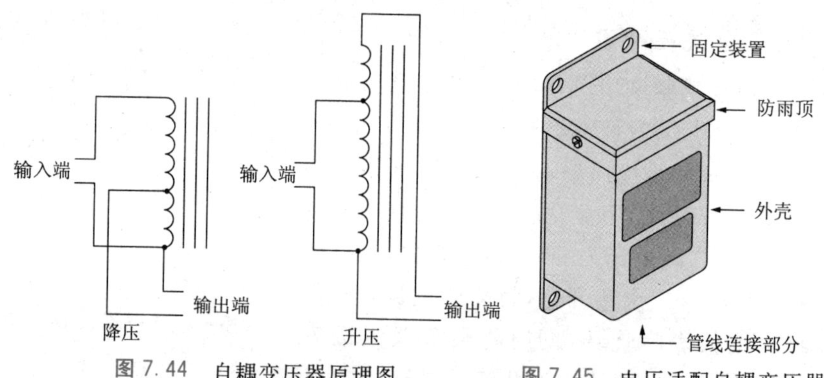

图 7.44　自耦变压器原理图

图 7.45　电压适配自耦变压器

自耦变压器的另外一种应用是用作可变电压源。利用一个滑动抽头取代固定的中心抽头，这样输出电压就可以任意调整。图 7.46 示出一个可变自耦变压器的工作原理图。

可变自耦变压器通常进行独立封装，如图 7.47 所示。这种变压器用作测试实验台或即时安装，其工作性能是非常不错的。它们通常有一根

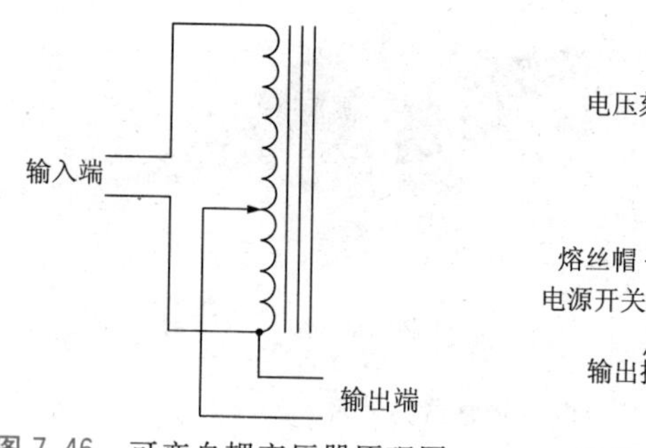

图 7.46　可变自耦变压器原理图

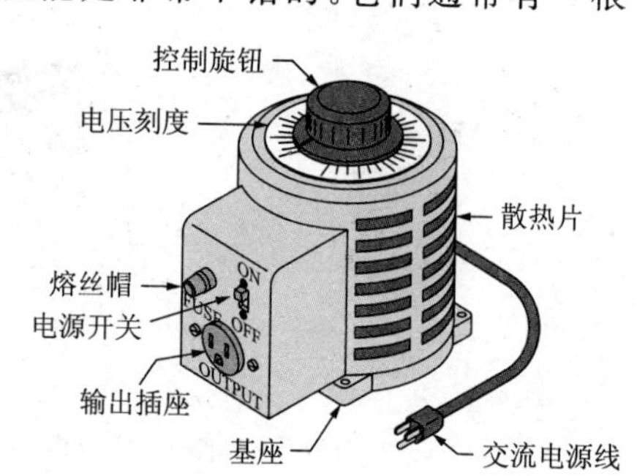

图 7.47　封装好的可变自耦变压器

标准交流输入线和交流输出电源插座。有些型号的变压器甚至还提供输出电压表。

可变自耦变压器也有面板安装型的，如图 7.48 所示。这种布局使其特别适合定制或 OEM 安装。

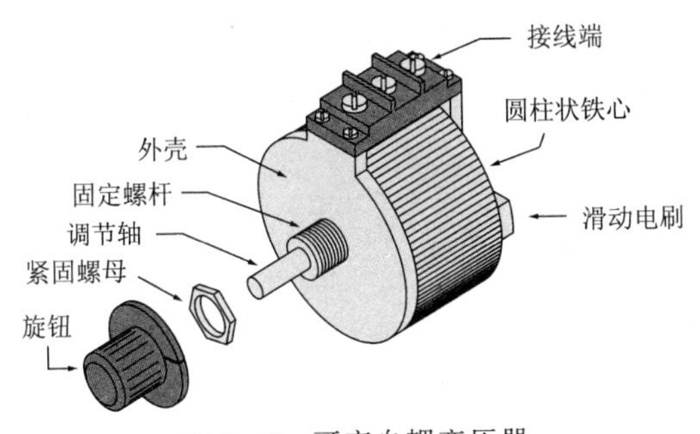

图 7.48 可变自耦变压器

7.9.3 三相变压器

变压器也可以用于制作三相电源。三相变压器由共用一个铁心的三个单相变压器组成，其输入和输出端可以按照三角形或者星形的方式接线。如图 7.49～图 7.52 所示，分别为三相变压器的四种基本接线方式。

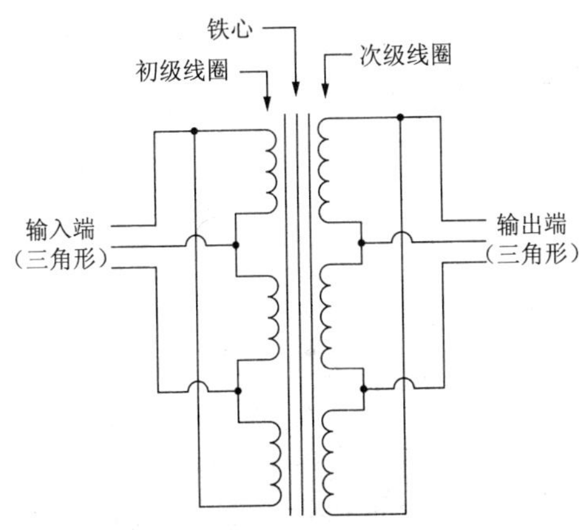

图 7.49 三角形-三角形三相变压器原理图

除了三相变压器使用三个线圈，而单相变压器使用单个线圈以外，商用的三相变压器跟单相变压器具有相同的封装。图 7.53 示出了一个商用的三相变压器。请注意：每个线圈端同其他线圈端都是分离的。这样输入和输出端就可以按照三角形或者星形的方式连接了。

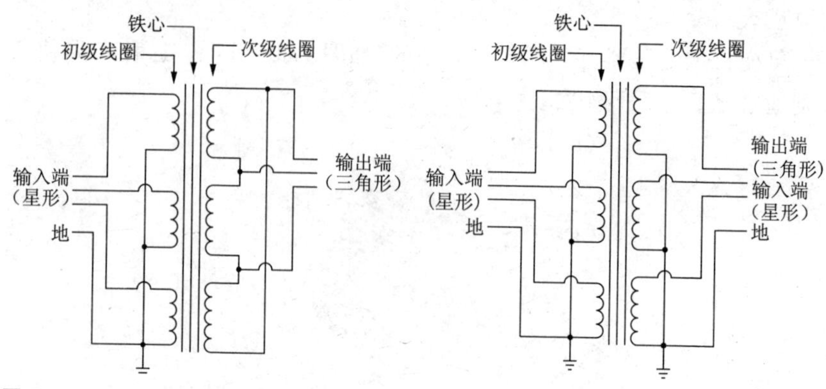

图 7.50　星形-三角形三相变压器原理图　图 7.51　星形-星形三相变压器原理图

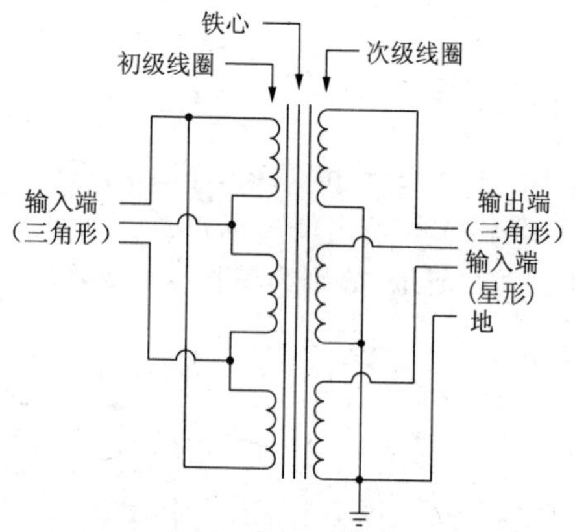

图 7.52　三角形-星形三相变压器原理图

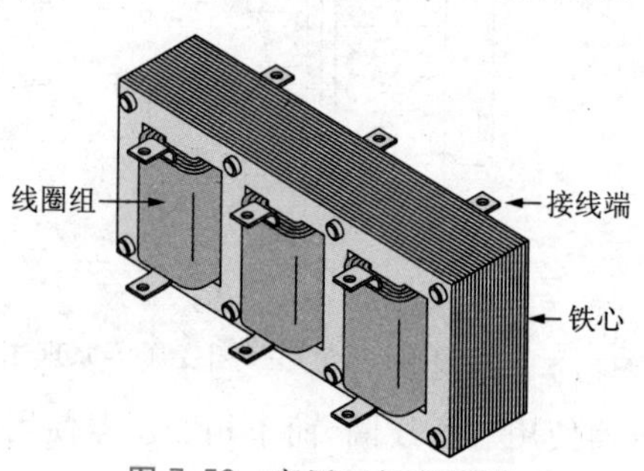

图 7.53　商用三相变压器

如果接线正确，三个单相变压器可以作为一个三相变压器使用。按三角形方式连接输入输出端的三个单相变压器，如图 7.54 所示。

大的配电站通常使用大型三相变压器。根据应用场合的不同，可以选择使用自耦变压器，也可以选用隔离变压器。图 7.55 示出了一个大的三相配电变压器，为了提高绝缘和冷却性能，这种变压器通常浸入到绝缘性很强的介电油中。

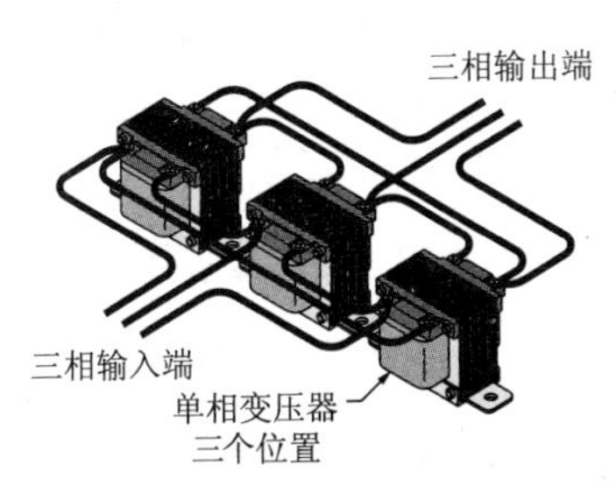

图 7.54 由三个单相变压器组成的三相变压器

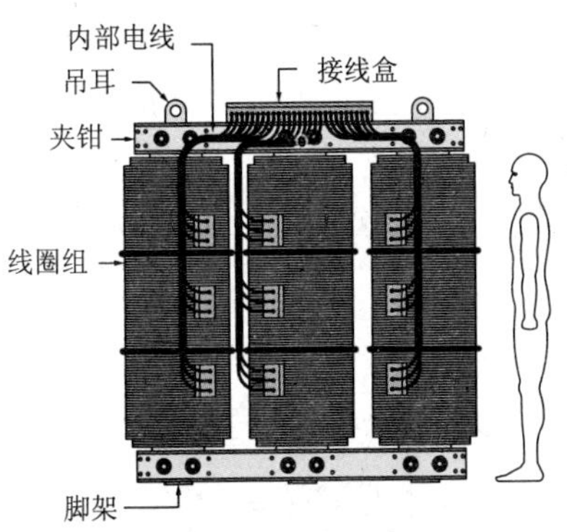

图 7.55 大型三相配电变压器

我们在日常生活中经常能够看到杆式变压器。这类变压器作为一种电源变压器，也需要浸入到高绝缘性的介电油中。不锈钢外壳用来保护他远离各种不利外界环境的影响。通常情况下，这种变压器能够以良好的工作性能持续工作多达 50 年之久。位于顶部比较大的端子为初级线圈，位于旁边的端子为次级线圈。次级线圈上有中心抽头，是用来接地的。图 7.56 所示为一个典型的商用单相杆式变压器及其接线方式。请注意：次级线圈的中心抽头接到了一个公共端上，该公共端与杆和变压器供电的建筑物一起接地。

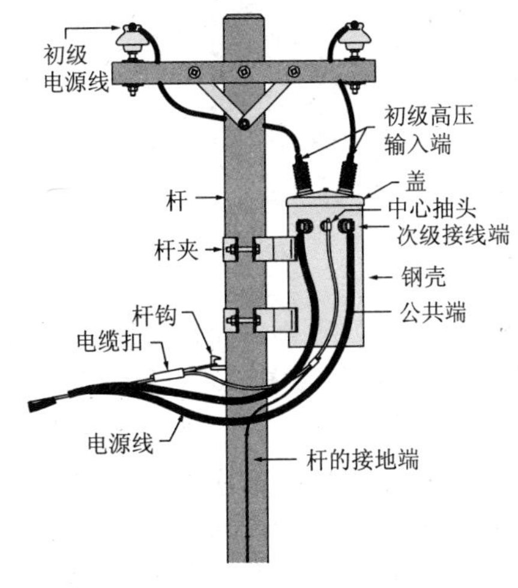

图 7.56 杆式变压器

7.9.4　点火线圈

一种常用的变压器为自动点火线圈，如图 7.57 所示。这种变压器能提供高压脉冲以产生电火花，12V 的输入电压就可以产生出从 30 000～70 000V 不等的输出电压。这种变压器通常在一个杯状的铁心中装有两个螺线管线圈。铁心与线圈封装在一个不锈钢壳中，顶部装有一个带有高压接线端的塑料盖。

图 7.58 示出了一个自动点火线圈的原理图。图中用粗线表示的小线圈为初级线圈，细线表示的大线圈为次级线圈。初级线圈和次级线圈都有一端与公共端相连，铁心通常与高压接线端相连。

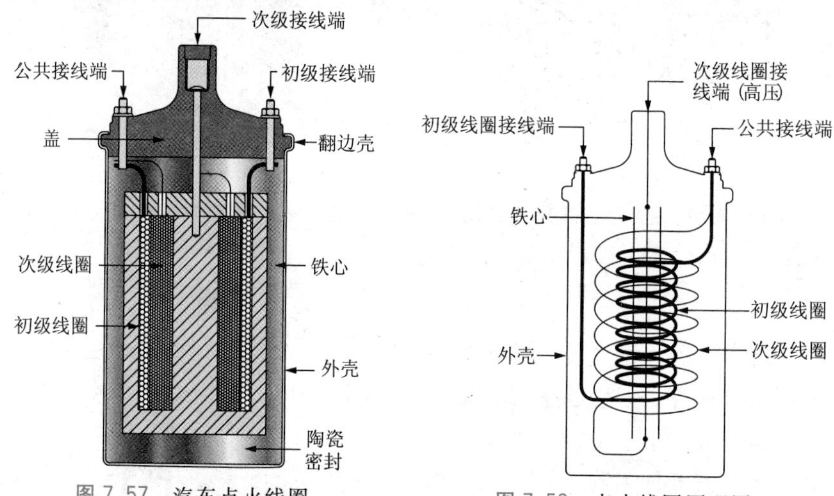

图 7.57　汽车点火线圈

图 7.58　点火线圈原理图

由于汽车点火线圈使用的是直流电源，因此需要使用中断方式来激活点火线圈。如图 7.59 所示，公共端通常通过一组触点接地。每当触点断开时，线圈中的磁场消失，次级线圈将产生高电压脉冲。该触点与转子同步，转子引导高压脉冲到需要点火的汽缸中。点火线圈的初级线圈接线端通过一个点火开关与供电电池的正极相连。电容器跨接在这些触点上，用来减小触点火花，同时延长触点的使用寿命。

7.9.5　饱和变压器

在很多领域都需要限制变压器的输出电流。最常见的应用场合是蓄电池充电器和电焊机。在这种场合，负载基本上为 0Ω。如果把它们同标准变压器相连，电路很可能会跳闸，或者彻底损坏线圈。对于这种场合通常使用专用的饱和变压器。

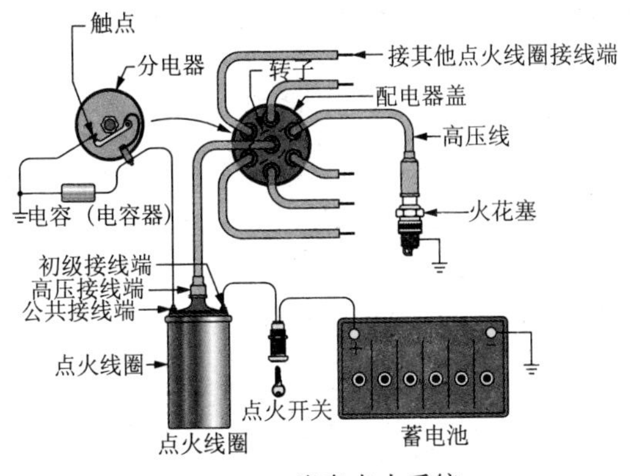

图 7.59 汽车点火系统

所有变压器的输出电流都取决于铁心的磁导率。一旦铁心达到饱和状态，输出电流将维持在一个与铁心磁导率相对应的恒定值。因此，可以通过控制铁心的磁导率将输出电流控制或者限制在一个规定的范围内。

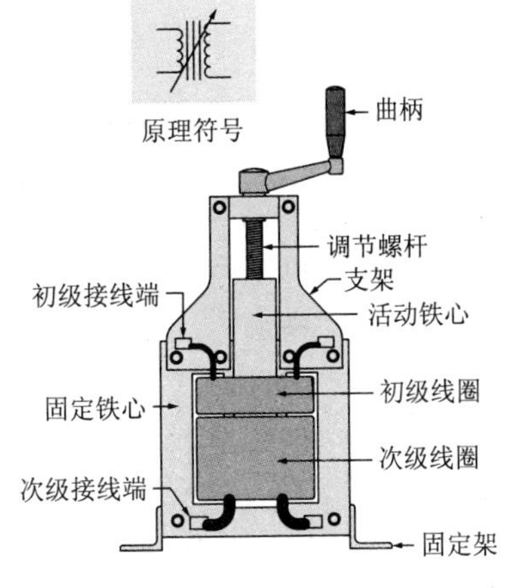

图 7.60 活动铁心饱和变压器

有两种方法可以用来控制变压器的饱和值，第一种方法是改变铁心的大小和位置，图 7.60 示出了一个活动铁心变压器，它常见于小型交流电焊机。铁心做成典型的“E”形，但是中间的脚可以缩回。当中间的脚缩回时，铁心的磁导率降低，使铁心饱和值降到低电流水平。这样，将中间的脚插入铁心，即可增加饱和电流；将中间的脚缩回，可减小饱和电流。

同样，可以通过移动线圈减小电磁耦合来达到限制电流的目的。图 7.61 所示是一个活动线圈变压器。在这种情况下，通过次级线圈的上升或者下降来调整线圈的耦合系数，从而限制输出电流。

第二种限制电流的方法是利用电流在铁心中产生附加磁通。如图7.62所示，给铁心增加一个线圈，增加的线圈相当于一个电抗器。当电抗器通电时，将磁化铁心，从而占用了铁心的部分磁通容量。这样就减小了变压器的容量，从而限制了输出电流。

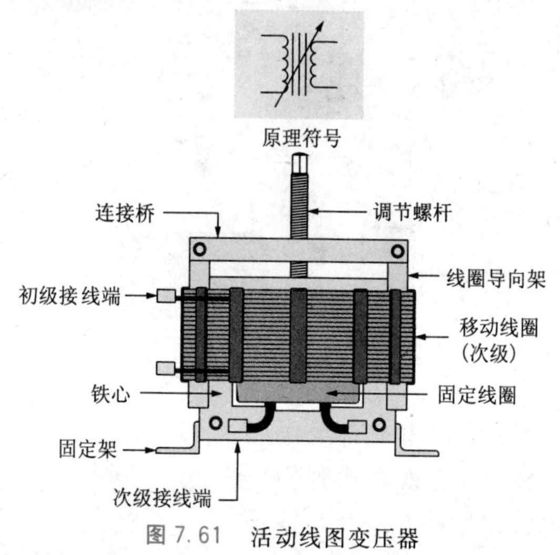

图7.61 活动线图变压器

图7.63示出了一个饱和变压器的控制电路原理图。请注意：这个电路的结构很简单。由于低廉的成本和坚固耐用的设计风格，正好满足了电焊机的工作要求。

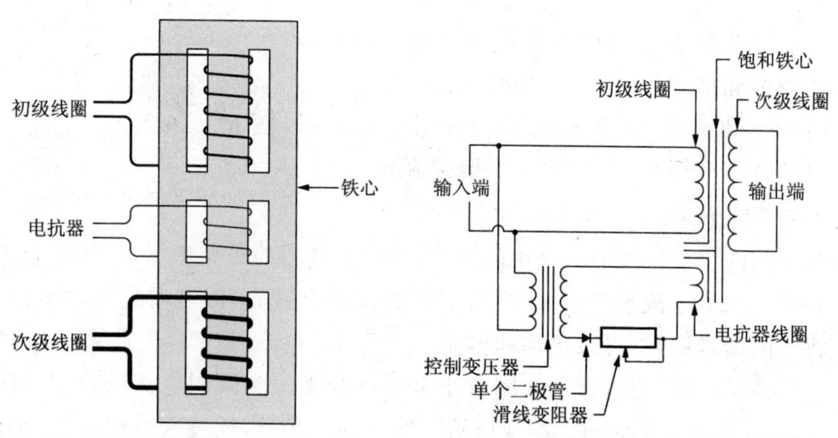

图7.62 带有电抗器的饱和铁心变压器　　图7.63 饱和变压器控制电路原理图

图 7.64 示出了一个带有积分电抗器的小型饱和变压器。这种变压器并不常见,并且通常是特制的。

饱和铁心变压器常用来给氖灯供电。氖灯需要位于 8000～15 000V 的高电压才能启动,而工作电压只需要 400V。氖灯变压器具有高的开路电压和低的工作电流。当氖灯处于断电状态时,其内部阻抗相当高,此时需要一个高电压来电离管中的氖气微粒以接通它。然而,一旦氖灯接通,其内部阻抗会降到很低,造成变压器短路。此时,变压器的输出电压降低到与氖管的工作电流和阻抗相匹配,使氖管工作在低电压状态。氖灯变压器如图 7.65 所示。

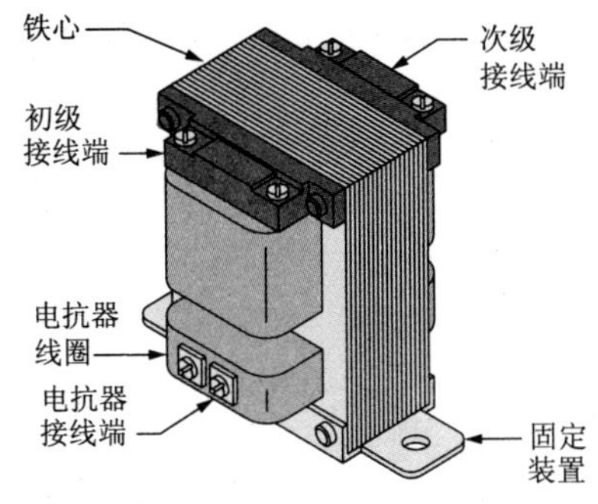

图 7.64 饱和铁心变压器

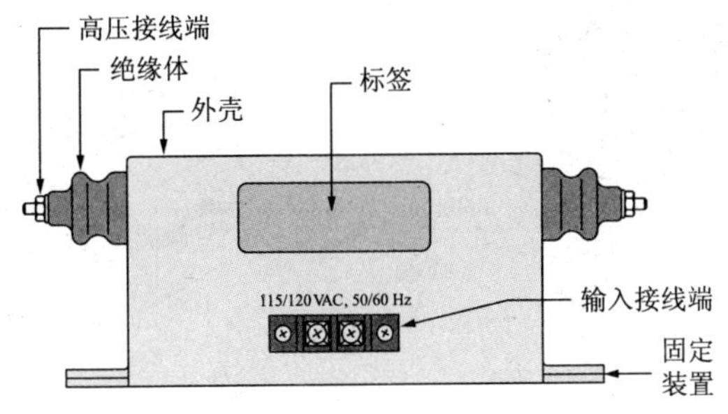

图 7.65 氖灯变压器

7.9.6 恒压变压器

恒压变压器常用于需要精密电源的场合,但实际上只用在配电系统不好的地方。它也用于提供现场电源的野外设备。

恒压变压器利用铁磁共振产生一个可调节的输出。首先,将一个补偿线圈加到铁心上,然后将其通过一个电容器与次级线圈输出端串联。所选用的电容器要与铁心的共振频率相匹配。如果输入电压发生变化,那么电容器/补偿线圈将调整铁心的饱和度,以产生一个恒定的电压输出。恒压变压器如图 7.66 所示。

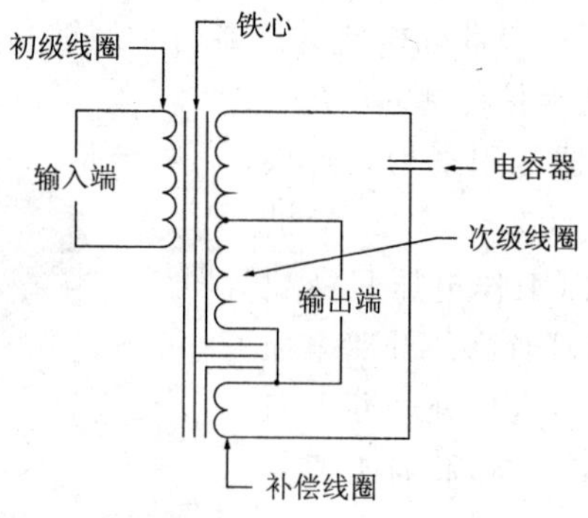

图 7.66　恒压变压器原理图

图 7.67 示出了一个商用的恒压变压器。请注意:该变压器的外观同图 7.64 中所示的饱和变压器很相似。

对于一些小型单点应用场合,恒压变压器常做成独立封装形式,如图 7.68 所示。

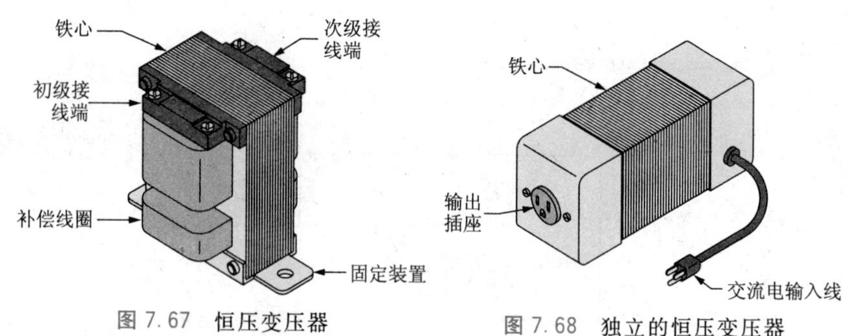

图 7.67　恒压变压器

图 7.68　独立的恒压变压器

第8章

照明和室内线路

8.1 白炽灯、荧光灯的安装使用

8.1.1 白炽灯的常用控制电路

1. 一只开关控制一盏灯电路

如图 8.1 所示，这是一种最基本、最常用的照明灯控制电路。开关 S 应串接在 220V 电源相线上，如果使用的是螺口灯头，相线应接在灯头中心接点上。开关可以使用拉线开关、扳把开关或跷板式开关等单极开关。开关以及灯头的功率不能小于所安装灯泡的额定功率。

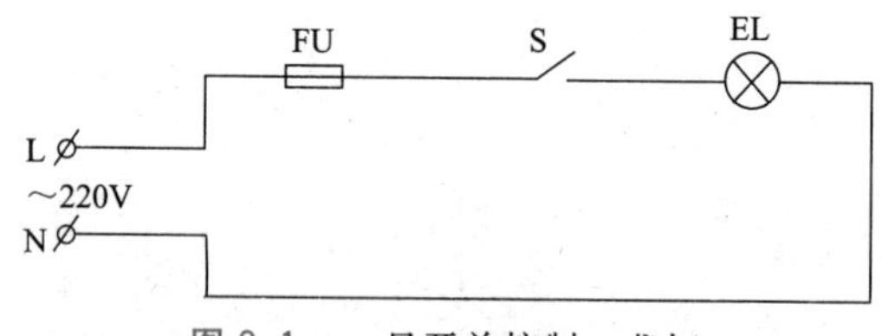

图 8.1 一只开关控制一盏灯

为了便于夜间开灯时寻找到开关位置，可以采用有发光指示的开关来控制照明灯，如图 8.2 所示。当开关 S 打开时，220V 交流电经电阻 R 降压限流加到发光二极管 LED 两端，使 LED 通电发光。此时流经电灯 EL 的电流甚微，约 2mA 左右，可以认为不消耗电能，电灯也不会点亮。合上开关 S，电灯 EL 可正常发光，此时 LED 熄灭。若打开 S，LED 不发光，如果不是灯泡 EL 灯丝烧断，那就是电网断电了。

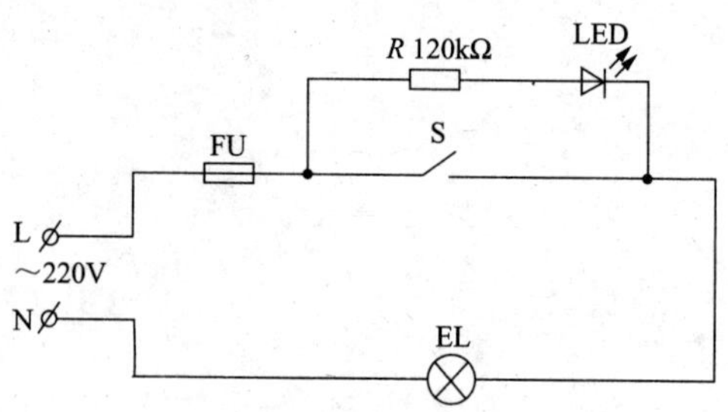

图 8.2 白炽灯采用有发光指示的开关电路

2. 一只开关控制三盏灯(或多盏灯)电路

如图 8.3(a)所示,安装接线时,要注意所连接的所有灯泡的总电流,应小于开关允许通过的额定电流值。为了避免布线中途的导线接头,减少故障点,可将接头安排在灯座中,如图 8.3(b)所示。

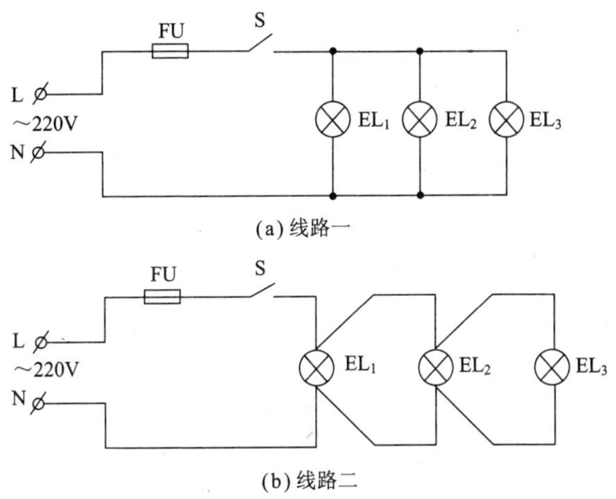

图 8.3 一只开关控制三盏灯(或多盏灯)

3. 两只开关在两地控制一盏灯电路

如图 8.4(a)所示,这种方式用于需两地控制时,如楼梯上使用的照明灯,要求在楼上、楼下都能控制其亮灭。安装时,需要使用两根导线把两只单刀双掷开关连接起来。

另一种线路[图 8.4(b)]可在两开关之间节省一根导线,同样能达到两只开关控制一盏灯的效果。这种方法适用于两只开关相距较远的场所,缺点是由于线路中串接了整流管,灯泡的亮度会降低些,一般可应用于亮度要求不高的场合。二极管 $VD_1 \sim VD_4$ 一般可用 1N4007,如果所用灯泡功率超过 200W,则应用 1N5407 等整流电流更大的二极管。

4. 三地控制一盏灯电路

由两只单刀双掷开关和一只双刀双掷开关可以实现三地控制一盏灯的目的,如图 8.5 所示。图中 S_1、S_3 为单刀双掷开关,S_2 为双刀双掷开关。不难看出,无论电路初始状态如何,只要扳动任意一只开关,负载 EL 将由断电状态变为通电状态或者相反。

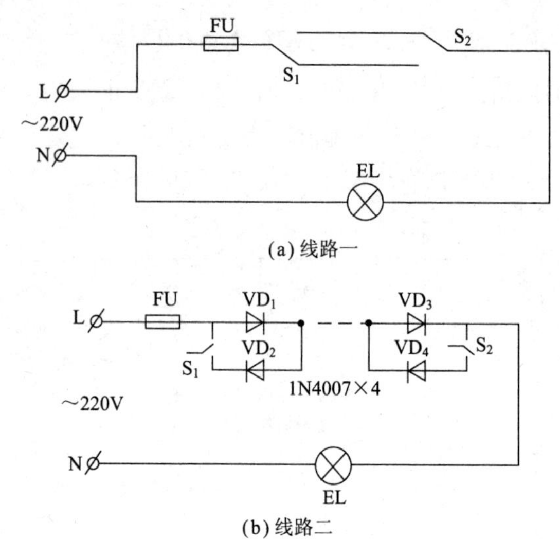

(a) 线路一

(b) 线路二

图 8.4　两只开关在两地控制一盏灯

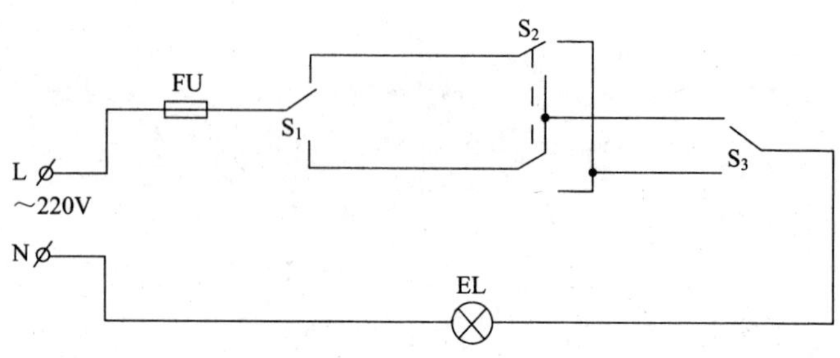

图 8.5　三地控制一盏灯

5. 五层楼单元照明灯控制电路

如图 8.6 所示，S_1～S_5 分别装在单元一至五层楼的楼梯内，灯泡分别装在各楼层的走廊里。S_1、S_5 为单极双联开关，S_2～S_4 为双极双联开关。这样在任意楼层都可控制单元走廊的照明灯。例如，上楼时开灯，到五楼再关灯，或从四楼下楼时开灯，到一楼再关灯。

6. 自动延时关灯电路

用时间继电器可以控制照明灯自动延时关灯。该方法简单易行，使用方便，能有效地避免长明灯现象，如图 8.7 所示。

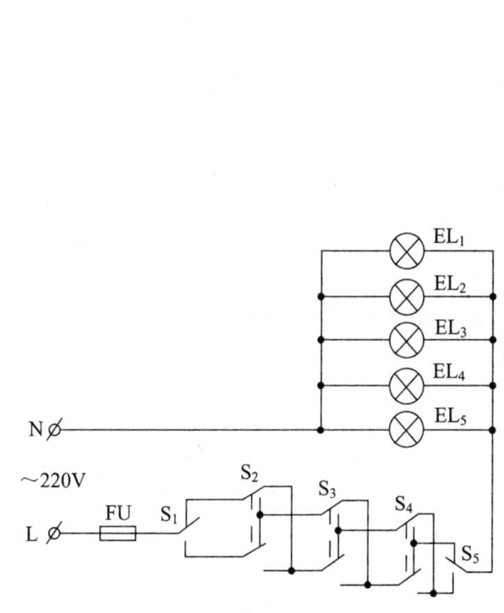

图 8.6 五层楼单元照明灯控制电路

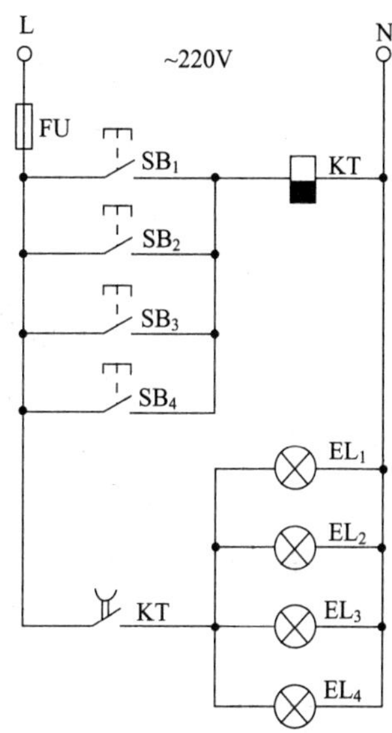

图 8.7 自动延时关灯电路

SB_1～SB_4 和 EL_1～EL_4 是设置在四处的开关和灯泡(如在四层楼的每一层设置一个灯泡和一个开关)。当按下 SB_1～SB_4 开关中的任意一只时,失电延时时间继电器 KT 得电后,其常开触点闭合,使 EL_1～EL_4 均点亮。当手离开所按开关后,时间继电器 KT 的接点并不立即断开,而是延时一定时间后才断开。在延时时间内灯泡 EL_1～EL_4 继续亮着,直至延时结束接点断开才同时熄灭。延时时间可通过时间继电器上的调节装置进行调节。

8.1.2 荧光灯

荧光灯与白炽灯一样被广泛使用。它在单位功率下可以产生更高的光效,更加适合于大多数办公室和商业场所。图 8.8 示出一种典型的荧光灯管。

这种灯管很长,在每端都有一组灯丝,灯管中充满氩气或汞蒸气。灯管内部的表面上附有一层白色的荧光材料。灯管开始工作时,电流经过灯丝产生很强的电子束和热量。在灯管温度升高以后,电压击穿灯管的两极,灯管内部的气体分子受到激发产生紫外线。紫外线再次激发管壁上的荧光物质就产生了可见光。

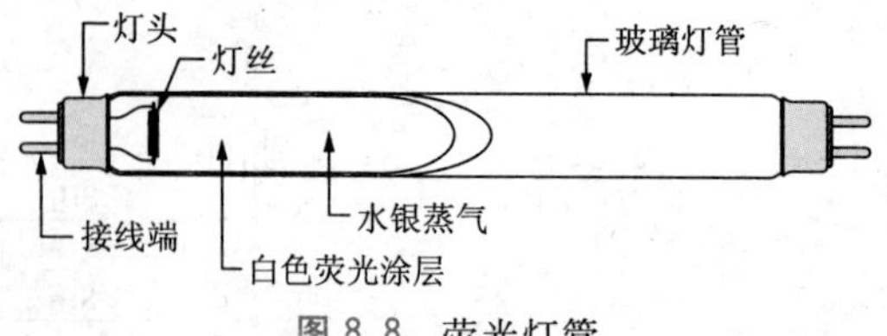

图 8.8　荧光灯管

图 8.9 所示为一个简单的荧光灯启动电路。按下启动开关使得灯丝发热，待灯管加热后，开关松开改变电源导路方向，灯丝上的电压将击穿灯管内的气体，并最终使得气体发光。要关闭荧光灯只需断开电源。

如果需要自动启动一个荧光灯管，通常可以使用一个启辉器，如图 8.10 所示。启辉器是一个内部充满氖气的管子，管子内部有两个触头，其中一个是固定的，另外一个触头是由一种双金属材料合成的金属丝。

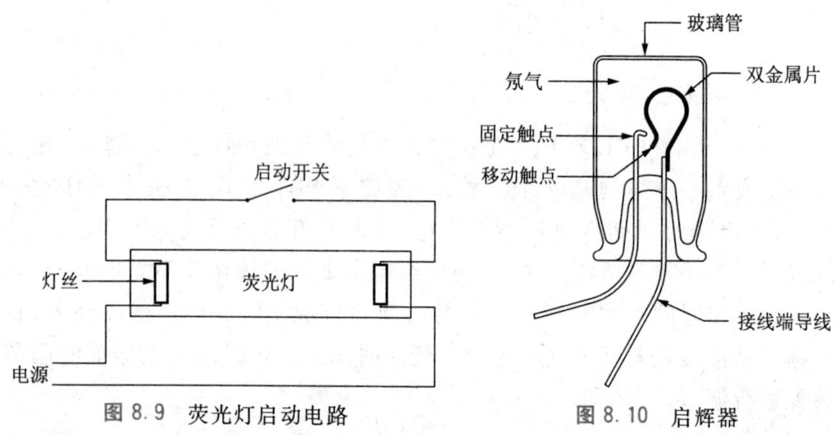

图 8.9　荧光灯启动电路　　图 8.10　启辉器

图 8.11 所示为有启辉器的荧光灯启动电路。当电源接通时，启辉器产生电弧使得双金属材料受热。随复合金属丝温度升高，金属丝产生变形，并最终与固定金属丝接触，为灯丝提供了导电回路。金属丝接触后，电弧消失，复合金属丝冷却后与固定金属丝断开连接，灯丝之间的电源导路断开，灯管发光。灯管电路将吸收大多数的电源电流，足以阻止启辉器再次发光。这种启辉器电路最重要的优点之一就是如果出现瞬时的电源断电，那么灯管还可以自动启动。

因为荧光灯管工作时的电阻很小，所以有必要在电路中加入一个镇流器，如图 8.11 所示。镇流器的一个主要作用是在启动器触点打开时提供一个瞬时高压，同时又可以限制电灯工作电流。图 8.12 所示为典型的荧光灯镇流器。

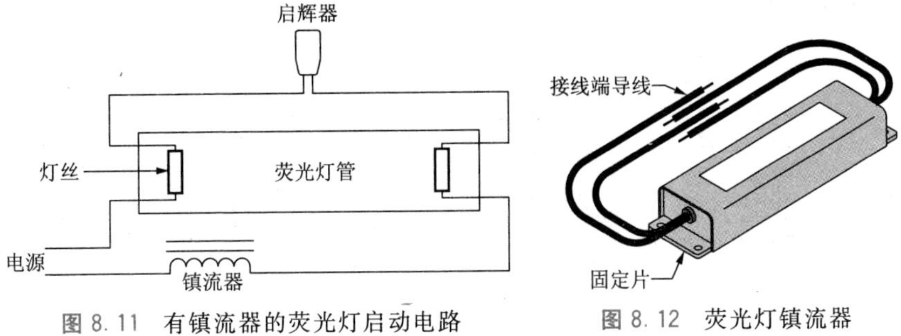

图 8.11 有镇流器的荧光灯启动电路　　图 8.12 荧光灯镇流器

8.1.3 白炽灯的安装方法

1. 悬吊式照明灯的安装

① 圆木(木台)的安装。先在准备安装挂线盒的地方打孔,预埋木榫或膨胀螺栓。然后对圆木进行加工,在圆木中间钻 3 个小孔,孔的大小应根据导线的截面积选择。如果是护套线明配线,应在圆木底面正对护套线的一面用电工刀刻两条槽,将两根导线嵌入圆木槽内,并将两根电源线端头分别从两个小孔中穿出。最后用木螺钉通过中间小孔将圆木固定在木榫上,如图8.13所示。

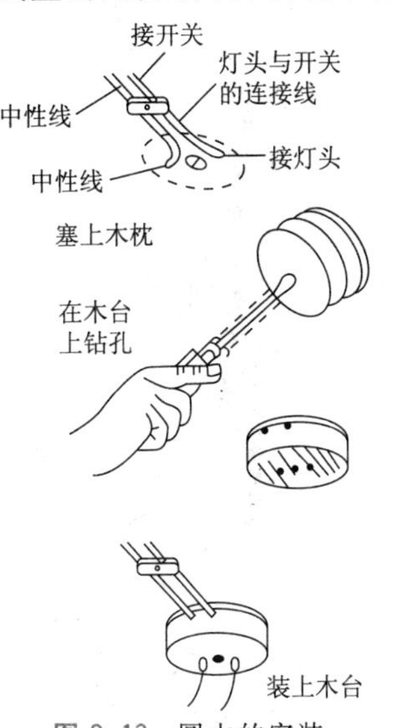

图 8.13 圆木的安装

② 挂线盒的安装。塑料挂线盒的安装过程是先将电源线从挂线盒底座中穿出,用螺丝将挂线盒紧固在圆木上,如图 8.14(a)所示。然后将伸出挂线盒底座的线头剥去 20mm 左右绝缘层,弯成接线圈后,分别压接在挂线盒的两个接线桩上。再按灯具的安装高度要求,取一段花线或塑料绞线作挂线盒与灯头之间的连接线,上端接挂线盒内的接线桩,下端接灯头接线桩。为了不使接头处承受灯具重力,吊灯电源线在进入挂线盒盖后,在离接线端头 50mm 处打

一个结（电工扣），如图 8.14(b)所示。这个结正好卡在挂线盒孔里，承受着部分悬吊灯具的重量。

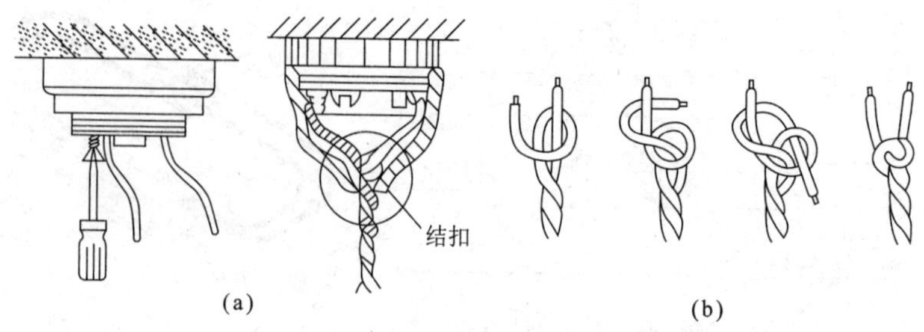

图 8.14　挂线盒的安装

③ 灯座的安装。首先把螺口灯座的胶木盖子卸下，将软吊灯线下端穿过灯座盖孔，在离导线下端约 30mm 处打一电工扣，然后把去除绝缘层的两根导线下端的芯线分别压接在灯座两个接线端子上，如图 8.15 所示，最后旋上灯座盖。如果是螺口灯座，火线应接在跟中心铜片相连的接线桩上，零线接在与螺口相连的接线桩上。

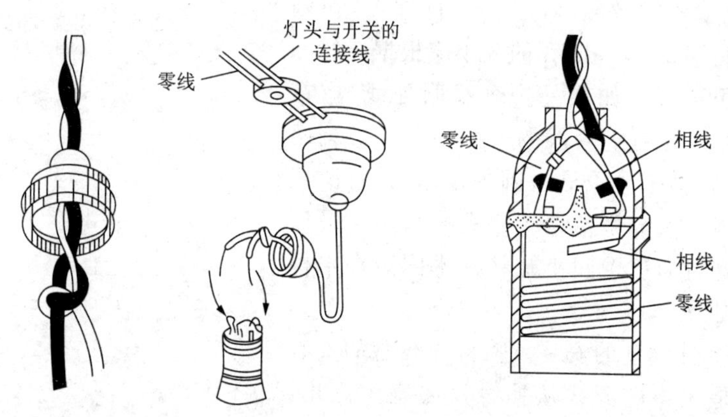

图 8.15　吊灯座的安装

2. 矮脚式电灯的安装

矮脚式电灯一般由灯头、灯罩、灯泡等组成，分卡口式的和螺旋口式的两种。

① 卡口矮脚式灯头的安装。卡口矮脚式灯头的安装方法和步骤如图 8.16 所示。

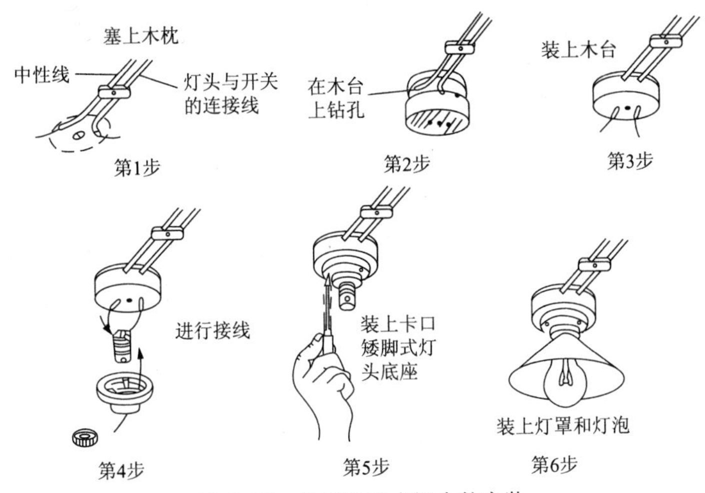

图 8.16 卡口矮脚式灯头的安装

第 1 步,在准备装卡口矮脚式灯头的地方居中塞上木枕。

第 2 步,对准灯头上的穿线孔的位置,在木台上钻两个穿线孔和一个螺丝孔。

第 3 步,把中性线线头和灯头与开关连接线的线头对准位置穿入木台的两个孔里,用螺丝把木台连同底板一起钉在木枕上。

第 4 步,把两个线头分别接到灯头的两个接线桩头上。

第 5 步,用三枚螺丝把灯头底座装在木台上。

第 6 步,装上灯罩和灯泡。

② 螺旋口矮脚式电灯的安装。螺旋口矮脚式电灯的安装方法除了接线以外,其余与卡口矮脚式电灯的安装方法几乎完全相同,如图 8.17 所示。螺旋口式灯头接线时应注意,中性线要接到跟螺旋套相连的接线桩上,灯头与开关的连接线(实际上是通过开关的相线)要接到跟中心铜片相连的接线桩头上,千万不可接反,否则在装卸灯泡时容易发生触电事故。

3. 吸顶灯的安装

吸顶灯与屋顶天花板的结合可采用过渡板安装法或直接用底盘安装法。

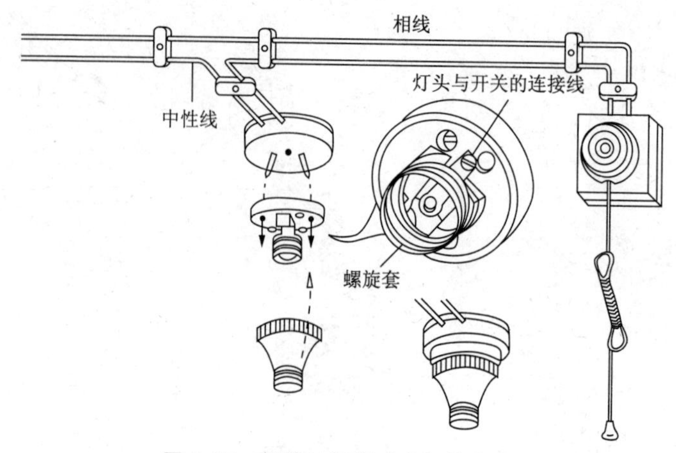

图 8.17　螺旋口矮脚式电灯的安装

① 过渡板安装法。首先用膨胀螺栓将过渡板固定在顶棚预定位置。将底盘元件安装完毕后，再将电源线由引线孔穿出，然后托着底盘找过渡板上的安装螺栓，上好螺母。因不便观察而不易对准位置时，可用一根铁丝穿过底盘安装孔，顶在螺栓端部，使底盘慢慢靠近，沿铁丝顺利对准螺栓并安装到位，如图 8.18 所示。

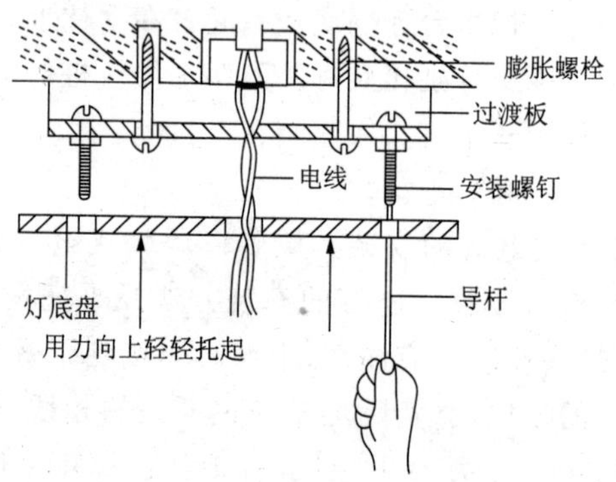

图 8.18　吸顶灯经过渡板安装

② 直接用底盘安装。安装时用木螺钉直接将吸顶灯的底座固定在预先埋好在天花板内的木砖上，如图 8.19 所示。当灯座直径大于 100mm 时，需要用 2～3 只木螺钉固定灯座。

4. 壁灯的安装

壁灯安装在砖墙上时，应在砌墙时预埋木砖（禁止用木楔代替木砖）

或金属构件。壁灯下沿距地面的高度为1.8～2m，室内四面的壁灯安装高度可以不相同，但同一墙面上的壁灯高度应一致。壁灯为明线敷设时，可将塑料圆台或木台固定在木砖或金属构件上，然后再将灯具基座固定在木台上，如图8.20(a)所示。壁灯为暗线敷设时，可用膨胀螺栓直接将灯具基座固定在墙内的塑料胀管中，如图8.20(b)所示。壁灯装在柱子上时，可直接将灯具基座安装在柱子上预埋的金属构件上或用抱箍固定的金属构件上，如图8.20(c)所示。

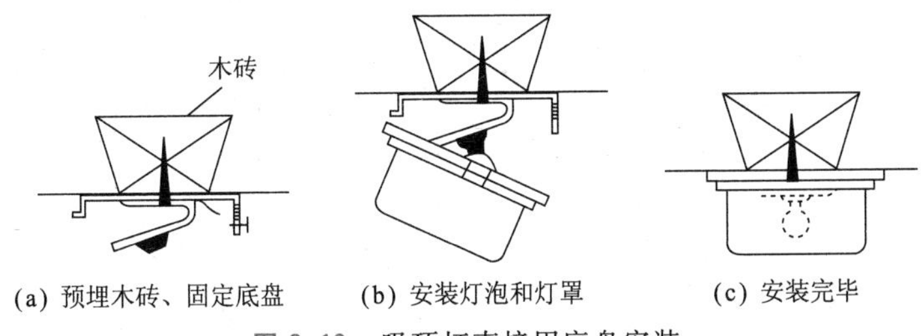

图8.19　吸顶灯直接用底盘安装

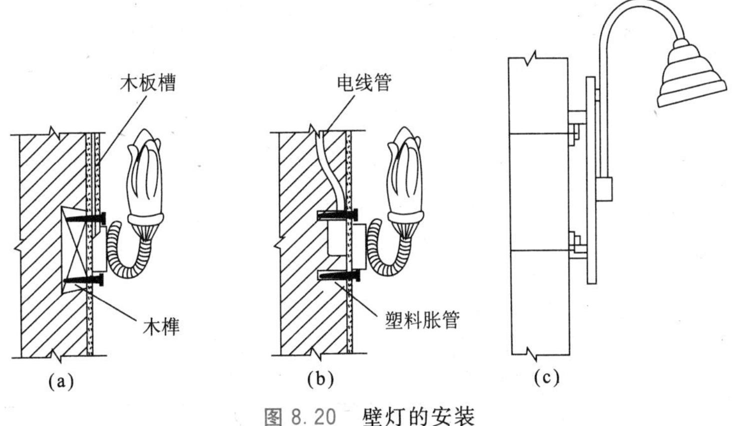

图8.20　壁灯的安装

8.1.4 白炽灯的常见故障及检修方法

白炽灯的常见故障及检修方法见表8.1。

表 8.1 白炽灯的常见故障及检修方法

故障现象	产生原因	检修方法
灯泡不亮	• 灯丝烧断 • 电源熔丝烧断 • 开关接线松动或接触不良 • 线路中有断路故障 • 灯座内接触点与灯泡接触不良	• 更换新灯泡 • 检查熔丝烧断的原因并更换熔丝 • 检查开关的接线处并修复 • 检查电路的断路处并修复 • 去掉灯泡,修理弹簧触点,使其有弹性
开关合上后熔丝立即熔断	• 灯座内两线头短路 • 螺口灯座内中心铜片与螺旋铜圈相碰短路 • 线路或其他电器短路 • 用电量超过熔丝容量	• 检查灯座内两接线头并修复 • 检查灯座并扳准中心铜片 • 检查导线绝缘是否老化或损坏,检查同一电路中其他电器是否短路,并修复 • 减小负载或更换大一级的熔丝
灯泡发强烈白光,瞬时烧坏	• 灯泡灯丝搭丝造成电流过大 • 灯泡的额定电压低于电源电压 • 电源电压过高	• 更换新灯泡 • 更换与线路电压一致的灯泡 • 查找电压过高的原因并修复
灯光暗淡	• 灯泡内钨丝蒸发后积聚在玻壳内表面使玻壳发乌,透光度减低;同时灯丝蒸发后变细,电阻增大,电流减小,光通量减小 • 电源电压过低 • 线路绝缘不良有漏电现象,致使灯泡所得电压过低 • 灯泡外部积垢或积灰	• 正常现象,不必修理,必要时可更换新灯泡 • 调整电源电压 • 检修线路,更换导线 • 擦去灰垢
灯泡忽明忽暗或忽亮忽灭	• 电源电压忽高忽低 • 附近有大电动机启动 • 灯泡灯丝已断,断口处相距很近,灯丝晃动后忽接忽离 • 灯座、开关接线松动 • 熔丝接头处接触不良	• 检查电源电压 • 待电动机启动过后会好转 • 及时更换新灯泡 • 检查灯座和开关并修复 • 紧固熔丝

8.1.5 荧光灯的安装方法

荧光灯的安装方法如下:

① 准备灯架。根据荧光灯管的长度,购置或制作与之配套的灯架。

② 组装灯具。荧光灯灯具的组装,就是将镇流器、启辉器、灯座和灯管安装在铁制或木制灯架上。组装时必须注意,镇流器应与电源电压、灯管功率相配套,不可随意选用。由于镇流器比较重,又是发热体,应将其

扣装在灯架中间或在镇流器上安装隔热装置。启辉器规格应根据灯管功率来确定。启辉器宜装在灯架上便于维修和更换的地点。两灯座之间的距离应准确,防止因灯脚松动而造成灯管掉落。灯具的组装如图 8.21 所示。

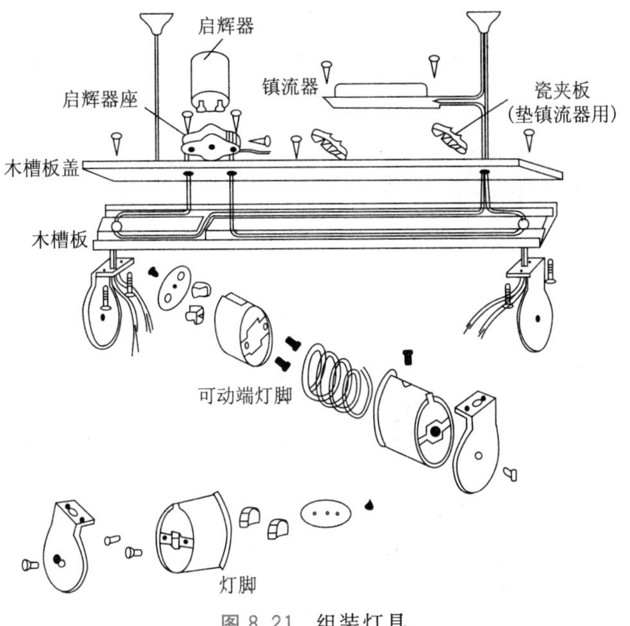

图 8.21　组装灯具

③ 固定灯架。固定灯架的方式有吸顶式和悬吊式两种。悬吊式又分金属链条悬吊和钢管悬吊两种。安装前先在设计的固定点打孔预埋合适的固定件,然后将灯架固定在固定件上。

④ 组装接线。启辉器座上的两个接线端分别与两个灯座中的一个接线端连接,余下的接线端,其中一个与电源的中性线相连,另一个与镇流器的一个出线头连接。镇流器的另一个出线头与开关的一个接线端连接,而开关的另一个接线端则与电源中的一根相线相连。与镇流器连接的导线既可通过瓷接线柱连接,也可直接连接,但要恢复绝缘层。接线完毕,要对照电路图仔细检查,以免错接或漏接,如图 8.22 所示。

⑤ 安装灯管。安装灯管时,对插入式灯座,先将灯管一端灯脚插入带弹簧的一个灯座,稍用力使弹簧灯座活动部分向外退出一小段距离,另一端趁势插入不带弹簧的灯座。对开启式灯座,先将灯管两端灯脚同时卡入灯座的开缝中,再用手握住灯管两端头旋转约 1/4 圈,灯管的两个引

出脚即被弹簧片卡紧,使电路接通,如图 8.23 所示。

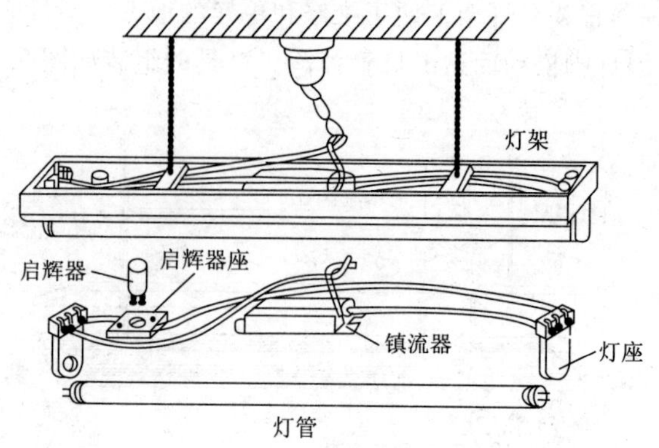

图 8.22 日光灯的组装接线

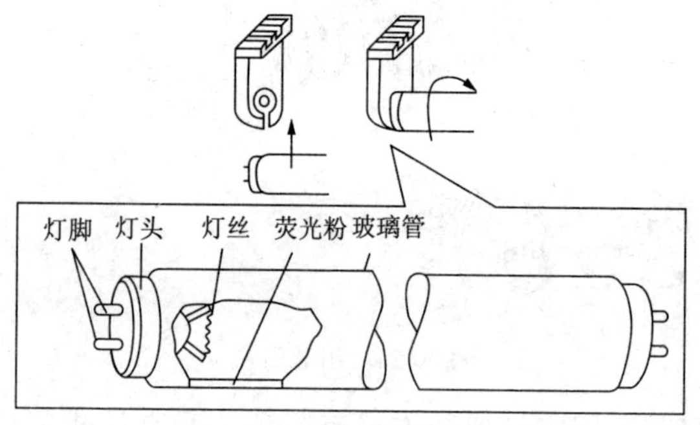

图 8.23 安装灯管

⑥ 安装启辉器。最后把启辉器安放在启辉器底座上,如图 8.24 所示。开关、熔断器等按白炽灯安装方法进行接线。检查无误后,即可通电试用。

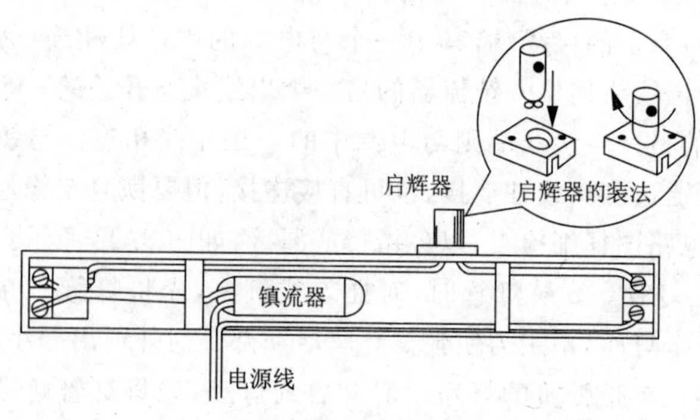

图 8.24 安装启辉器

8.1.6 荧光灯的常见故障及检修方法

荧光灯的常见故障及检修方法见表8.2。

表8.2 荧光灯的常见故障及检修方法

故障现象	产生原因	检修方法
荧光灯管不能发光或发光困难	• 电源电压过低或电源线路较长造成电压降过大 • 镇流器与灯管规格不配套或镇流器内部断路 • 灯管灯丝断丝或灯管漏气 • 启辉器陈旧损坏或内部电容器短路 • 新装荧光灯接线错误 • 灯管与灯脚或启辉器与启辉器座接触不良 • 气温太低难以启辉	• 有条件时调整电源电压，线路较长应加粗导线 • 更换与灯管配套的镇流器 • 更换新荧光灯管 • 用万用表检查启辉器里的电容器是否短路，如有应更换新启辉器 • 断开电源及时更正错误线路 • 一般荧光灯灯脚与灯管接触处最容易接触不良，应检查修复。另外，用手重新装调启辉器与启辉器座，使之良好配接 • 进行灯管加热、加罩或换用低温灯管
荧光灯灯光抖动及灯管两头发光	• 荧光灯接线有误或灯脚与灯管接触不良 • 电源电压太低或线路太长，导线太细，导致电压降太大 • 启辉器本身短路或启辉器座两接触点短路 • 镇流器与灯管不配套或内部接触不良 • 灯丝上电子发射物质耗尽，放电作用降低 • 气温较低，难以启辉	• 更正错误线路或修理加固灯脚接触点 • 检查线路及电源电压，有条件时调整电压或加粗导线截面积 • 更换启辉器，修复启辉器座的触片位置或更换启辉器座 • 配换适当的镇流器，加固接线 • 换新荧光灯灯管 • 进行灯管加热或加罩处理
灯光闪烁或光有滚动	• 更换新灯管后出现的暂时现象 • 单根灯管常见现象 • 荧光灯启辉器质量不佳或损坏 • 镇流器与荧光灯不配套或有接触不良处	• 一般使用一段时间后即可好转，有时将灯管两端对调一下即可正常 • 有条件可改用双灯管解决 • 换新启辉器 • 调换与荧光灯管配套的镇流器或检查接线有无松动，进行加固处理
荧光灯在关闭开关后，夜晚有时会有微弱亮光	• 线路潮湿，开关有漏电现象 • 开关不是接在火线上而错接在零线上	• 进行烘干或绝缘处理，开关漏电严重时应更换新开关 • 把开关接在火线上

续表 8.2

故障现象	产生原因	检修方法
荧光灯管两头发黑或产生黑斑	• 电源电压过高 • 启辉器质量不好，接线不牢，引起长时间的闪烁 • 镇流器与荧光灯管不配套 • 灯管内水银凝结（是细灯管常见的现象） • 启辉器短路，使新灯管阴极发射物质加速蒸发而老化，更换新启辉器后，亦有此现象 • 灯管使用时间过长，老化陈旧	• 处理电压升高的故障 • 换新启辉器 • 更换与荧光灯管配套的镇流器 • 启动后即能蒸发，也可将灯管旋转180°后再使用 • 更换新的启辉器和新的灯管 • 更换新灯管
荧光灯亮度降低	• 温度太低或冷风直吹灯管 • 灯管老化陈旧 • 线路电压太低或压降太大 • 灯管上积垢太多	• 加防护罩并回避冷风直吹 • 严重时更换新灯管 • 检查线路电压太低的原因，有条件时调整线路或加粗导线截面使电压升高 • 断电后清除灯管并做烘干处理
噪声太大或对无线电干扰	• 镇流器质量较差或铁心硅钢片未夹紧 • 电路上的电压过高，引起镇流器发出声音 • 启辉器质量较差引起启辉时出现杂声 • 镇流器过载或内部有短路处 • 启辉器电容器失效开路，或电路中某处接触不良 • 电视机或收音机与日光灯距离太近引起干扰	• 更换新的配套镇流器或紧固硅钢片铁心 • 如电压过高，要找出原因，设法降低线路电压 • 更换新启辉器 • 检查镇流器过载原因（如是否与灯管配套，电压是否过高，气温是否过高，有无短路现象等），并处理；镇流器短路时应换新镇流器 • 更换启辉器或在电路上加装电容器或在进线上加滤波器来解决 • 电视机、收音机与日光灯的距离要尽可能离远些
荧光灯管寿命太短或瞬间烧坏	• 镇流器与荧光灯管不配套 • 镇流器质量差或镇流器自身有短路致使加到灯管上的电压过高 • 电源电压太高 • 开关次数太多或启辉器质量差引起长时间灯管闪烁 • 荧光灯管受到震动致使灯丝震断或漏气 • 新装荧光灯接线有误	• 换接与荧光灯管配套的新镇流器 • 镇流器质量差或有短路处时，要及时更换新镇流器 • 电压过高时找出原因，加以处理 • 尽可能减少开关荧光灯的次数，或更换新的启辉器 • 改善安装位置，避免强烈震动，然后再换新灯管 • 更正线路接错之处

续表 8.2

故障现象	产生原因	检修方法
荧光灯的镇流器过热	• 气温太高，灯架内温度过高 • 电源电压过高 • 镇流器质量差，线圈内部匝间短路或接线不牢 • 灯管闪烁时间过长 • 新装荧光灯接线有误 • 镇流器与荧光灯管不配套	• 保持通风，改善日光灯环境温度 • 检查电源 • 旋紧接线端子，必要时更换新镇流器 • 检查闪烁原因，灯管与灯脚接触不良时要加固处理，启辉器质量差要更换，日光灯管质量差引起闪烁，严重时也需更换 • 对照荧光灯线路图，进行更改 • 更换与荧光灯管配套的镇流器

8.2 开关、插座的安装使用

8.2.1 接线盒、插座和灯座

电力出线盒要安装在电缆和导管之间，位于开关、瓷灯座、插座或线结安装的地方，它有以下四个用途：

① 减少火灾。

② 包含所有的电力连接。

③ 支持接线装置。

④ 提供接地连续性。

针对不同的应用应该使用不同形状和规格的出线盒，如图 8.25 所示。NEC 要求在接地时要使用钢盒。UL 要求钢盒中有一个带螺纹的接地螺孔。普通类型包括：

• 八角形盒。用于支持电灯夹紧装置，或者作为连接不同电缆的分解导线的接入点。

• 设备盒，也叫开关盒。用于家庭开关或插座。

• 方盒。用于家用电炉、烘干机插座，还可以作为表面的和隐藏的线路系统的接线盒。

敲落孔提供了一种进入接线盒的方法，从而可以连接电缆或导管接头。敲落孔是一个部分穿洞的孔，使劲一推就可以推开。在一些盒子中常使用撬开式敲落孔。这种类型的敲落孔上有一个小槽，用螺丝起子可以把小槽撬开。如果敲落孔被撬开了，电缆或连接导管就可以占据这个空间。如果敲落孔被无意撬开后，必须用密封垫圈封住缺口。金属面的开关盒面很容易拆除从而将一系列盒子组合起来，如图 8.26 所示。这种特性使我们能够很快地组装一个盒子从而能支持任何数量的开关或插座。

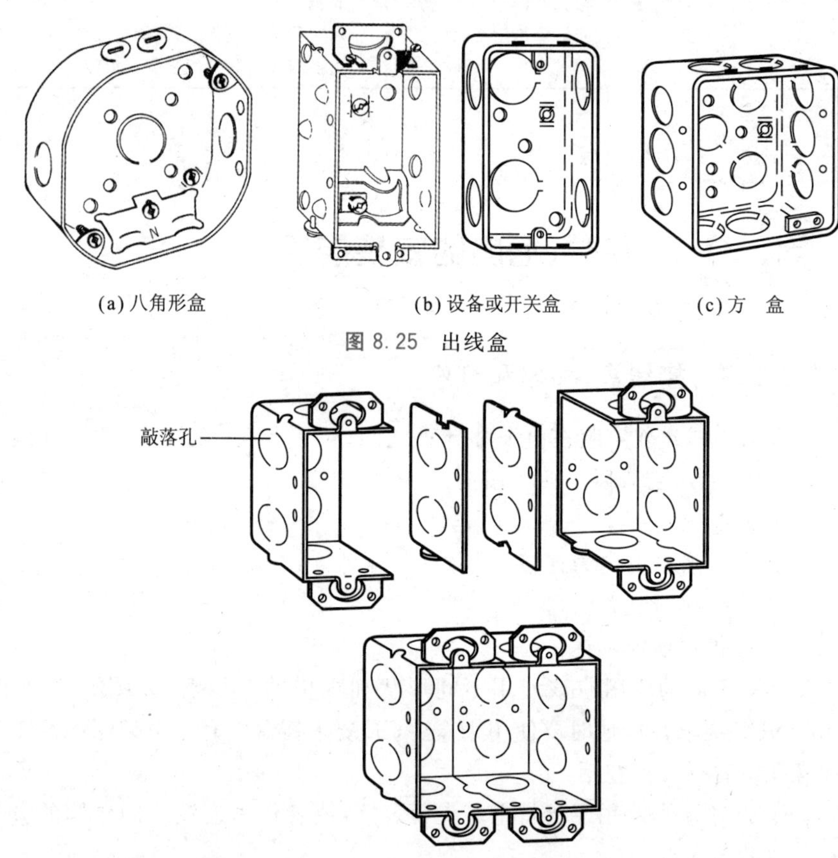

(a) 八角形盒　(b) 设备或开关盒　(c) 方　盒

图 8.25　出线盒

图 8.26　组合出线盒

插座是给一些便携的插入式电力负载设备提供电源。图 8.27 所示为一些不同类型的插座。每种插槽排放都很独特，它们应用于不同的设备。

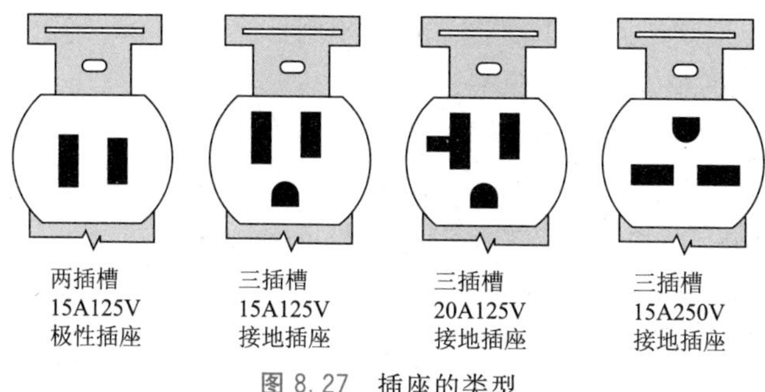

图 8.27 插座的类型

• 极性双槽插座。有不同规格的插槽用于连接极性插头。

• 极性三插槽接地插座有两个不同大小的插槽和一个 U 形孔用来接地。在很多新型线路设备中都使用这种插座。

• 20A 三插槽接地插座的特征是有一个特殊的 T 形插槽。插座通常安装在额定电流为 20A 的导体电路中,一般用于大型设备或便携式工具。

• 250V 三插槽插座用于 250V 的负载电路中,类似大负荷的空调等设备。可以把它看作一个单独的元件,或者认为是一个双工插座的一半,另一半用于 125V 的线路。

三线接地双工插座是最常用的插座,它可以给便携插入式设备提供电流(图 8.28)。它可以连接两个电力插头并在两个平行的插槽间提供大约 120V 的电压。接地连接可以给需要接地的电力设备提供较为安全的连接。双工插座的终端螺钉标有色码,以确保能正确地与设备连接。

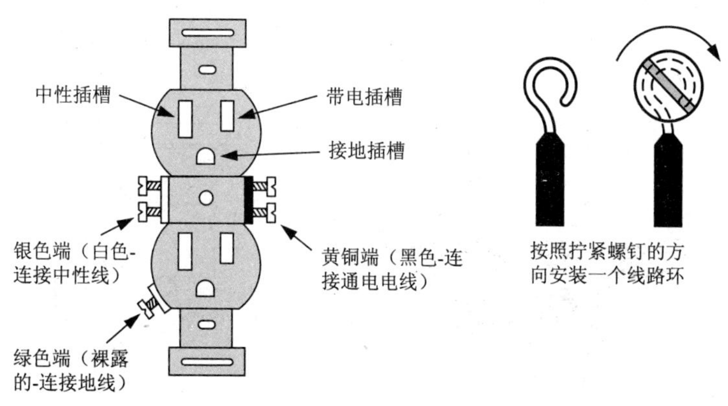

图 8.28 双工插座的连接

在电路中连接双工插座时，要遵守以下规则：

- 白色的中性线与银色端连接。
- 黑色的通电电线与黄铜端连接。
- 裸露的接地铜导线与绿色端连接。要判断一个插座是否被正确极化，可以用交流电压表按下面的步骤测量(图 8.29)：

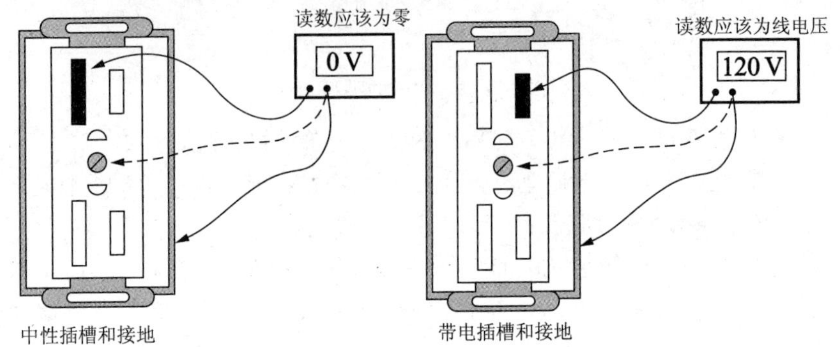

图 8.29　检查插座是否被正确极化

① 检查插座上并列的两个插槽间的电压，读数应该为线电压。

② 检查较宽的中性插槽和金属出线盒或固定外壳的机械螺钉之间的电压，电压应该为零。

③ 检查较窄的带电插槽和电力出线盒或固定外壳的机械螺钉之间的电压，读数应该为线电压。

白炽灯都安装在瓷灯座中，或者人们常说的灯座。灯座也有各种类型。最简单的类型就是无电键灯座(图 8.30)。灯座的主体是瓷制的或胶木制的，而且两个连接端有色码标志使得与设备的连接更可靠。电气

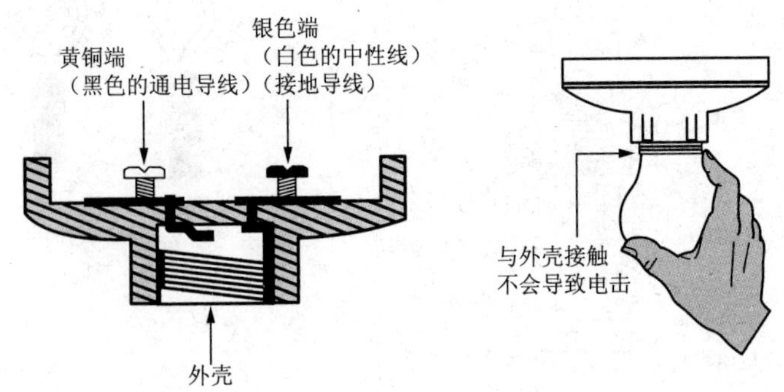

图 8.30　灯座连接

规程中要求带电的黑色导线要与黄铜螺钉端(在里面黄铜端与中心处连接)连接。白色的中性线(接地导线)要与银色的螺钉端(在里面银色端与灯座上的螺纹外壳相连)连接。这种连接可以防止用户在更换灯泡时,灯的螺纹外壳与灯座形成电连接而发生触电事故。

有内置开关的灯座就是电键型灯座。其中最常用的电键型灯座为拉链式灯座(图 8.31)。拉链是绝缘的,可以防止在 120V 电路中的开关处有连接故障。在内部,开关与黄铜端串联。布线方法与无电键灯座相似,白色的中性线(接地导线)与银色的螺丝端连接,而带电的火线与黄铜端相连。

照明器材布线已经完成(图 8.32)。免焊接头用来连接输出导线和固定导线。黑线与黑线连接、白线与白线连接。如果不能确定哪根是固定导线,沿着这根导线直到固定端,固定导线就是连接着插座的螺纹外壳的那根导线,且与白色的中性接地导线相连。

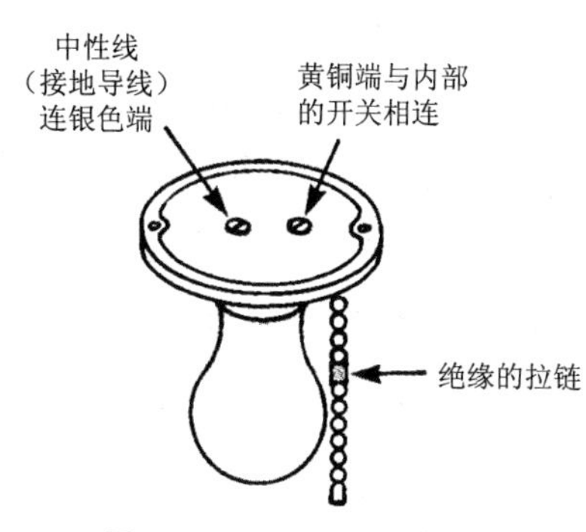

图 8.31 拉链电键型灯座

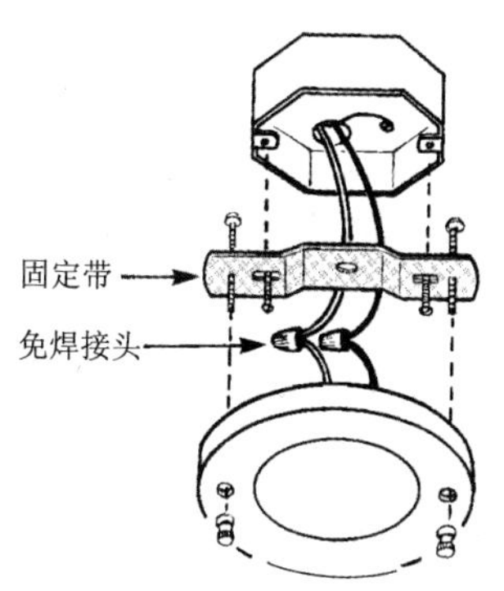

图 8.32 照明器材的线路连接

8.2.2 开关和控制电路

在照明电路中最常见的开关是扳动开关。UL 指出照明用的扳动开关可以作为常用的拨动开关。拨动开关是根据开关的最大电流量而设计的,当电路达到其最大额定电压时就会切断电路。例如,开关上会印有"15A,125V"的字样(图 8.33),意思是说当电路中有 125V、15A 的最大电流通过时,开关会切断电路。而开关上的"AC"字样表示它只能用在交流电路中。而"T"(钨)表明最开始给白炽灯的电路中施加电压时,这种开关可以处理电流浪涌。

开关必须接地,除非这个开关是为了代替一个旧的、已有的不需要接地的设备。开关上设有接地端,通常是一个绿色六角形螺钉,通过它与接地装置相连(图8.34)。当开关上装有金属面板时,就要用固定金属板的两个螺钉接地以确保其安全。如果开关是与固定这些螺钉的小的纸板垫圈一起售出的,那么在安装金属板前一定要移开这些垫圈,以确保达到规程中所要求的接地状况。

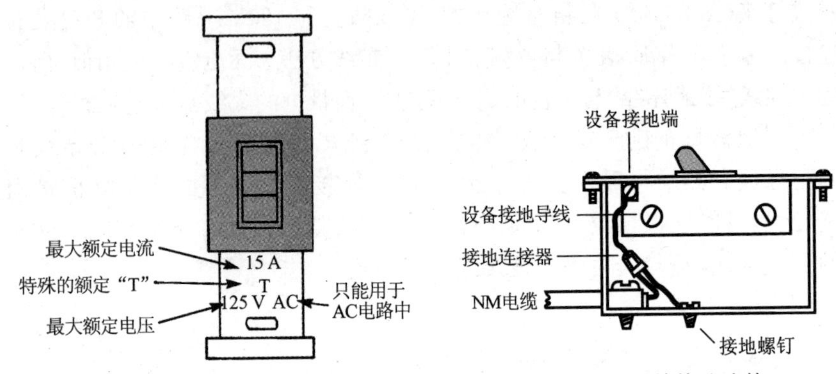

图8.33 拨动开关的额定值　　图8.34 开关接地连接

单刀单掷(SPST)开关可以从一个点控制电灯。当这种开关拨到开的位置时,两端点之间电路通畅,电流可以流过开关(图8.35)。当拨到关的位置时,两端点之间的连接断开,使开关内部电路呈开路状态。这类开关固定在出线盒上,所以向上拉开关把手使开关打开,向下按使其关闭。

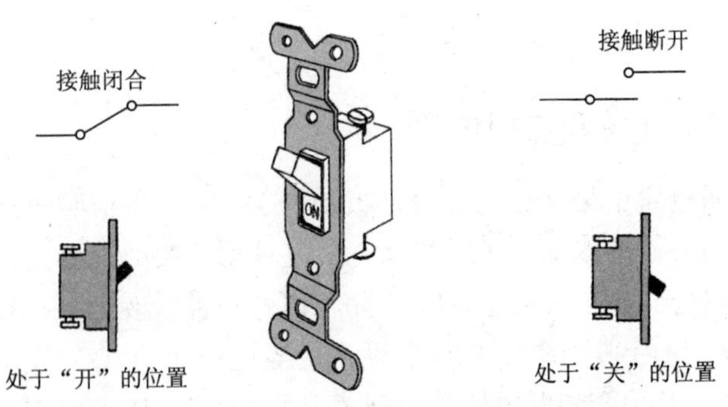

图8.35 单刀单掷开关

双刀单掷(DPST)开关一般用在240V电路中。这种电压要求有两个带电导线和一个开关,这种开关可以同时接通两根线路。双刀开关的构造与一对单刀开关相似。开关上的两个螺钉端标有 Line(线路)和 Load(负载),而且开关把手上标有 ON(开)和 OFF(关)。图 8.36 所示为用一个 DPST 开关控制一个 240V 的电加热器的开关电源。

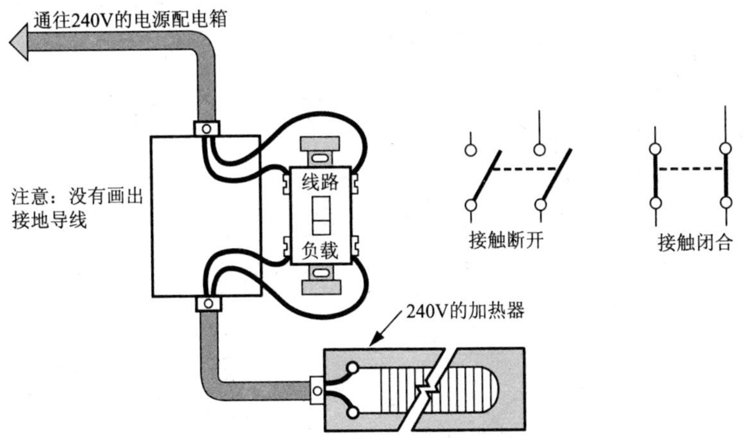

图 8.36 用 DPST 开关控制一个 240V 电加热器的电源

一对单刀双掷(SPDT)开关就是指常见的三路开关,它可以从两个位置控制电灯。这种类型的电灯控制实例有走廊或楼梯的电灯控制,具有两个入口房间的电灯控制。为这种开关设计的内部电路允许电流通过开关在两个位置上的任何一个(图8.37)。由于这个原因,开关把手上没有

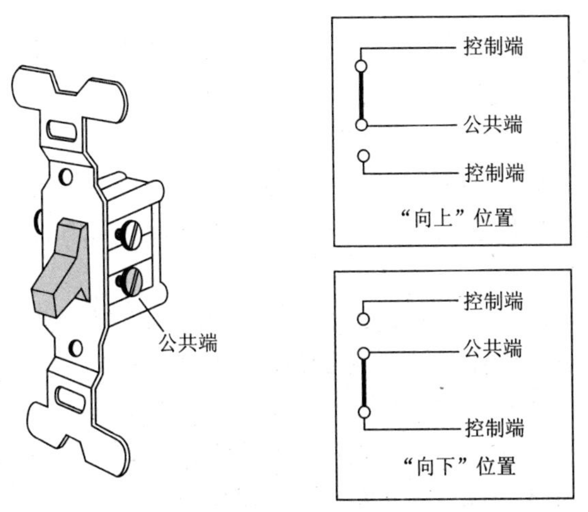

图 8.37 三路开关

开/关标志。三路开关有三个连接端，一个是公共端，它的颜色比其他两个端更暗。另外两个端称之为"控制端"。

可以使用两个三路开关，再与任意多个四路开关配合一起使用就可以在多个不同的地方控制一个电灯。四路开关有四个连接端。四路开关与三路开关类似，允许电流通过开关的两个位置上的任何一个。鉴于这个原因，四路开关的把手上也没有开/关标志。图 8.38 所示为一个四路开关的内部转换情况。

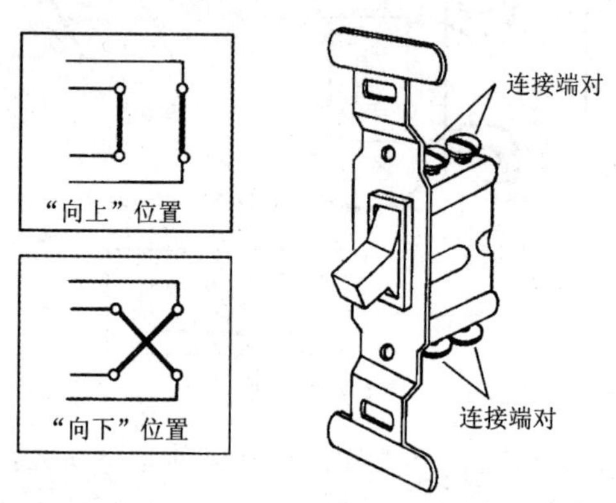

图 8.38　四路开关

8.2.3　接地系统

接地是一个重要的安全要素。正确接地能够防止触电并确保过载电流保护装置的正常运转。一些重要的接地术语如下。

① 接地。与地面和一些地面上的导体连接。

② 有效接地。专门通过接地连接或者具有足够低阻抗的连接与地面相连，且有足够的载流能力来防止大量电压对所接入设备或人体造成伤害。

③ 接地导体。接地导体是专门与地面连接的系统或电路导体。在三线配电系统中，中性线就是接地导体。

④ 不接地导体。不接地导体是指不是专门用来与地面连接的系统或电路导体。在三线配电系统中，火线或带电电线就是不接地导体。

在正常工作的电路中，电流通过不接地的火线流入负载然后再通过接地的中性线流回。火线带有电压，而中性线中的电压为零，这是地面的电压——实际上中性线与地面连接。与正常路径有任何背离都会很危险,为了防止危及人体和设备,电气规程要求安全系统要有接地,这样就可以保证每个出线盒和外壳板的电压都为零。

一般来说,接地保护可以防止两种危险——火灾和电击。从一个故障火线或连接处泄露出来的电流通过其他途径而不是正常途径到达的任何一个零电压点都可能导致火灾发生。这些途径会提供大电阻,会使电流产生足够的热量从而引发火灾。

当电流有少许泄露或没有电流泄露但有潜在的异常电流存在时,就有触电的危险。如果有裸露的带电电线与开关或插座的外壳接触而且这个外壳没有接地,火线的电压就会给外壳充电。如果人体接触到了带电外壳,人的身体就会提供一个电压为零的电流途径,就会使人体受到电击危险。

接地是指把房间线路设备的一些部分与公共地面连接。为了使这种保护系统起到作用,电力载流导体系统和一些电路中的硬件(或接线盒)都要接地。在一个良好的接地系统中,直接接地故障会产生一个较高的短路电流急增。该电流会使熔丝熔断或使电路断路器立刻开启从而断开电路。不正确接地会导致严重的触电情况发生,如图 8.39 所示。

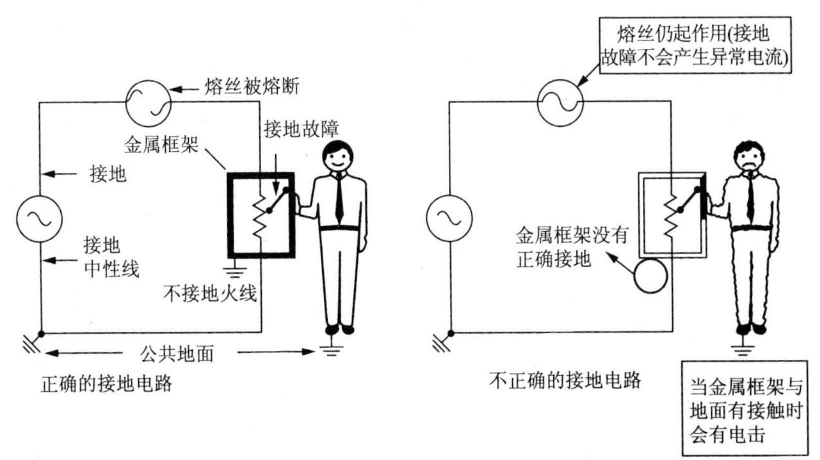

图 8.39 接地保护

白色的中性导线用于将载流电力系统接地。该中性线连在主供电入口配电箱中用来接地。与接地有关的最重要的一个要求是中性线不能被熔断或变换。不管其他线路的运行情况如何，连接所有电力出线盒的中性线必须通畅以确保接地线路的完整性。

非金属电缆中裸露的接地导线可以使系统中普通的非载流电气硬件接地(图 8.40)。这些硬件包括所有的金属接线盒和插座。接地导线与所有出线盒的连接必须通畅，而且要安全地与接线盒的接地螺钉端连接。许多设备的接地导线有绝缘层。

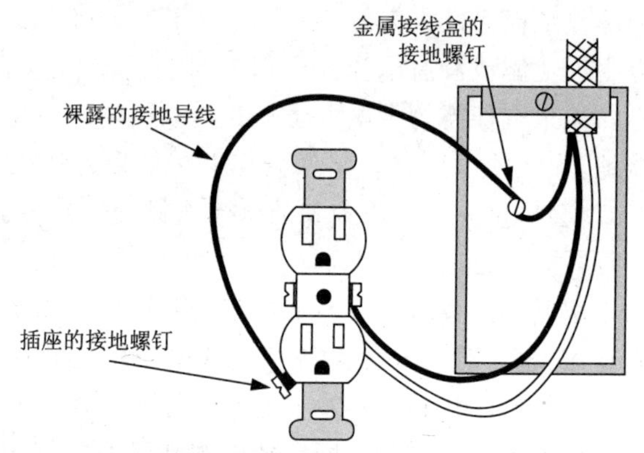

图 8.40　非金属电缆中裸露的接地导线用于非载流的电气硬件接地

8.3 门铃电路

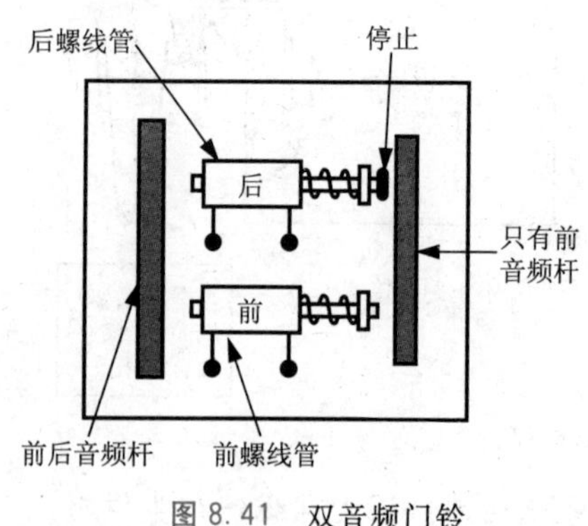

图 8.41　双音频门铃

在现代家庭中，门铃是一种普遍使用的信号装置。典型的双音频门铃(图 8.41)可以区分来自两个方位的信号。它由两个 16V 的电子螺线管和两个音频杆组成。螺线管是一个具有活动磁心或活塞的电磁铁。当有短暂的电压提供给前面的螺线管时，它的活塞就会撞击那两个音频杆。当有短暂的电压提供给后面的螺线管时，活塞就只会撞击一个音频杆。因此来自前螺线管的信号就产生了双音频，而来自后螺线管的信号只产生了单音频。

门铃的接线端子板元件通常有三个螺钉端子(图 8.42)。其中一个标有 F(前)的端子与前门的螺线管的一侧相连。标有 B(后)的端子与后门的螺线管的一侧相连。而标有 T(变压器)的端子与两个螺线管剩余的导线连接。这样就使 T 端同时连在了两个螺线管上。

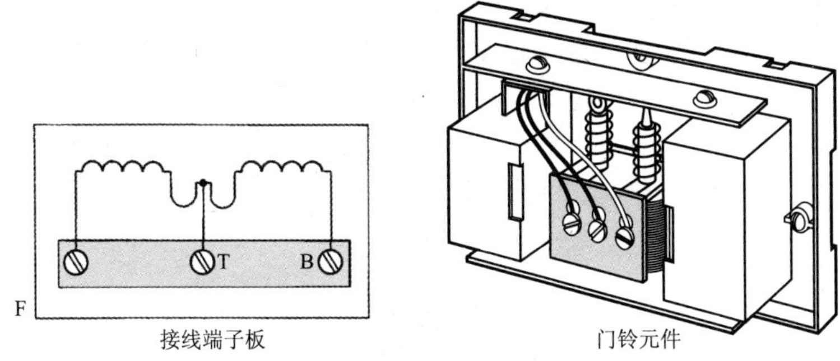

图 8.42 门铃接线端子板

图 8.43 为一个门铃电路的原理图和示范线路的数字序列表。

图中用一个 120V/16V 的电铃式变压器作为供电元件。从原理电路图中可以清楚地了解电路是如何工作的。按下合适的按钮就会形成前螺线管回路或后螺线管回路。用按钮代替开关，这样只要按下按钮电路就一直处于工作状态。双音频电铃表明信号来自前门位置，而单音频电铃

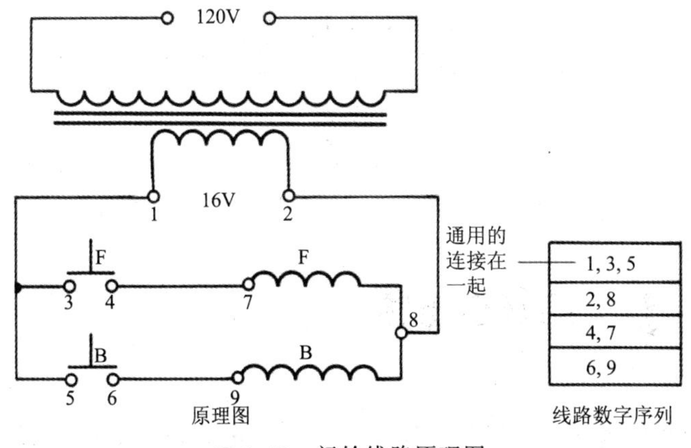

图 8.43 门铃线路原理图

表明信号来自后门位置。

当家庭中对这种电路布线时，各种不同类型的线路配置图和电缆都可能出现在相同的原理图中。图 8.44 就是模拟一种典型的家用线路配置图。变压器通常会装在房间的地下室，变压器 120V 的初级端接入家用电路系统。一般会使用三个电缆。一根双导线的电缆从变压器连接到房间的每个门处，而三导线的电缆会从变压器接到门铃处。门铃位于第一层的中央。注意各部分元件都要根据原理图中的数字序列编好号。按钮和变压器如图所示。布线图可以依据线路数字序列表连接好各个端点而最终完成。用导线绝缘的彩色编码来正确地区分电缆导线端。一般情况下，双导线的电缆包括白线和黑线。三导线的电缆通常颜色编码为白色、黑色和红色。这种类型的信号线路不需要使用出线盒。

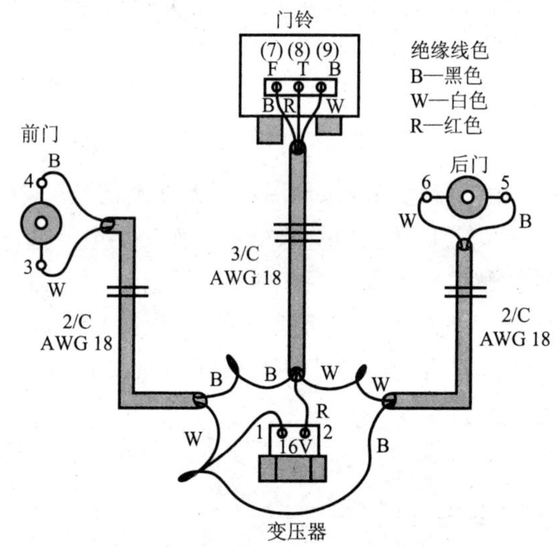

图 8.44　典型的门铃布线图

8.4 门开启电路

在一些公寓式大楼里常常使用电子开门电路，应用这种电路可以使用户在各个房间通过远程控制打开每个主要入口。典型的电子门锁

(图 8.45)包含一个具有衔铁的电磁铁,衔铁就相当于一个门闩开启板。每当有电流流过电磁铁时,它会吸引门闩,使其松开从而把门打开。

图 8.46 所示为一个简单的双公寓电子开门电路的原理图及线路数字序列表。流过开门装置电磁铁的电流通过并联的两个按钮控制。这两个按钮(A_1 和 B_1)位于它们各自的公寓(Jones 和 Smith)。按下公寓任何一个按钮都可以连通开门装置电磁铁电路。流过位于公寓 A(Jones)的蜂鸣器的电流由按钮 A_2 控制,A_2 位于门厅处。类似地,流过位于公寓 B(Smith)的蜂鸣器的电流由按钮 B_2 控制,B_2 也位于门厅处。

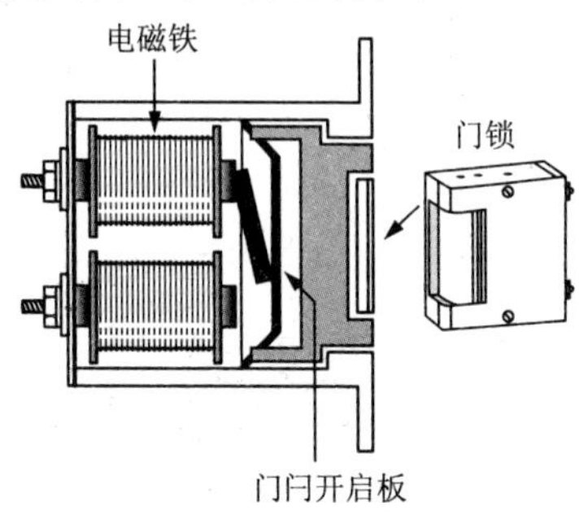

图 8.45 电子门锁

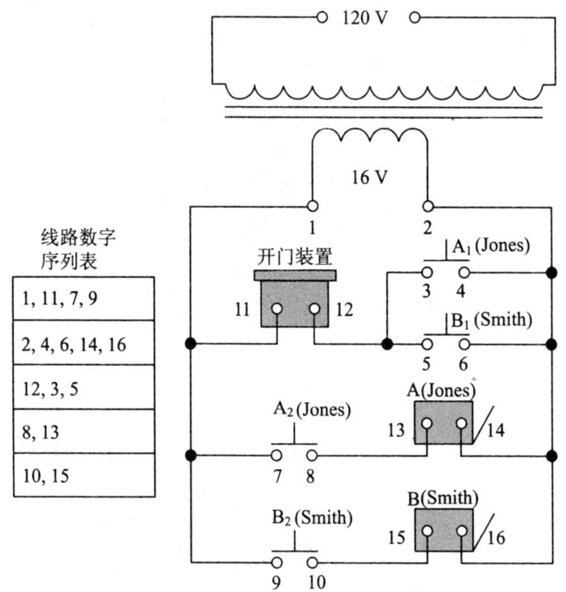

线路数字序列表
1, 11, 7, 9
2, 4, 6, 14, 16
12, 3, 5
8, 13
10, 15

图 8.46 双公寓的门开启电路示意图

如果与内部通信系统联合使用,访客就可以在门厅处确认,在公寓铃声响起的同时主人就可以把门打开。图 8.47 为一种典型的布线电路图。

电子开门装置常常作为电子通行卡系统的一部分(图 8.48)。通行控制卡和机械锁使用的钥匙不同。每个塑料的通行卡都包含有编码信息。当把一张卡放在读卡器上时，控制器的微处理器就会查找一个表格以确认这张卡是否授权。如果卡已经被授权，微处理器会输出一个信号把门打开。如果卡被替换、丢失或被偷，卡的编码就会从查找表中删除。这样安全性不会受到危害，损失仅仅是再换一张卡。很多电子开门装置与生物统计信息（手、指纹、眼睛）和辅助键盘以及通行卡控制系统兼容。

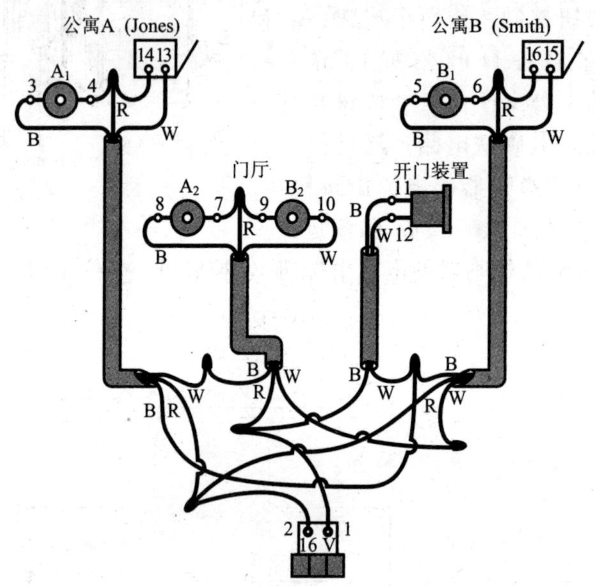

图 8.47　双公寓开门装置布线图

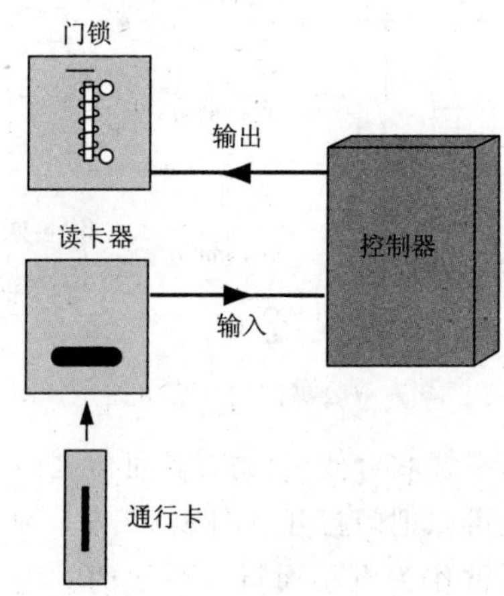

图 8.48　电子通行卡系统

8.5 供电和配电盘

建筑物的电力安装包括所有的设备和连接公共电力接入点后的布线。入户供电明确地指从供电配电盘断路装置到公共电力连接接入点的安装部分。配电盘的主电路断路器常常作为供电所要求的断路装置。有时把配电盘置于靠近供电导线的入口端是不可行的。此时就需要提供一种独立的具有过载电流保护装置的供电断路装置，如图 8.49所示。

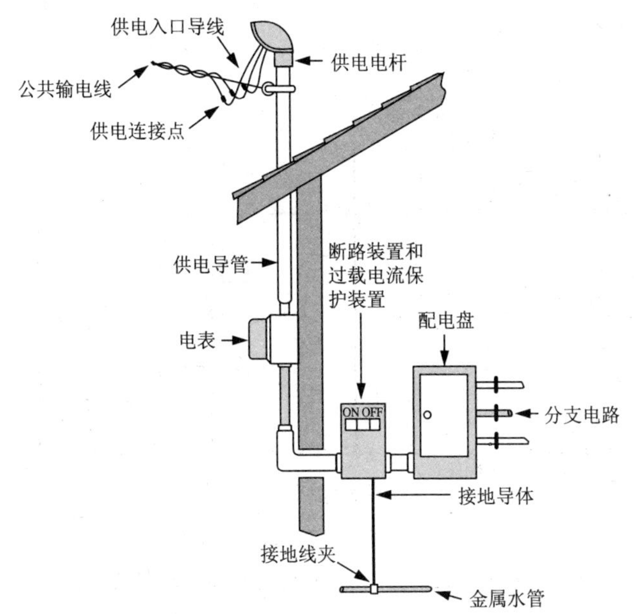

图 8.49 入户供电

图 8.50 所示为三线配电系统的线路图。初级电压在 kV 范围内，电压会逐步降低为 240V，该电压最后出现在变压器次级线圈的两个输出端引线。而变压器中的中心抽头配线将电压分成了两半，将其中 120V 电压供给在中心抽头配线连接端与输出引线之间。这两根外面的导线称为火线或通电电线，带有黑色或红色的绝缘外套。中心抽头配线在变压器基座上接地(与地面连接)，也就是我们常说的中性线。中性线为白色绝缘

外套。鉴于安全考虑，通电导线有开关控制且与熔丝或电路断路器串联在电路中。而中性线从住宅主供电电盒中的变压器上接地（与地面连接）。

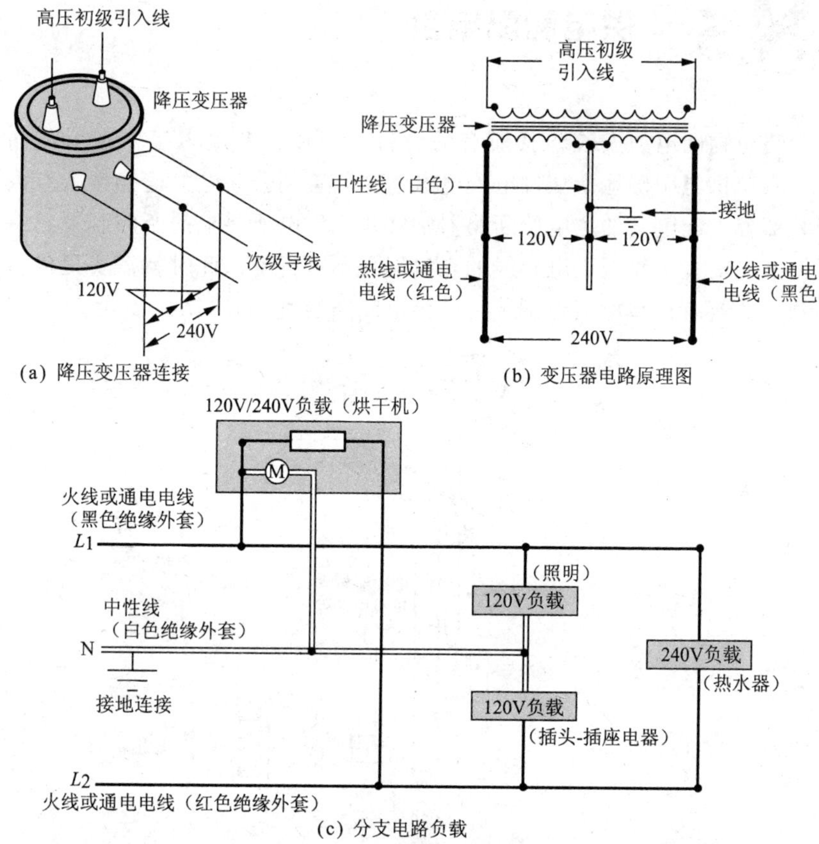

图 8.50　住宅用三线配电系统

住宅用供电装置的规格大小是按系统能承受的最大电流来设计的。根据电气规程，一个住户需要有一个最小 100A、120/240V 的单相三线配电系统。供电装置的额定电流取决于供电装置连接的公共输电线连接点到配电盘之间的导线规格。如果保护恰当，额定电流与主熔丝或断路器的额定电流值应该相同。实际的供电装置所要求的规格大小是基于主要的设备负载和安装在房间里的其他设备以及所需要的分支电路的数量和类型来计算。一些管辖规程要求新房间的最低供电电流大小为 150A，而较为常见的是一般住户为 200A。

图 8.51 所示为一个典型的住宅供电装置布线图。根据规定，具有独立导线的供电装置电缆或导管可作为供电装置的主输电线。一般情况下，AWG2 标准的铜导线可用于 100A 的装置中，而 AWG3/0 的标准铜导线则可应用于 200A 的装置中。白色的中性线没有开关也没有接入熔丝，它与中性端子块相连接并且通过一个可靠的接地系统与地面连接。两根火线与主电路断路器和许多次级电路断路器串联，从而保护住宅中的分支电路。

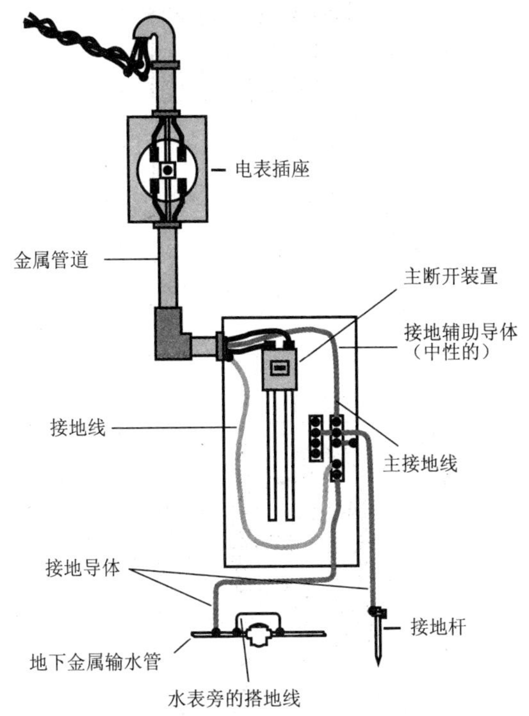

图 8.51 典型的住宅供电装置布线图

图 8.52 所示为典型的支路断路器配电盘连接方式。为了连接一个 120V 的电路，火线从任何一个单刀断路器接出，而中性线从中性端块处接出。电气规程要求在 240V 电路中使用双刀断路器，这样两根火线都可以受到保护，而且可以一起被打开或关闭。

大多数电路断路器都会插入它们的终端设备（图 8.53）。常常把断路器的一端插入一个剪切凹槽中，然后将接口夹入另一端的空穴中。配电盘外壳有脱模空位以配合每个断路器。需要安装多少断路器就移开多少空位。如果仍有空位,只有需要安装其他电路时才会移开空位。

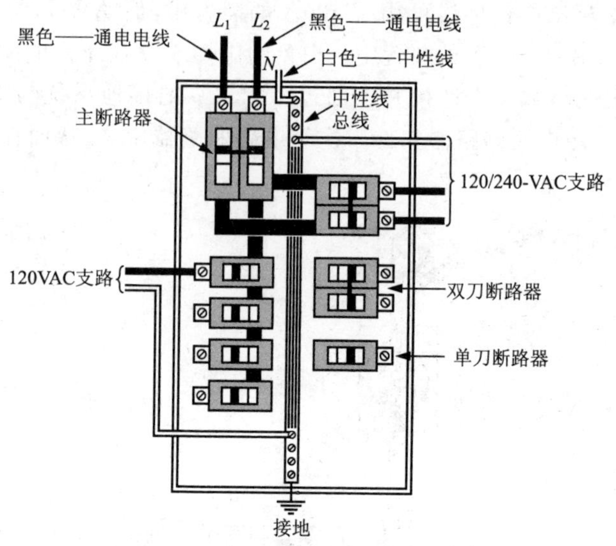

图 8.52　典型的支路断路器配电盘连接方式

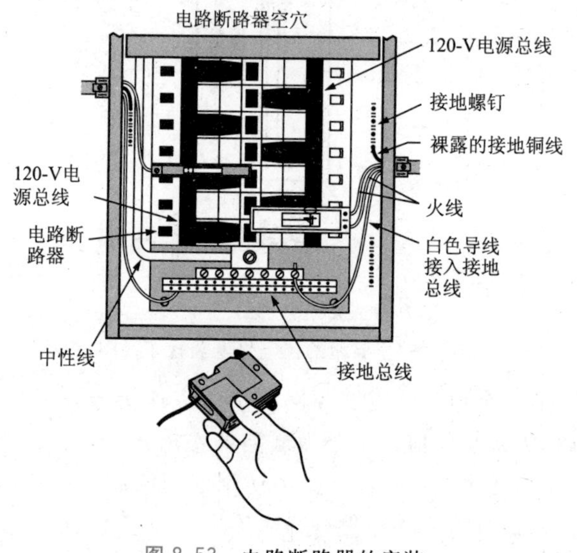

图 8.53　电路断路器的安装

第9章

电工安全

9.1 常用安全标志

数据显示，有 98%的事故是可以避免的。这样看来，我们还有很大的空间可以避免事故的发生，每一人都可以在降低事故率上发挥自己的能力。事故的主要原因是个人的错误操作以及采用材料的疏忽所致。而这其中，因个人错误操作导致的事故占了总事故量的 88%，采用材料的疏忽导致的事故仅占总事故量的 10%。

一般来说，建筑以及制造工地都是有大量潜在危险的地方。正因为如此，安全问题成为工作环境中的主要问题。特别是电气工业，安全问题毫无疑问地成为在有危险的工作环境中首要考虑的重要问题。安全操作很大程度上取决于个人是否拥有丰富的专业知识，以及是否清楚地了解工作中的潜在危险。常用安全标志如图 9.1 所示。

9.2 个人安全服装的使用

为了工作安全，一套合适的工作服是十分必要的。不同的工作地点和工作性质需要特殊的工作服（图 9.2）。对于一套合适的工作服，以下几点是必须具备的：

① 安全帽、安全鞋和护目镜必须根据一定工作要求穿着。例如，如果为了在电工工作中确保安全，安全帽就不能够是金属的。

② 在嘈杂的环境中需要戴上安全耳套。

③ 衣服需要合身以避免卷入运转的机器中发生危险。同时，避免穿着人造纤维的衣服，如聚酯纤维材料或者同类材料的衣服，这类材料的衣服具有在高温下熔化造成严重烧伤的可能性。为了安全，工作时一定要穿全棉质的衣服。

图 9.1 常用安全标志

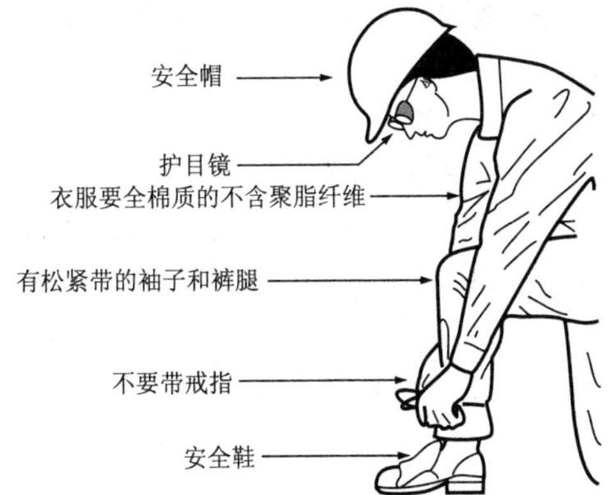

图 9.2 为个人安全所提供的衣服与设备

④ 当在带电电路上工作时，应摘掉所有金属类首饰，金和银质的首饰是导电性极强的电导体。

⑤ 在靠近机器工作时，不要留长发，或者必须束起长发。

9.3 安全保护设备的使用

许多电工安全设备可以防止工作人员在进行裸电路工作时接触电路而受伤。电工需要熟悉每种不同的保护设备要求的安全标准，比如每种设备用于何种防护。要确保电工保护设备可以真正地按照设计要求起到保护作用，就要在每天使用之前及时进行损坏检查，同时每次使用后也应该立刻检查设备是否有损坏。电工保护设备包括以下几种：

① 橡胶保护设备。橡胶手套用于防止皮肤直接接触带电电路。独立的皮革外套可避免橡胶手套受到扎破等损坏。橡胶垫可以在靠近裸露带电电路工作时，防止人员接触带电导线或电路而受伤。所有的橡胶类保护设备都必须标出适用的额定电压和最后一次检查的时间。无论对于橡胶手套还是橡胶垫的绝缘值，其额定电压与要使用它们的电路及设备相匹配是十分重要的。绝缘手套在每次检查的过程中必须进行空气测试。将手套快速旋转，或者将其充气。挤压手掌、手指和拇指的位置检测是否有漏气的地方。如果手套不能通过这项检测，就必须报废不再使用。

② 高压保护服。为高压操作提供的特殊保护设备，它包括高压袖子、高压靴、绝缘保护头盔、绝缘眼镜和面部保护，以及配电板垫和瞬间高压服(击穿服)。

③ 带电操作杆。带电操作杆是一种绝缘工具，它应用于手动操作高压隔离开关、高压熔丝的更换，也包括临时接地高压电路的连接与移除的手动操作。一个带电操作杆包括两个部分，头部或者杆帽和绝缘杆。杆帽可以用金属或者硬塑料制成，而绝缘杆就要用木头、塑料或者其他可以有效绝缘的材料来制造。

④ 熔丝拆卸器。塑料或者玻璃纤维的熔丝拆卸器用于安全地拆卸或安装低压熔丝。

⑤ 短路探测器。短路探测器用于使断电电路放电至带电电容器，或者当电路电源断开时增大静电荷。同样，当靠近或在不带电的高压电路上工作时，短路探测器就可以被连接，它的指针会打到左边，这样当进行一些可能发生事故的操作时，它就可以作为一种辅助的防范工具。安装

短路探测器时，首先将试线夹接地，然后固定短路探测器手柄并挂住短路探测器末端或将接线端接入地面。不要触摸短路探测器接地线路或部件的任何金属部分。

⑥ 面罩。在整个配电操作中，电弧、电射线或者因为苍蝇或从别的地方掉下的小东西而引起的电爆炸可能会伤害工作人员的眼睛以及脸部，因此必须全程佩戴经核准的面罩。

⑦ 摔落保护。摔落防止系统为工作人员提供从高处摔落的保护措施，包括栏杆、个人摔落防止系统、定位装置、警告线、安全监控器和受控访问区。

阻止摔落系统的设计不是为了防止工人的摔落，而是为了当工人已经开始摔落的时候，立即阻止它。这包括个人的阻止摔落系统和安全网。

9.4 梯子和脚手架的使用

在工作地点由于错误地使用梯子和脚手架而造成受伤在所有其他受伤的原因中占有很大比例。

1. 梯子的正确用法和安全性

① 为工作选择合适的梯子。当进行与电有关的工作时，所用的梯子都应该是绝缘材料制成的。

② 在使用以前，先检查梯子。看是否有损坏的横挡、梯级、扶手或者支柱，检查梯子上是否有油痕、油脂等会导致滑倒的物质，同时还要察看梯子是否缺失了螺丝、螺母、铰链或者其他零件。

③ 必须将梯子放置在稳固的表面上，绝不能为了提高高度而把梯子放在诸如单个的砖块、平板、盒子或者类似的物体上。

④ 不能将梯子放置在门的前面，除非那扇门是十分牢固地被锁上了，或者完全打开着，或者有人在旁边看守，否则门的开关会比较危险。

⑤ 当爬上或者爬下梯子时，要面对梯子。

⑥ 禁止同时在梯子上站一个人以上的人数。

⑦ 当爬上梯子时，要双手扶紧两侧。可以使用工具袋或者桶将工人

需要的材料运送上去。

⑧ 要确定梯子没有接触任何电源线。

⑨ 禁止爬到活梯从上数第二个台阶或者直梯从上数第三个台阶的高度。

2. 使用活梯的重要规则和安全性

① 必须将活梯升到它的极限高度。

② 在爬活梯以前必须将两侧的梯柱锁死。

③ 绝不能将活梯作为直梯使用。

④ 不要将工具或者施工材料遗留在活梯上。

3. 使用伸缩梯的重要规则和安全性

① 放置直梯一定要保持正确的角度。一般来说,直梯的放置应保持一个4比1的比率。也就是说,梯子与墙或者其他支撑面的支点到地面的距离与梯子和地面的支点到墙(其他支撑面)的距离之比为4∶1(图9.3)。

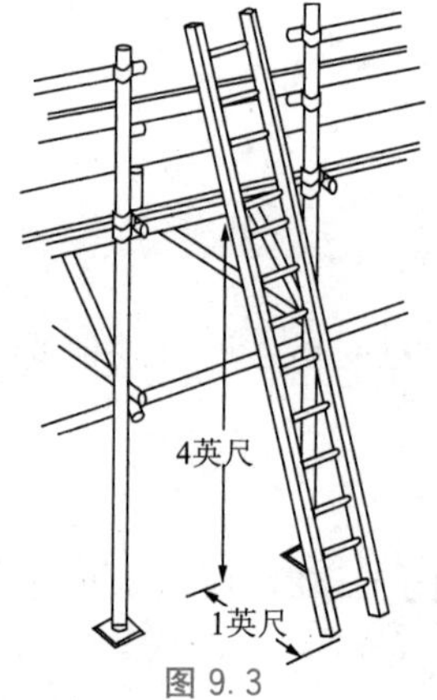

图9.3

当工人步测梯子的宽度时,梯子应该高于顶部、脚手架或者其他垫高的平面大概1m。

② 不允许在伸缩梯后面小于1m的重叠区打开伸缩梯。

③ 如果可能,保护接触建筑物的梯子顶部。

④ 在梯子上工作时,一只手应始终扶住梯子的一个横挡或者扶手。如果需要双手工作,那么应使用安全带保证安全。

⑤ 抬梯子的时候先将它平放在地板上,找到大概中点的位置,然后抬起梯子,这样梯子一侧的扶手就可以放在肩膀上,另一侧则可靠在身上。

⑥ 禁止过分延长梯子或将两个梯子接起来做更长的梯子。

4. 使用脚手架的重要规则和安全性

① 脚手架需竖放在牢固的支点上,这样它就可以用设计和标定的材料来承受计算的最大重量。

② 在高出地面或楼层2m以上的暴露侧和台架末端必须安装护栏和脚踏板。

③ 工作平台必须用脚手板完全覆盖,且脚手板末端应比支架支点向

外延伸 6～12in(1in＝2.54cm)，同时必须被严格固定。

④ 不要将没用的材料留在脚手架台上。

9.5 防止电击

我们通常认为，只有高压电路会导致电击。事实并不如此，与其他和电相关的事故相比，每年因为家用电压 220V 而导致的受伤或者死亡的事故数量更高。在有关电的工作中，要时刻注意安全，不要使它危及你的生命。

当一个人的身体成为电路的一部分时，电击就发生了。在电气工业中，电击及烧伤是导致人死亡的原因。导致电击的三个复杂因素是：电阻、电压、电流。

1. 电　阻

电阻(R)可以被定义为用于电路中阻止电流通过的介质，它的单位是欧[姆](Ω)。身体的电阻越低，发生电击的潜在危险就越大。每个人的身体电阻根据皮肤的状况及接触的介质不同而不同。图 9.4 中列出了一般的身体电阻值。一种名为欧姆计的仪器可以测出身体的电阻值。

皮肤状况或者部位及其电阻

皮肤状况或部位	电阻值
干燥皮肤	100 000～600 000 Ω
潮湿皮肤	1000 Ω
身体——从头到脚	400 ～ 600 Ω
耳朵到耳朵	大约 100 Ω

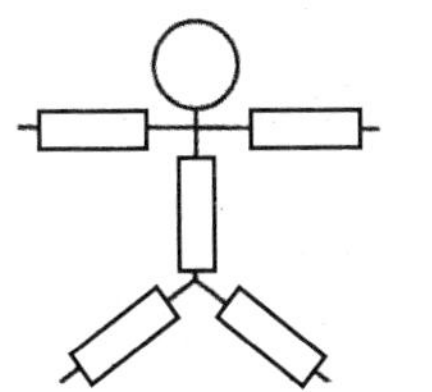

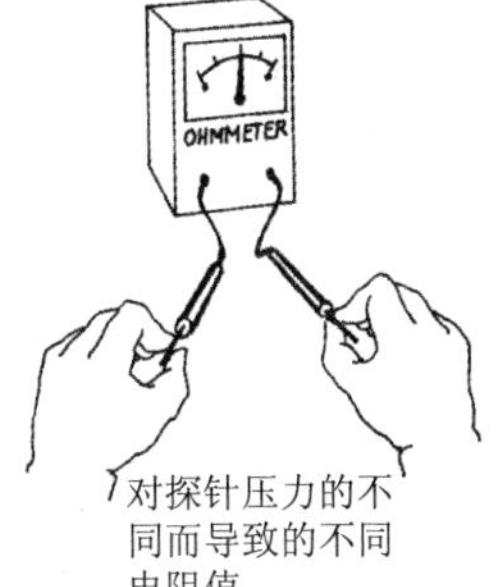

图 9.4　身体电阻

2. 电　压

电压或称电动势(E)被定义为一种可以使电路中产生电流的压力，它的单位是伏[特](V)。电压对生命的威胁取决于每个人不同的身体电阻和心脏功能。

随着电压的增高，危险性就越大。一般来说，任何大于 30V 的电压都被认为是危险的。

3. 电　流

电流(I)被定义为电路中电子的流量，它的单位是安[培](A)。不用很大电流就可以导致疼痛或者致命的电击。一个严重的电击会导致心肺功能的停止。同样，当电流进入或离开身体时，还会导致严重的烧伤。当电流进入身体时，它首先在外部皮肤形成一个循环系统。图 9.5 示出了电流相关的量级和影响。一般来说，任何大于 0.005A 或者 5mA 的电流通过身体都被认为是危险的。

对于电击的强度来说，通过身体的电流量和触电的时间是两个最主要的标准。1mA(1/1000A)的电流强度就可以被感觉到。10mA 的电流强度就足以产生电击现象，它将会影响肌肉的自动控制能力，这就解释了为什么在有些情况下，电击的受害人一旦碰到导体，电流通过身体时，他们不能从导体上脱开。100mA 的电流通过身体 1s 或者更长的时间将是致命的。

一个手电筒电池放出的电流已经足够杀死一个人，然而我们却可以很安全地拿着它。这是因为人类皮肤具有很大的电阻可以消减一定量的电流。在低压电路中，电阻可以使电流降低到很小的值。所以，这样的电击并不危险。然而，对于高压电路来说，它可以产生足够的电流通过皮肤而出现电击。

电流在身体中通过的路径也是影响电击后果的一个因素。举例来说，当电流从手到脚流过时，它将通过心脏和一部分中枢神经系统，那么这样的电击就要比电流通过同一胳膊上两点间而产生的电击危险得多(图 9.6)。其他影响电击严重性的因素包括电流的频率、电击发生时心搏周期的状况，以及遭受电击的人的身体状况。

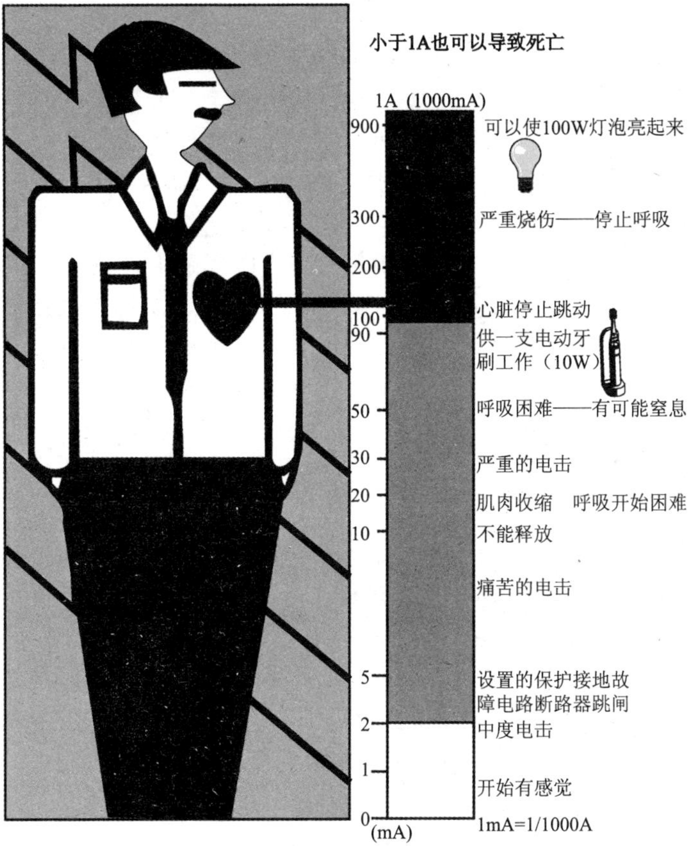

小于1A也可以导致死亡

1A (1000mA)

900 可以使100W灯泡亮起来

300 严重烧伤——停止呼吸

200

100 心脏停止跳动

90 供一支电动牙刷工作（10W）

50 呼吸困难——有可能窒息

30 严重的电击

20 肌肉收缩 呼吸开始困难

10 不能释放

痛苦的电击

5 设置的保护接地故障电路断路器跳闸

2 中度电击

1 开始有感觉

0 (mA) 1mA=1/1000A

图 9.5 电流强度对人体的影响

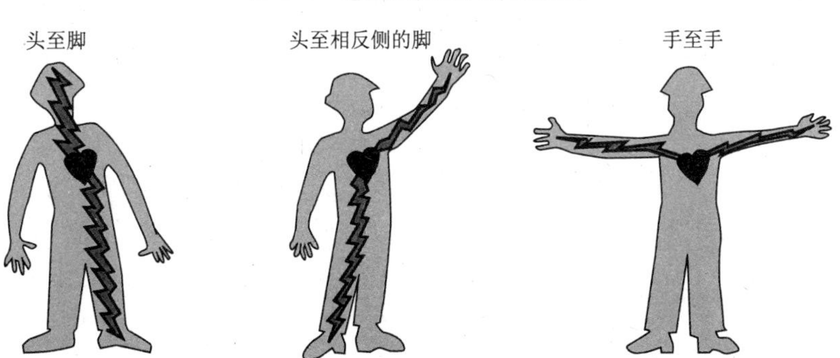

图 9.6 电流通过身体导致心脏停止跳动的典型通路

最常见的电伤害是烧伤。其中包括：

① 电烧伤。电烧伤就是由于电流经过组织或者骨头引起的烧伤。这种烧伤可能发生在皮肤表面或者受电流影响的深层皮肤。

② 电弧烧伤。导致电弧烧伤的原因是因为身体过于近地接触了可产生高温的电弧(大概达 35 000℉)。破损的电气插头或者失败的绝缘处理都将导致电弧的出现。

③ 热力接点烧伤。这种烧伤是由于皮肤接触了过热的零件表面而导致的受伤。它也可能由电弧引起的爆炸分散物接触皮肤而造成。

9.6 接地保护

电就是电子流，电的流动就像从山中流向海洋的水流一般，水总是在寻找一条流向海洋的道路，而电则总是在寻找一条通向地面的道路。电流的路径被称为接地路径。如果你正处在电的接地路径上，那么电流就将通过你通向地面，这将使你遭受严重的烧伤甚至死亡。如果当你站在地面上或者身上有什么东西可以接触到地面的同时接触到了电线，那么你就有可能成为电流接地路径的一部分。

对于一般的线路安装来说，接地看作一项很重要的连接操作。一般，接地保护装置是防止两方面危险的：失火与电击。

当电流从破损的通电电线或者连接中泄漏，并且没有根据正常路径接触到电压零点时，将导致失火危险。一般情况下，除了正常路径以外，其他路径都有很大的电阻，这就导致电流过大而引起火灾。

电击危险出现在电流泄漏以及反常电流出现而导致的电压。举例来说，如果一个裸露的通电电线接触了某未接地电气设备的金属结构，电线的电压就转移到这个金属结构上了。这时如果你接触了这个金属设备，那么你的身体就成为电流的接地路径，这时就将发生严重的电击伤害。图 9.7 示出了接地保护。为了使这个保护系统得以运转，携带电流的主系统和电路部件(金属部分)都必须接地。在一个正确的接好地的系统中，错误的直接短路接地将会导致强的电流冲击。这个电流熔化了熔丝或者使电路的断路器脱扣，立刻打开了电路。事实上，接地对于电气设备的操作起不到任何作用，它的目的只是为了保护生命和财产。

一个没有接地处理电源的工具会导致伤亡，因此最好选择一个接地的设备。然而，一些通过审核的双重绝缘处理后的便携设备与电气工具是不需要进行接地处理的。在使用这些设备时，只要选择三脚插头或者有两脚插头的双重绝缘工具(图 9.8)。

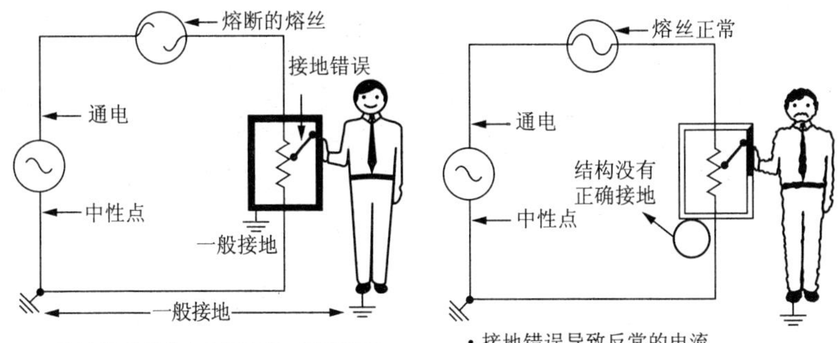

(a) 正确接地

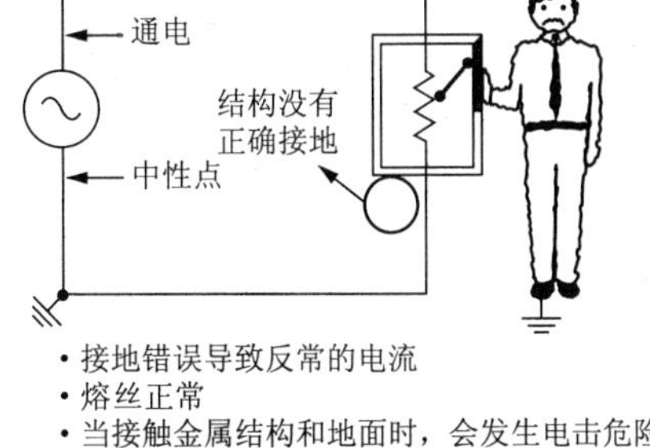

(b) 不正确接地电路

图 9.7　接地保护

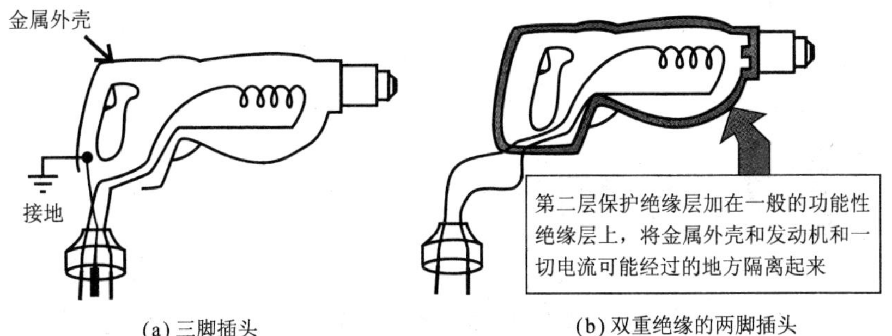

(a) 三脚插头　　(b) 双重绝缘的两脚插头

图 9.8　正确使用接地处理后的工具

使用三脚插头的三线接电绳和接地的插座将降低电击的危险，但是不能彻底避免危险。有时，一个工具发生接地错误并不是因为固件或者通电电线与外壳直接的连接，而是因为部分绝缘处理出现了问题或者是因为设备内部的潮湿引起的。当发生这种现象时，由接地错误产生的电流并不足以烧断一个 15A 的熔丝或者断开一个 15A 断路器。然而，它产生的电流却足以使任何接触设备的人遭受电击或者触电死亡的危险。例如,图 9.9 就向我们展示了电是如何从磨损的通电电线中泄漏出来传入金属外壳到握着工具的人的。电流流入工具是 1.5A,而返回的电流是 1A。这是由于在接地错误中 0.5A 的电流通过工具外壳和操作者流入了地面。这个接地错误电流,已经足够导致一个致命的电击,却不会烧断一个 15A 的熔丝或者激活电路断路器。

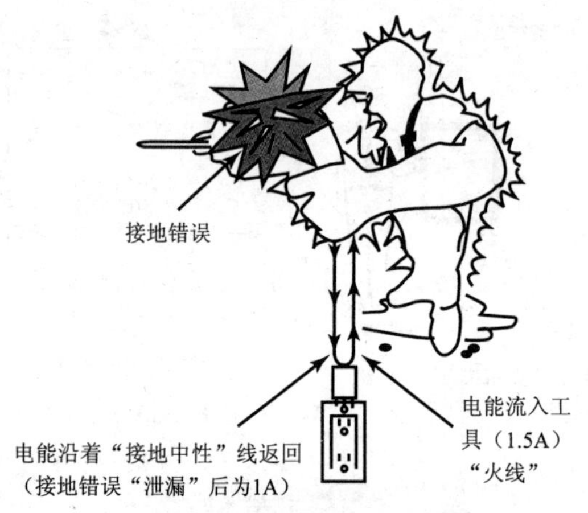

图 9.9 接地错误导致的电流不高到足以断开断路器或者烧断熔丝

9.7 漏电保护器

为了使前述情况带来的触电危险最小化,设计了接地故障电路断路器,又称漏电保护器(GFCI 插座,见图 9.10)。一般情况下,火线中的电流与中性线中的电流大小是一样的。然而,如果配线或者工具出现缺损,就有可能出现漏电接地现象。GFCI 比较未接地导线(火线)中的电量与中性导线中的电量。如果中性导线中的电量开始少于火线中的电量,那么接地错误条件出现。此时流失的电量(称为泄漏或者错误电流)将通过非正常通路返回电源。GFCI 会迅速对此作出反应,当它的传感器探测出大小为 5mA 的漏电时,它将会在1/40s 内切断或者中断电路。一旦作出了反应,错误的情况就被解决了,同时在再次启动电路之前,需要人工重设 GFCI。所有临时电线建设场所都需要 GFCI 插座。

GFCI 不能作为接地处理的替代品，而是对日常使用的分支电路熔断器或电路断路器无法感应的小量电泄漏的一种补充保护设备。GFCI 插座和电路断路器都是可行的保护装置。GFCI 插座为所有插入插座中的电气设备提供了接地错误导致的危险保护。图 9.11 示出了 GFCI 的工作原理。当火线与中性线的电流量相差到 5mA 时，就会引起继电器线圈作出反应，从而打开电路。

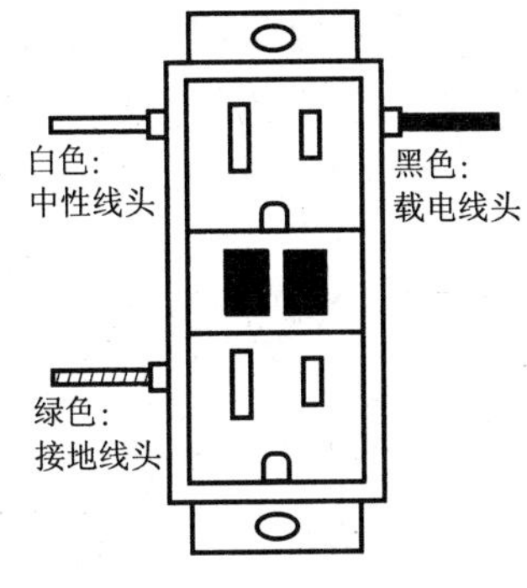

图 9.10 GFCI 插座

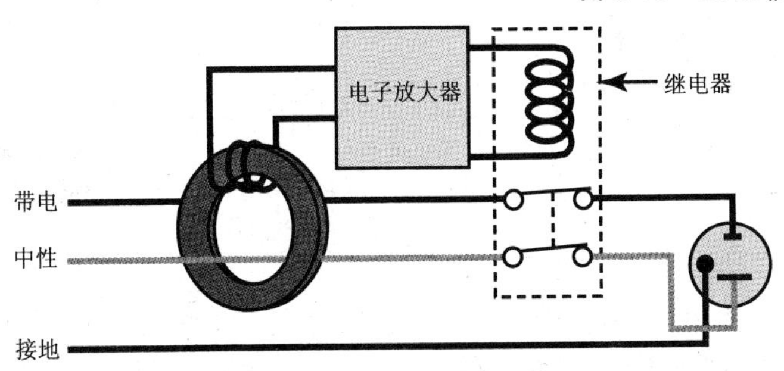

图 9.11 GFCI(漏电保护器)工作原理

漏电保护器在安装时应注意以下事项：

① 安装漏电保护器以后，被保护设备的金属外壳仍应进行可靠的保护接地。

② 漏电保护器的安装位置应远离电磁场和有腐蚀性气体环境，并注意防潮、防尘、防震。

③ 安装时必须严格区分中性线和保护线，三极四线式或四极式漏电保护器的中性线应接入漏电保护器。经过漏电保护器的中性线不得作为保护线，不得重复接地或接设备的外露可导电部分；保护线不得接入漏电保护器。

④ 漏电保护器应垂直安装，倾斜度不得超过 5°。电源进线必须接在漏电保护器的上方，即标有“电源”的一端；出线应在下方，即标有“负载”的一端。作为住宅漏电保护时，应装在进户电能表或总开关之后，如图 9.12 所示。如仅对某用电器具进行保护，则可安装在用电器具本体上作

电源开关，如图 9.13 所示。

⑤ 漏电保护器接线完毕投入使用前，应先做漏电保护动作试验，即按动漏电保护器上的试验按钮，漏电保护器应能瞬时跳闸切断电源。试验三次，确定漏电保护器工作稳定，才能投入使用。

⑥ 对投入运行的漏电保护器，必须每月进行一次漏电保护动作试验，不能产生正确保护动作的，应及时检修。

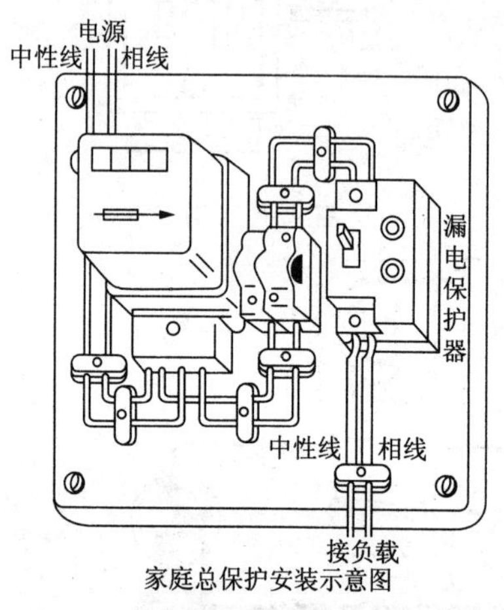

图 9.12　漏电保护器在配电板上安装

图 9.13　单机专用漏电保护器的安装

9.8 安全用电常识

只要采取正确的防范，就会远离严重的电击危险。如果受到了电击伤害，就说明正确的安全措施没有被执行。为了保证工作中高度的安全性，必须遵守诸多必要的防范措施。每个人的工作都有其特定的安全性要求，然而，在此还是要给出基本安全要点：

① 永远不要故意尝试电击。

② 保持一切材料、设备远离高压电线。

③ 不要关闭任何开关，除非你熟悉这个电路所控制的设备并且知道开关打开的原因。

④ 当在任何电路中工作时，要采取措施以保证在你离开时所控制的开关不会被操作。开关将被挂锁打开，同时给出警告标语。

⑤ 尽量避免在“载电”电路上工作。

⑥ 安装新机器时，确定所有的金属框架是坚固的并且保持接地状态。

⑦ 在没有证明工作电路“不通”前，永远将电路看作载电电路，并“假设”在工作端有危险。在断电电路中开始工作前，进行仪表测定是良好的工作习惯。

⑧ 当在电气设备上工作时，避免接触任何接地设备。

⑨ 记住，即使工作在 120V 的控制系统，配电盘的电压可能比 120V 高。工作中要远离高电压(即便在测试一个 120V 的系统时，你也有可能正在接近 240V 或 480V 的电源)。

⑩ 不要接触工作中的带电设备，特别在高压电路环境下。

⑪ 在测试的临时配线中也要遵守好的电气工作习惯。有时你可能需要进行交替连接，而且做到足够安全使它们不会处于电气危险中。

⑫ 当使用电压接近 30V 的载电设备时，用一只手操作。保持另一只手远离设备，以降低偶发的电流通过胸腔的可能性。

⑬ 操作电容器之前要先放电。与载电的直流(DC)电路连接的电容器可在电路被关闭后的一段时间内储存致命的电荷。使用内置电阻的绝缘跳线探针可以安全地将电容器放电，如图 9.14 所示。内置电阻器可以限制放电电流，以免破坏性的电流浪涌。

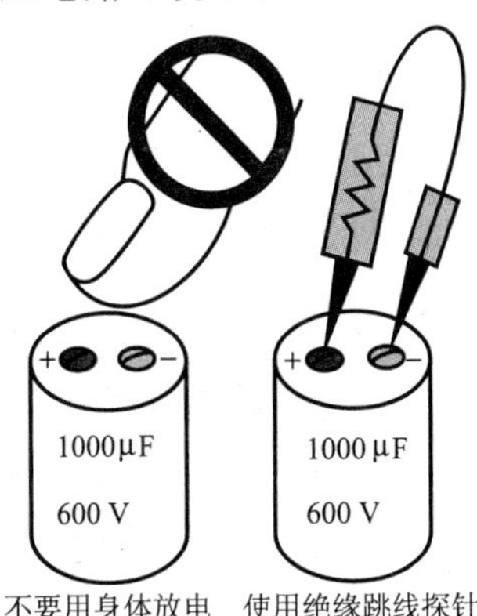

图 9.14 电容器的安全放电

9.9 电气防火

表 9.1 列出了火灾的分类。图 9.15 示出了一些常见的灭火器及其

操作方法。每一工作人员都需要知道灭火器的放置位置及其操作方法。当因电的事故发生火灾时请执行以下步骤：

表 9.1　**火灾分类**

分　类	涉及的物质类
A 类火灾	一般易燃物质如木材、衣物、纸张、橡胶及多种塑料
B 类火灾	易燃的液体、气体和油脂(只有干燥化学制品类型灭火器可以用于扑灭压缩易燃气体及液体。对于热油、多用途的 AB/C 化学制品不能使用)
C 类火灾	载电电气设备。选择不导电的灭火器十分重要
D 类火灾	易燃金属物质如镁、钛、锆、钠和钾

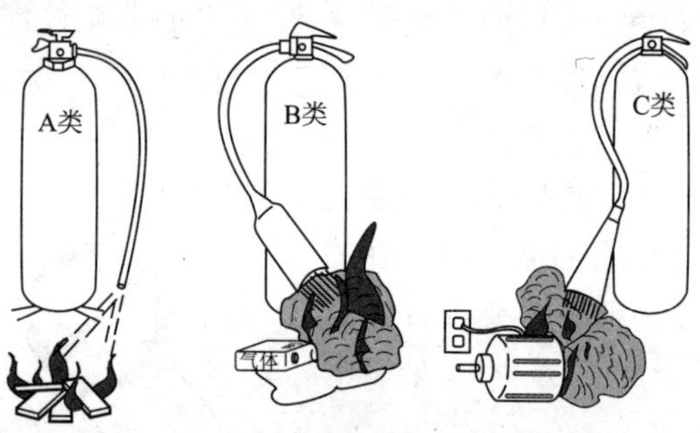

(a) 一般型号的灭火器及其使用方法

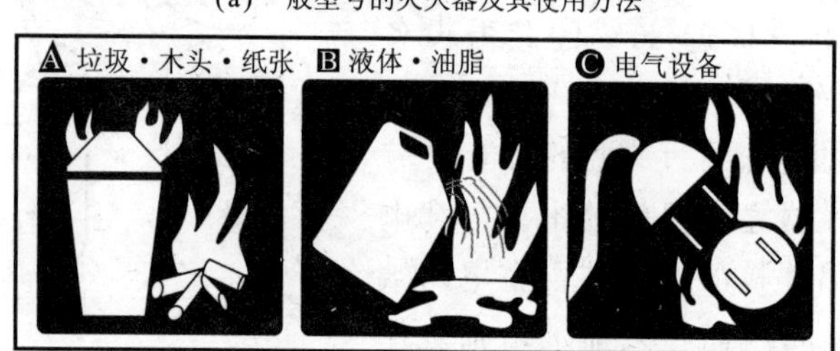

(b) 适用于多种目的的干燥化学灭火器可以用于A/B/C类火灾

图 9.15　灭火器类型及使用方法

① 开启最近的火灾警报以尽快将失火信息传递给消防队及工作岗位上的每个工作人员。

② 如果可能，切断电源。

③ 用二氧化碳灭火器或干粉灭火器扑灭火焰。不要用水，因为水能导电，就有可能使电流通过身体发生电击危险。

④ 确保人员有序地从危险地区疏散。

⑤ 除非要求返回，否则不要返回火场。

科学出版社

科龙图书读者意见反馈表

书　　名 ______________________________

个人资料

姓　　名：__________　年　　龄：__________　联系电话：__________

专　　业：__________　学　　历：__________　所从事行业：__________

通信地址：______________________________　邮　　编：__________

E-mail：______________________________

宝贵意见

◆ 您能接受的此类图书的定价

20 元以内□　30 元以内□　50 元以内□　100 元以内□　均可接受□

◆ 您购本书的主要原因有(可多选)

学习参考□　教材□　业务需要□　其他__________

◆ 您认为本书需要改进的地方(或者您未来的需要)

____

____

◆ 您读过的好书(或者对您有帮助的图书)

____

____

◆ 您希望看到哪些方面的新图书

____

____

◆ 您对我社的其他建议

____

____

谢谢您关注本书！您的建议和意见将成为我们进一步提高工作的重要参考。我社承诺对读者信息予以保密，仅用于图书质量改进和向读者快递新书信息工作。对于已经购买我社图书并回执本“科龙图书读者意见反馈表”的读者，我们将为您建立服务档案，并定期给您发送我社的出版资讯或目录；同时将定期抽取幸运读者，赠送我社出版的新书。如果您发现本书的内容有个别错误或纰漏，烦请另附勘误表。

回执地址：北京市朝阳区华严北里 11 号楼 3 层

科学出版社东方科龙图文有限公司电工电子编辑部(收)

邮编：100029